小型建设工程施工项目负责人岗位培训教材

建设工程施工管理

小型建设工程施工项目负责人岗位培训教材编写委员会　编写

中国建筑工业出版社

图书在版编目（CIP）数据

建设工程施工管理/小型建设工程施工项目负责人岗位培训
教材编写委员会编写 . —北京：中国建筑工业出版社，2013.8
小型建设工程施工项目负责人岗位培训教材
ISBN 978-7-112-15566-8

Ⅰ.①建… Ⅱ.①小… Ⅲ.①建筑工程-施工管理-岗位培
训-教材 Ⅳ.①TU71

中国版本图书馆 CIP 数据核字（2013）第 143348 号

本书是《小型建设工程施工项目负责人岗位培训教材》中的一本，是各专业
小型建设工程施工项目负责人参加岗位培训的参考教材。全书共分 9 章，包括施
工管理概论，施工方案的选择与制订，施工现场平面布置，劳动力、材料和机械
设备管理，施工进度控制，施工质量控制，施工安全与环境管理，施工合同管理，
施工资料管理等。本书可供各专业小型建设工程施工项目负责人作为岗位培训参
考教材，也可供各专业相关技术人员和管理人员参考使用。

* * *

责任编辑：刘　江　岳建光　万　李
责任设计：张　虹
责任校对：赵　颖　刘　钰

小型建设工程施工项目负责人岗位培训教材
建设工程施工管理
小型建设工程施工项目负责人岗位培训教材编写委员会　编写
*
中国建筑工业出版社出版、发行（北京西郊百万庄）
各地新华书店、建筑书店经销
北京红光制版公司制版
河北省零五印刷厂印刷
*
开本：787×1092 毫米　1/16　印张：15½　字数：371 千字
2014 年 4 月第一版　2014 年 4 月第一次印刷
定价：**42.00** 元
ISBN 978-7-112-15566-8
（24152）

小型建设工程施工项目负责人岗位培训教材

编 写 委 员 会

主　　编：缪长江

编　　委：（按姓氏笔画排序）

王　莹　　王晓峥　　王海滨　　王雪青

王清训　　史汉星　　冯桂烜　　成　银

刘伊生　　刘雪迎　　孙继德　　李启明

杨卫东　　何孝贵　　张云富　　庞南生

贺　铭　　高尔新　　唐江华　　潘名先

序

为了加强建设工程施工管理，提高工程管理专业人员素质，保证工程质量和施工安全，建设部会同有关部门自 2002 年以来陆续颁布了《建造师执业资格制度暂行规定》、《注册建造师管理规定》、《注册建造师执业工程规模标准》（试行）、《注册建造师施工管理签章文件目录》（试行）、《注册建造师执业管理办法》（试行）等一系列文件，对从事建设工程项目总承包及施工管理的专业技术人员实行建造师执业资格制度。

《注册建造师执业管理办法》（试行）第五条规定：各专业大、中、小型工程分类标准按《注册建造师执业工程规模标准》（试行）执行；第二十八条规定：小型工程施工项目负责人任职条件和小型工程管理办法由各省、自治区、直辖市人民政府建设行政主管部门会同有关部门根据本地实际情况规定。该文件对小型工程的管理工作做出了总体部署，但目前我国小型建设工程还未形成一个有效、系统的管理体系，尤其是对于小型建设工程施工项目负责人的管理仍是一项空白，为此，本套培训教材编写委员会组织全国具有丰富理论和实践经验的专家、学者以及工程技术人员，编写了《小型建设工程施工项目负责人岗位培训教材》（以下简称《培训教材》），力求能够提高小型建设工程施工项目负责人的素质；缓解"小工程、大事故"的矛盾；帮助地方建立小型工程管理体系；完善和补充建造师执业资格制度体系。

本套《培训教材》共 17 册，分别为《建设工程施工管理》、《建设工程施工技术》、《建设工程施工成本管理》、《建设工程法规及相关知识》、《房屋建筑工程》、《农村公路工程》、《铁路工程》、《港口与航道工程》、《水利水电工程》、《电力工程》、《矿山工程》、《冶炼工程》、《石油化工工程》、《市政公用工程》、《通信与广电工程》、《机电安装工程》、《装饰装修工程》。其中《建设工程施工成本管理》、《建设工程法规及相关知识》、《建设工程施工管理》、《建设工程施工技术》为综合科目，其余专业分册按照《注册建造师执业工程规模标准》（试行）来划分。本套《培训教材》可供相关专业小型建设工程施工项目负责人作为岗位培训参考教材，也可供相关专业相关技术人员和管理人员参考使用。

对参与本套《培训教材》编写的大专院校、行政管理、行业协会和施工企业的专家和学者，表示衷心感谢。

在《培训教材》的编写过程中，虽经反复推敲核证，仍难免有不妥甚至疏漏之处，恳请广大读者提出宝贵意见。

小型建设工程施工项目负责人岗位培训教材编写委员会

2013 年 9 月

《建设工程施工管理》
编 写 小 组

顾　　问：丁士昭

组　　长：孙继德

成　　员：（按姓氏笔画排序）

卫莉莉　马　强　王震林　冯桂烜

汪炎平　张沛良　郭　珲　崔　洁

童宗胜　廖前哨

前　言

当前对小型建设工程施工项目负责人的培训和管理还是一项空白，还未形成一个有效、系统的管理体系。因此，组织编写小型建设工程施工项目负责人岗位培训教材显得十分必要。

为此，本书编委会组织了全国具有丰富理论和实践经验的专家、学者以及工程技术人员，根据《注册建造师执业管理办法》第二十八条之规定："小型工程施工项目负责人任职条件和小型工程管理办法由各省、自治区、直辖市人民政府建设行政主管部门会同有关部门根据本地实际情况规定。"编写了《小型建设工程施工项目负责人岗位培训教材》中的分册《建设工程施工管理》。本教材针对我国小型工程施工项目负责人的知识和技能特点，着重在施工管理的原理、方法以及具体的管理任务等方面作了阐述，并通过工程实例剖析以增强小型工程施工项目负责人的实际应用能力，从而使他们在理论知识和实践技能方面得到全面的提升。

本书由丁士昭教授担任顾问，孙继德负责组织编写和统稿。其中第1章由孙继德编写，第2章和第3章由张沛良编写，第4章由卫莉莉编写，第5章由马强编写，第6章和第7章由冯桂烜编写，第8章由孙继德编写，第9章由张沛良编写。全书由孙继德负责统稿，马强、郭珲、廖前哨、崔洁和王钰冰等人协助做了大量具体工作，童宗胜、王震林和汪炎平等提供了许多帮助。本书编写得到了同济大学工程管理研究所、上海营广建设工程管理有限公司、上海营特建设项目管理有限公司、上海同济工程咨询有限公司、上海宝冶建设集团有限公司等单位的大力协作，在此一并表示感谢。

由于编者水平及经验所限，在编撰过程中，难免有不妥甚至疏漏之处，敬请广大读者批评批正。

目 录

第1章 施工管理概论

1.1 施工方施工管理的任务

1.1.1 建设工程项目管理的概念

建设工程项目管理的内涵是：自项目开始至项目完成，通过项目策划和项目控制，以使项目的费用目标、进度目标和质量目标得以实现。

"自项目开始至项目完成"指的是项目的实施期；"项目策划"指的是目标控制前的一系列筹划和准备工作；"费用目标"对业主而言是投资目标，对施工方而言是成本目标。项目决策期管理工作的主要任务是确定项目的定义，而项目实施期管理的主要任务是通过管理使项目的目标得以实现。

1.1.2 建设工程项目管理的类型

按建设工程生产组织的特点，一个项目往往由许多参与单位承担不同的建设任务，而各参与单位的工作性质、工作任务和利益不同，因此就形成了不同类型的项目管理。由于业主方是建设工程项目生产过程的总集成者——人力资源、物质资源和知识的集成，业主方也是建设工程项目生产过程的总组织者，因此对于一个建设工程项目而言，虽然有代表不同利益方的项目管理，但是，业主方的项目管理是管理的核心。

按建设工程项目不同参与方的工作性质和组织特征划分，项目管理有如下几种类型：

(1) 业主方的项目管理；

(2) 设计方的项目管理；

(3) 施工方的项目管理；

(4) 供货方的项目管理；

(5) 建设项目总承包方的项目管理等。

投资方、开发方和由咨询公司提供的代表业主方利益的项目管理服务都属于业主方的项目管理。施工总承包方和分包方的项目管理都属于施工方的项目管理。材料和设备供应方的项目管理都属于供货方的项目管理。建设项目总承包有多种形式，如设计和施工任务综合的承包，设计、采购和施工任务综合的承包（简称 EPC 承包）等，它们的项目管理都属于建设项目总承包方的项目管理。

施工方作为项目建设的一个参与方，其项目管理主要服务于项目的整体利益和施工方本身的利益。其项目管理的目标包括施工的成本目标、施工的进度目标和施工的质量目标。

施工方的项目管理工作主要在施工阶段进行，但它也涉及设计准备阶段、设计阶段、动用前准备阶段和保修期。在工程实践中，设计阶段和施工阶段往往是交叉的，因此施工方的项目管理工作也涉及设计阶段。

1.1.3　施工方项目管理的任务

施工方项目管理的任务包括：

（1）施工安全管理；

（2）施工成本控制；

（3）施工进度控制；

（4）施工质量控制；

（5）施工合同管理；

（6）施工信息管理；

（7）与施工有关的组织与协调。

施工方是承担施工任务的单位的总称谓，它可能是施工总承包方、施工总承包管理方、分包施工方、建设项目总承包的施工任务执行方或仅仅提供施工的劳务方。当施工方担任的角色不同时，其项目管理的任务和工作重点也会有差异。

1.1.4　施工总承包方的管理任务

施工总承包方（GC-General Contractor）对所承包的建设工程承担施工任务的执行和组织的总的责任，它的主要管理任务如下。

（1）负责整个工程的施工安全、施工总进度控制、施工质量控制和施工的组织等。

（2）控制施工的成本（这是施工总承包方内部的管理任务）。

（3）施工总承包方是工程施工的总执行者和总组织者，它除了完成自己承担的施工任务以外，还负责组织和指挥它自行分包的分包施工单位和业主指定的分包施工单位的施工（业主指定的分包施工单位有可能与业主单独签订合同，也可能与施工总承包方签约，不论采用何种合同模式，施工总承包方都应负责组织和管理业主指定的分包施工单位的施工，这也是国际惯例），并为分包施工单位提供和创造必要的施工条件。

（4）负责施工资源的供应组织。

（5）代表施工方与业主方、设计方、工程监理方等外部单位进行必要的联系和协调等。分包施工方承担合同所规定的分包施工任务以及相应的项目管理任务。若采用施工总承包或施工总承包管理模式，分包方（不论是一般的分包方，或由业主指定的分包方）必须接受施工总承包方或施工总承包管理方的工作指令，服从其总体的项目管理。

（6）施工现场管理，包括现场总平面的布置和管理、文明施工管理等。

1.1.5　施工总承包管理方的主要特征

施工总承包管理方（MC-Managing Contractor）对所承包的建设工程承担施工任务组织的总的责任，它的主要特征如下。

（1）一般情况下，施工总承包管理方不承担施工任务，它主要进行施工的总体管理和协调。如果施工总承包管理方通过投标（在平等条件下竞标），获得一部分施工任务，则它也可参与施工。

（2）一般情况下，施工总承包管理方不与分包方和供货方直接签订施工合同，这些合同都由业主方直接签订。但若施工总承包管理方应业主方的要求，协助业主参与施工的招标和发包工作，其参与的工作深度由业主方决定。业主方也可能要求施工总承包管理方负责整个施工的招标和发包工作。

（3）不论是业主方选定的分包方，或经业主方授权由施工总承包管理方选定的分包方，施工总承包管理方都承担对其的组织和管理责任。

（4）施工总承包管理方和施工总承包方承担相同的管理任务和责任，即负责整个工程的施工安全、施工总进度控制、施工质量控制和施工的组织等。因此，由业主方选定的分包方应经施工总承包管理方的认可，否则它难以承担对工程管理的总的责任。

（5）负责组织和指挥分包施工单位的施工，并为分包施工单位提供和创造必要的施工条件。

（6）与业主方、设计方、工程监理方等外部单位进行必要的联系和协调等。

1.1.6　建设项目工程总承包的特点

"工程总承包和工程项目管理是国际通行的工程建设项目组织实施方式。积极推行工程总承包和工程项目管理，是深化我国工程建设项目组织实施方式改革，提高工程建设管理水平，保证工程质量和投资效益，规范建筑市场秩序的重要措施；是勘察、设计、施工、监理企业调整经营结构，增强综合实力，加快与国际工程承包和管理方式接轨，适应社会主义市场经济发展和加入世界贸易组织后新形势的必然要求；是贯彻党的十六大关于'走出去'的发展战略，积极开拓国际承包市场，带动我国技术、机电设备及工程材料的出口，促进劳务输出，提高我国企业国际竞争力的有效途径"（引自建设部《关于培育发展工程总承包和工程项目管理企业的指导意见》，建市［2003］30 号）。

建设工程项目总承包的基本出发点是借鉴工业生产组织的经验，实现建设生产过程的组织集成化，以克服由于设计与施工的分离致使投资增加，以及克服由于设计和施工的不协调而影响建设进度等弊病。

建设工程项目总承包的主要意义并不在于总价包干，也不是"交钥匙"，其核心是通过设计与施工过程的组织集成，促进设计与施工的紧密结合，以达到为项目建设增值的目的。即使采用总价包干的方式，稍大一些的项目也难以用固定总价包干，而多数采用变动总价合同。

1.2　施工目标控制的基本原理和方法

由于项目实施过程中主客观条件的变化是绝对的，不变则是相对的；在项目进展过程中平衡是暂时的，不平衡则是永恒的，因此在项目实施过程中必须随着情况的变化进行项目目标的动态控制。项目目标的动态控制是项目管理最基本的方法论。

1.2.1　动态控制原理

项目目标动态控制的工作程序（图 1-1）如下。

（1）项目目标动态控制的准备工作。

对项目的目标（如投资/成本、进度和质量目标）进行分解，以确定用于目标控制的计划值（如计划投资/成本、计划进度和质量标准等）。

（2）在项目实施过程中（如设计过程中、招标投标过程中和施工过程中等）对项目目标进行动态跟踪和控制。

1）收集项目目标的实际值，如实际投资/成本、实际施工进度和施工的质量状况等；

2）定期（如每两周或每月）进行项目目标的计划值和实际值的比较；

3）通过项目目标的计划值和实际值的比较，如有偏差，则采取纠偏措施进行纠偏。

如有必要（即原定的项目目标不合理，或原定的项目目标无法实现），进行项目目标的调整，目标调整后控制过程再回复到上述的第一步。

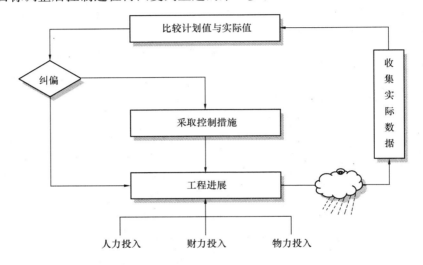

图 1-1　动态控制原理图

由于在项目目标动态控制时要进行大量数据的处理，当项目的规模比较大时，数据处理的量就相当可观。采用计算机辅助的手段可高效、及时而准确地生成许多项目目标动态控制所需要的报表，如计划成本与实际成本的比较报表，计划进度与实际进度的比较报表等，将有助于项目目标动态控制的数据处理。

项目目标动态控制的纠偏措施（图 1-2）主要包括：

（1）组织措施，分析由于组织的原因而影响项目目标实现的问题，并采取相应的措施，如调整项目组织结构、任务分工、管理职能分工、工作流程组织和项目管理班子人员等；

（2）管理措施（包括合同措施），分析由于管理的原因而影响项目目标实现的问题，并采取相应的措施，如调整进度管理的方法和手段，改变施工管理和强化合同管理等；

（3）经济措施，分析由于经济的原因而影响项目目标实现的问题，并采取相应的措施，如落实加快工程施工进度所需的资金等；

（4）技术措施，分析由于技术（包括设计和施工的技术）的原因而影响项目目标实现的问题，并采取相应的措施，如调整设计、改进施工方法和改变施工机具等。

当项目目标失控时，人们往往首先思考的是采取什么技术措施，而忽略可能或应当采取的组织措施和管理措施。组织论的一个重要结论是：组织是目标能否实现的决定性因素。应充分重视组织措施对项目目标控制的作用。

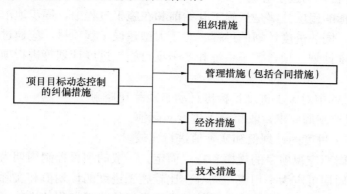

图 1-2　动态控制的纠偏措施

1.2.2　项目目标的事前控制

项目目标动态控制的核心是，在项目实施的过程中定期地进行项目目标的计划值和实际值的比较，当发现项目目标偏离时采取纠偏措施。为避免项目目标偏离的发生，还应重视事前的主动控制，即事前分析可能导致项目目标偏离的各种影响因素，并针对这些影响因素采取有效的预防措施（图 1-3）。

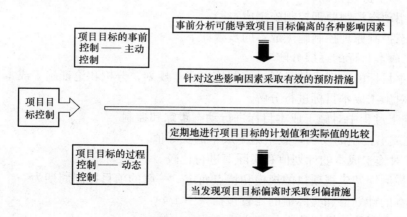

图 1-3　项目的目标控制

1.2.3　动态控制方法在施工管理中的应用

我国在施工管理中引进项目管理的理论和方法已多年，但是，运用动态控制原理控制项目的目标尚未得到普及，许多施工企业还不重视在施工进展过程中依据和运用定量的施工成本控制、施工进度控制和施工质量控制的报告系统指导施工管理工作，项目目标控制还处于相当粗放的状况。应认识到，运用动态控制原理进行项目目标控制将有利于项目目标的实现，并有利于促进施工管理科学化的进程。

（1）运用动态控制原理控制施工进度

运用动态控制原理控制施工进度的步骤如下。

1）施工进度目标的逐层分解

施工进度目标的逐层分解是从施工开始前和在施工过程中，逐步地由宏观到微观，由粗到细编制深度不同的进度计划的过程。对于大型建设工程项目，应通过编制施工总进度规划、施工总进度计划、项目各子系统和各子项目施工进度计划等进行项目施工进度目标的逐层分解。

2）在施工过程中对施工进度目标进行动态跟踪和控制

① 按照进度控制的要求，收集施工进度实际值。

② 定期对施工进度的计划值和实际值进行比较。

进度的控制周期应视项目的规模和特点而定，一般的项目控制周期为一个月，对于重要的项目，控制周期可定为一旬或一周等。比较施工进度的计划值和实际值时应注意，其对应的工程内容应一致，如以里程碑事件的进度目标值或再细化的进度目标值作为进度的计划值，则进度的实际值是相对于里程碑事件或再细化的分项工作的实际进度。进度的计划值和实际值的比较应是定量的数据比较，比较的成果是进度跟踪和控制报告，如编制进度控制的旬、月、季、半年和年度报告等。

③ 通过施工进度计划值和实际值的比较，如发现进度的偏差，则必须采取相应的纠偏措施进行纠偏。

3）如有必要（即发现原定的施工进度目标不合理，或原定的施工进度目标无法实现等），则调整施工进度目标。

（2）运用动态控制原理控制施工成本

运用动态控制原理控制施工成本的步骤如下。

1）施工成本目标的逐层分解

施工成本目标的分解指的是通过编制施工成本规划，分析和论证施工成本目标实现的可能性，并对施工成本目标进行分解。

2）在施工过程中对施工成本目标进行动态跟踪和控制

① 按照成本控制的要求，收集施工成本的实际值。

② 定期对施工成本的计划值和实际值进行比较。

成本的控制周期应视项目的规模和特点而定，一般的项目控制周期为一个月。

施工成本的计划值和实际值的比较包括（图1-4）：

（a）工程合同价与投标价中的相应成本项的比较；

（b）工程合同价与施工成本规划中的相应成本项的比较；

（c）施工成本规划与实际施工成本中的相应成本项的比较；

（d）工程合同价与实际施工成本中的相应成本项的比较；

（e）工程合同价与工程款支付中的相应成本项的比较等。

由上可知，施工成本的计划值和实际值也是相对的，如：相对于工程合同价而言，施工成本规划的成本值是实际值；而相对于实际施工成本，则施工成本规划的成本值是计划值等。成本的计划值和实际值的比较应是定量的数据比较，比较的成果是成本跟踪和控制报告，如编制成本控制的月、季、半年和年度报告等。

③ 通过施工成本计划值和实际值的比较，如发现偏差，则必须采取相应的纠偏措施

进行纠偏。

3）如有必要（即发现原定的施工成本目标不合理，或原定的施工成本目标无法实现等），则调整施工成本目标。

（3）运用动态控制原理控制施工质量

运用动态控制原理控制施工质量的工作步骤与进度控制和成本控制的工作步骤相类似。质量目标不仅是各分部分项工程的施工质量，它还包括材料、半成品、成品和有关设备等的质量。在施工活动开展前，首先应对质量目标进行分解，也即对上述组成工程质量的各元素的质量目标作出明确的定义，它就是质量的计划值。在施工进展过程中则应收集上述组成工程质量的各元素质量的实际值，并定期地对施工质量的计划值和实际值进行跟踪和控制，编制质量控制的月、季、半年和年度报告。通过施工质量计划值和实际值的比较，如发现质量的偏差，则必须采取相应的纠偏措施进行纠偏。

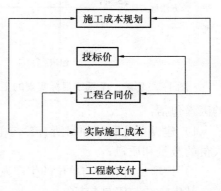

图 1-4　施工成本计划值和实际值的比较

1.3　施工管理的组织

1.3.1　组织论概述

（1）组织与系统的概念

组织的含义，分为名词性的组织和动词性的组织。

名词性的组织，一般认为是人的集合，即在统一管理下，具有共同的目标，并为达到这些目标而相互合作、相互联系和相互依赖的一组群体。组织一词在西方的起源借鉴了生物学中表述动植物内部结构的名词。

动词性的组织，是为了达到某一特定的目标，通过各部门劳动和职务的分工合作和不同等级的权力与责任的制度化，有计划地协调一群人的活动。

组织论研究一个系统的组织，既包括静态的组织，也包括动态的组织。

系统可大可小，最大的系统是宇宙，最小的系统是粒子。系统取决于人们对客观事物的观察方式：一个企业、一个学校、一个科研项目或一个建设项目都可以视作为一个系统，但上述不同系统的目标不同，从而形成的组织观念、组织方法和组织手段也就会不相同，上述各种系统的运行方式也不同。

建设工程项目作为一个系统，它与一般的系统相比，有其明显的特征，如：

1）建设项目都是一次性，没有两个完全相同的项目；

2）建设项目全寿命周期一般由决策阶段、实施阶段和运营阶段组成，各阶段的工作任务和工作目标不同，其参与或涉及的单位也不相同，它的全寿命周期持续时间长；

3）一个建设项目的任务往往由多个单位共同完成，它们的合作多数不是固定的合作关系，并且一些参与单位的利益不尽相同，甚至相对立。

因此，在考虑一个建设工程项目的组织问题，或进行项目管理的组织设计时，应充分考虑上述特征。

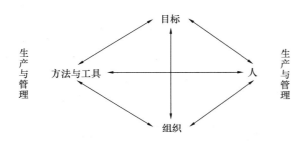

图 1-5 影响一个系统目标实现的主要因素

（2）系统的目标和组织的关系

影响一个系统目标实现的主要因素除了组织以外（图 1-5），还有：

1）人的因素，它包括管理人员和生产人员的数量和质量；

2）方法与工具，它包括管理的方法与工具以及生产的方法与工具。

结合建设工程项目的特点，其中人的因素包括：

1）建设单位和该项目所有参与单位（设计、工程监理、施工、供货单位等）的管理人员的数量和质量；

2）该项目所有参与单位的生产人员（设计、工程监理、施工、供货单位等）的数量和质量。

其中方法与工具包括：

1）建设单位和所有参与单位的管理的方法与工具；

2）所有参与单位的生产的方法与工具（设计和施工的方法与工具等）。

系统的目标决定了系统的组织，而组织是目标能否实现的决定性因素，这是组织论的一个重要结论。如果把一个建设项目的项目管理视作为一个系统，其目标决定了项目管理的组织，而项目管理的组织是项目管理的目标能否实现的决定性因素，由此可见项目管理的组织的重要性。

控制项目目标的主要措施包括组织措施、管理措施、经济措施和技术措施，其中组织措施是最重要的措施。如果对一个建设工程的项目管理进行诊断，首先应分析其组织方面存在的问题。

（3）组织论的内容

组织论是一门学科，它主要研究系统的组织结构模式、组织分工和工作流程组织（图 1-6），它是与项目管理学相关的一门非常重要的基础理论学科。

组织结构模式反映了一个组织系统中各子系统之间或各元素（各工作部门或各管理人

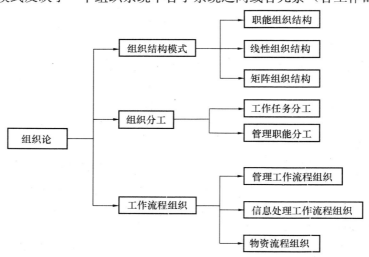

图 1-6　组织论的基本内容

员）之间的指令关系。指令关系指的是哪一个工作部门或哪一位管理人员可以对哪一个工作部门或哪一位管理人员下达工作指令。

组织分工反映了一个组织系统中各子系统或各元素的工作任务分工和管理职能分工。组织结构模式和组织分工都是一种相对静态的组织关系。

工作流程组织则可反映一个组织系统中各项工作之间的逻辑关系，是一种动态关系。图1-6中的物质流程组织对于建设工程项目而言，指的是项目实施任务的工作流程组织，如：设计的工作流程组织可以是方案设计、初步设计、技术设计、施工图设计，也可以是方案设计、初步设计（扩大初步设计）、施工图设计；施工作业也有多个可能的工作流程。

（4）组织工具

组织工具是组织论的应用手段，用图或表等形式表示各种组织关系，它包括：

1）项目结构图；

2）组织结构图（管理组织结构图）；

3）工作任务分工表；

4）管理职能分工表；

5）工作流程图等。

1.3.2　项目结构分析

（1）项目结构图

项目结构图（Project Diagram，或称 WBS-Work breakdown structure）是一个组织工具，它通过树状图的方式对一个项目的结构进行逐层分解，以反映组成该项目的所有工作任务（图1-7）。项目结构图中，矩形表示工作任务（或第一层、第二层子项目等），矩形框之间的连接用连线表示。

图1-8是某软件园项目结构图的一个示例，它是一个群体项目，它可按照功能区进行第一层次的分解，即：

1）软件研发、生产功能区；

2）硬件研发、生产功能区；

3）公共服务功能区；

4）园区管理功能区；

5）生活功能区。

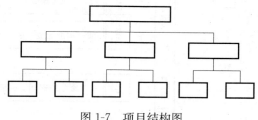

图1-7　项目结构图

如对其进行第二层次的分解，其中软件研发、生产功能区包括：软件研发生产大楼和独立式软件研发生产基地。其他功能区也可再分解。某些第二层次的项目组成部分（如独立式软件研发生产基地）还可再分解。

一些居住建筑开发项目，可根据建设的时间对项目的结构进行逐层分解，如第一期工程、第二期工程和第三期工程等。而一些工业建设项目往往按其生产子系统的构成对项目的结构进行逐层分解。

同一个建设工程项目可有不同的项目结构的分解方法，项目结构的分解应和整个工程实施的部署相结合，并和将采用的合同结构相结合。如地铁工程主要有两种不同的合同分解方案，其对应的项目结构不相同，即：

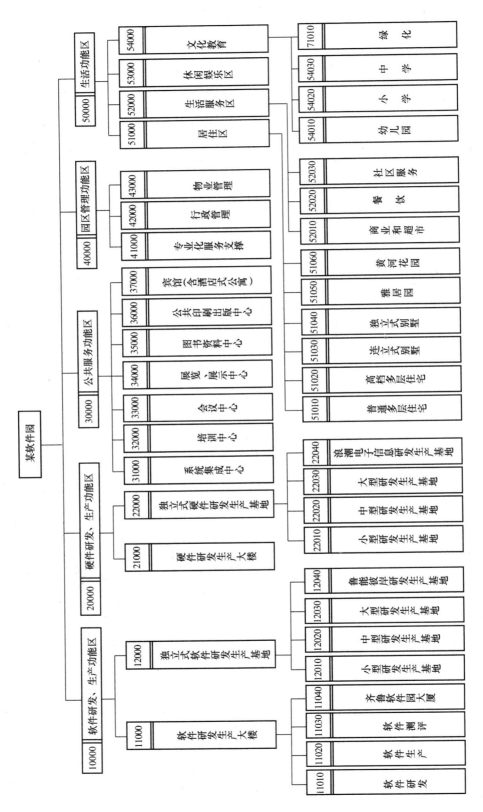

图 1-8　某工程项目的项目结构图

1）方案1：地铁车站（一个或多个）和区间隧道（一段或多段）分别发包（图1-9）；

2）方案2：一个地铁车站和一段区间隧道，或几个地铁车站和几段区间隧道作为一个标段发包（图1-10）。

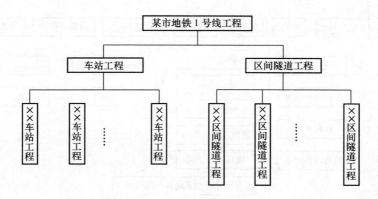

图1-9　地铁车站和区间隧道分别发包的项目结构

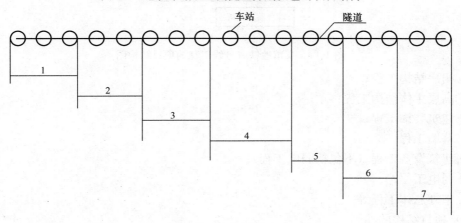

图1-10　地铁车站和区间隧道综合发包项目结构

由于图1-9所示的项目结构在施工时交界面较多，对工程的组织与管理可能不利，因此国际上较多的地铁工程则采用图1-10的方式，如图1-11所示进行项目结构分解。

综上所述，项目结构分解并没有统一的模式，但应结合项目的特点和参考以下原则进行：

1）考虑项目进展的总体部署；

2）考虑项目的组成；

3）有利于项目实施任务（设计、施工和物资采购）的发包和有利于项目实施任务的进行，并结合合同结构；

4）有利于项目目标的控制；

5）结合项目管理的组织结构等。

以上所列举的都是群体工程的项目结构分解，单体工程如有必要（如投资、进度和质量控制的需要）也应进行项目结构分解。如一栋高层办公大楼可分解为：

1）地下工程；

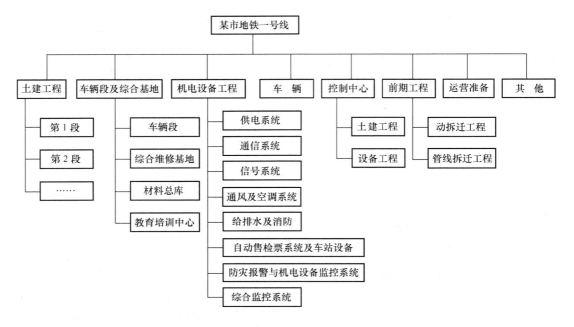

图 1-11 某市地铁一号线工程的项目结构图

2）裙房结构工程；

3）高层主体结构工程；

4）建筑装饰工程；

5）幕墙工程；

6）建筑设备工程（不包括弱电工程）；

7）弱电工程；

8）室外总体工程等。

（2）项目结构的编码

每个人的身份证都有编码，最新版编码由 18 位数字组成，其中的几个字段分别表示地域、出生年月日和性别等。交通车辆也有编码，表示城市和购买顺序等。编码由一系列符号（如文字）和数字组成，编码工作是信息处理的一项重要的基础工作。

一个建设工程项目有不同类型和不同用途的信息，为了有组织地存储信息，方便信息的检索和信息的加工整理，必须对项目的信息进行编码，如：

1）项目的结构编码；

2）项目管理组织结构编码；

3）项目的政府主管部门和各参与单位编码（组织编码）；

4）项目实施的工作项编码（项目实施的工作过程的编码）；

5）项目的投资项编码（业主方）/成本项编码（施工方）；

6）项目的进度项（进度计划的工作项）编码；

7）项目进展报告和各类报表编码；

8）合同编码；

9）函件编码；

10）工程档案编码等。

以上这些编码是因不同的用途而编制的，如：投资项编码（业主方）/成本项编码（施工方）服务于投资控制工作/成本控制工作；进度项编码服务于进度控制工作。

项目结构的编码依据项目结构图，对项目结构的每一层的每一个组成部分进行编码，如图1-8所示。项目结构的编码和用于投资控制、进度控制、质量控制、合同管理和信息管理等管理工作的编码有紧密的有机联系，但它们之间又有区别。项目结构图和项目结构的编码是编制上述其他编码的基础。

图1-12所示的某国际会展中心进度计划的一个工作项的综合编码由5个部分（5段）组成，其中第3段有4个字符（C1、C2、C3、C4）是项目结构编码。一个工作项的综合编码由13个字符构成：

1）计划平面编码：1个字符，如A1表示总进度计划平面的工作，A2表示第2进度计划平面的工作等；

2）工作类别编码：1个字符，如B1表示设计工作、B2表示施工工作等；

3）项目结构编码：4个字符；

4）工作项编码（Activity）：4个字符；

5）项目参与单位编码：3个字符，如001表示甲设计单位，002表示乙设计单位，009表示丁施工单位等。

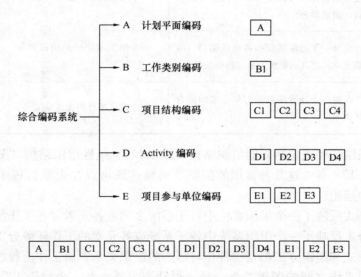

图1-12　某国际会展中心进度计划的工作项的编码
（其中Activity编码即工作项编码）

1.3.3　施工管理的组织结构

（1）基本的组织结构模式

组织结构模式可用组织结构图来描述，组织结构图（图1-13）也是一个重要的组织工具，反映一个组织系统中各组成部门（组成元素）之间的组织关系（指令关系）。在组织结构图中，矩形框表示工作部门，上级工作部门对其直接下属工作部门的指令关系用单

13

向箭线表示。

组织论的三个重要的组织工具，项目结构图、组织结构图和合同结构图（图1-14）的区别如表1-1所示。

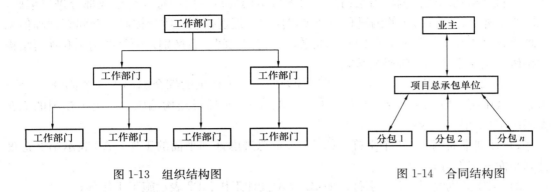

图 1-13 组织结构图　　　　　　　　　　图 1-14 合同结构图

项目结构图、组织结构图和合同结构图的区别　　　　　　　表 1-1

	表达的涵义	图中矩形框的涵义	矩形框连接的表达
项目结构图	对一个项目的结构进行逐层分解，以反映组成该项目的所有工作任务（该项目的组成部分）	一个项目的组成部分	直线
组织结构图	反映一个组织系统中各组成部门（组成元素）之间的组织关系（指令关系）	一个组织系统中的组成部分（工作部门）	单向箭线
合同结构图	反映一个建设项目参与单位之间的合同关系	一个建设项目的参与单位	双向箭线

常用的组织结构模式包括职能组织结构（图1-15）、线性组织结构（图1-16）和矩阵组织结构（图1-17）等。这几种常用的组织结构模式既可以在企业管理中运用，也可在建设项目管理中运用。

组织结构模式反映了一个组织系统中各子系统之间或各元素（各工作部门）之间的指令关系。组织分工反映了一个组织系统中各子系统或各元素的工作任务分工和管理职能分工。组织结构模式和组织分工都是一种相对静态的组织关系。而工作流程组织则反映一个组织系统中各项工作之间的逻辑关系，是一种动态关系。在一个建设工程项目实施过程中，其管理工作的流程、信息处理的流程，以及设计工作、物资采购和施工的流程的组织都属于工作流程组织的范畴。

1）职能组织结构的特点及其应用

在人类历史发展过程中，当手工业作坊发展到一定的规模时，一个企业内需要设置对人、财、物和产、供、销管理的职能部门，这样就产生了初级的职能组织结构。因此，职能组织结构是一种传统的组织结构模式。在职能组织结构中，每一个职能部门可根据它的管理职能对其直接和非直接的下属工作部门下达工作指令，因此，每一个工作部门可能得到其直接和非直接的上级工作部门下达的工作指令，它就会有多个矛盾的指令源。一个工作部门的多个矛盾的指令源会影响企业管理机制的运行。

在一般的工业企业中，设有人、财、物和产、供、销管理的职能部门，另有生产车间和后勤保障机构等。虽然生产车间和后勤保障机构并不一定是职能部门的直接下属部门，但是，职能管理部门可以在其管理的职能范围内对生产车间和后勤保障机构下达工作指令，这是典型的职能组织结构。在高等院校中，设有人事、财务、教学、科研和基本建设等管理的职能部门（处室），另有学院、系和研究中心等教学和科研的机构，其组织结构模式也是职能组织结构，人事处和教务处等都可对学院和系下达其分管范围内的工作指令。我国多数的企业、学校、事业单位目前还沿用这种传统的组织结构模式。许多建设项目也还用这种传统的组织结构模式，在工作中常出现交叉和矛盾的工作指令关系，严重影响了项目管理机制的运行和项目目标的实现。

在图 1-15 所示的职能组织结构中，A、B1、B2、B3、C5 和 C6 都是工作部门，A 可以对 B1、B2、B3 下达指令；B1、B2、B3 都可以在其管理的职能范围内对 C5 和 C6 下达指令；因此 C5 和 C6 有多个指令源，其中有些指令可能是矛盾的

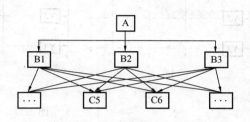

图 1-15　职能组织结构

2）线性组织结构的特点及其应用

在军事组织系统中，组织纪律非常严格，军、师、旅、团、营、连、排和班的组织关系是指令按逐级下达，一级指挥一级和一级对一级负责。线性组织结构就是来自于这种十分严谨的军事组织系统。在线性组织结构中，每一个工作部门只能对其直接的下属部门下达工作指令，每一个工作部门也只有一个直接的上级部门，因此，每一个工作部门只有唯一一个指令源，避免了由于矛盾的指令而影响组织系统的运行。

在国际上，线性组织结构模式是建设项目管理组织系统的一种常用模式，因为一个建设项目的参与单位很多，少则数十，多则数百，大型项目的参与单位将数以千计，在项目实施过程中矛盾的指令会给工程项目目标的实现造成很大的影响，而线性组织结构模式可确保工作指令的唯一性。

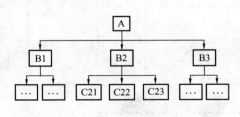

图 1-16　线性组织结构

但在一个特大的组织系统中，由于线性组织结构模式的指令路径过长，有可能会造成组织系统在一定程度上运行的困难。图 1-16 所示的线性组织结构中：

A 可以对其直接的下属部门 B1、B2、B3 下达指令；

B2 可以对其直接的下属部门 C21、C22、C23 下达指令；

虽然 B1 和 B3 比 C21、C22、C23 高一个组织层次，但是，B1 和 B3 并不是 C21、C22、C23 的直接上级部门，它们不允许对 C21、C22、C23 下达指令。

在该组织结构中，每一个工作部门的指令源是唯一的。

3）矩阵组织结构的特点及其应用

矩阵组织结构是一种较新型的组织结构模式。在矩阵组织结构最高指挥者（部门）

（图 1-17 中的 A）下设纵向（图 1-17 的 X1）和横向（图 1-17 的 Y1）两种不同类型的工作部门。纵向工作部门如人、财、物、产、供、销的职能管理部门，横向工作部门如生产车间等。一个施工企业，如采用矩阵组织结构模式，则纵向工作部门可以是计划管理、技术管理、合同管理、财务管理和人事管理部门等，而横向工作部门可以是项目部（图 1-18）。

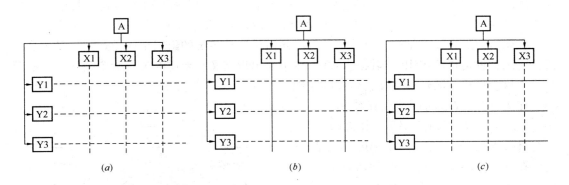

图 1-17 矩阵组织结构

（a）矩阵组织结构；（b）以纵向工作部门指令为主的矩阵组织结构；

（c）以横向工作部门指令为主的矩阵组织结构

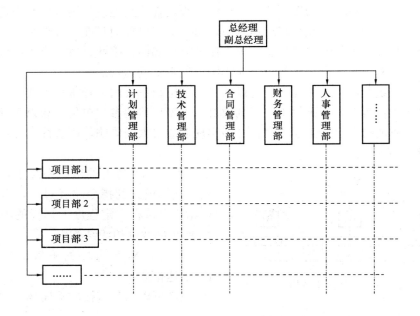

图 1-18 施工企业矩阵组织结构模式的示例

一个大型建设项目如采用矩阵组织结构模式，则纵向工作部门可以是投资控制、进度控制、质量控制、合同管理、信息管理、人事管理、财务管理和物资管理等部门，而横向工作部门可以是各子项目的项目管理部（图 1-19）。矩阵组织结构适宜用于大的组织系统，在上海地铁和广州地铁一号线建设时都采用了矩阵组织结构模式。

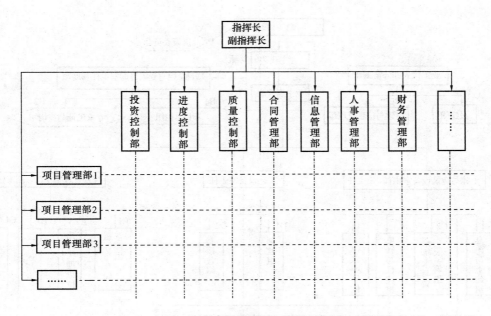

图 1-19　大型建设项目采用矩阵组织结构模式的示例

在矩阵组织结构中，每一项纵向和横向交汇的工作（如图 1-19 中的项目管理部 1 涉及的投资问题），指令来自于纵向和横向两个工作部门，因此其指令源为两个。当纵向和横向工作部门的指令发生矛盾时，由该组织系统的最高指挥者（部门），即图 1-17（a）的 A 进行协调或决策。

在矩阵组织结构中，为避免纵向和横向工作部门指令矛盾对工作的影响，可以采用以纵向工作部门指令为主（图 1-17b）或以横向工作部门指令为主（图 1-17c）的矩阵组织结构模式，这样也可减轻该组织系统的最高指挥者（部门）的协调工作量。

（2）项目管理的组织结构图

对一个项目的组织结构进行分解，并用图的方式表示，就形成项目组织结构图（OBS图，Diagram of organizational breakdown structure），或称项目管理组织结构图。项目组织结构图反映一个组织系统（如项目管理班子）中各子系统之间和各元素（如各工作部门）之间的组织关系，反映的是各工作单位、各工作部门和各工作人员之间的组织关系。图 1-20 是项目组织结构图的示例，它属于职能组织结构。

一个建设工程项目的实施除了业主方外，还有许多单位参加，如设计单位、施工单位、供货单位和工程管理咨询单位以及有关的政府行政管理部门等，项目组织结构图应注意表达业主方以及项目的参与单位有关的各工作部门之间的组织关系。

业主方、设计方、施工方、供货方和工程管理咨询方的项目管理的组织结构都可用各自的项目组织结构图予以描述。项目组织结构图应反映项目经理和费用（投资或成本）控制、进度控制、质量控制、合同管理、信息管理和组织与协调等主管工作部门或主管人员之间的组织关系。

图 1-21 是某施工总承包项目的组织结构图示例，是线性组织结构。在线性组织结构中每一个工作部门只有唯一的上级工作部门，其指令来源是唯一的。

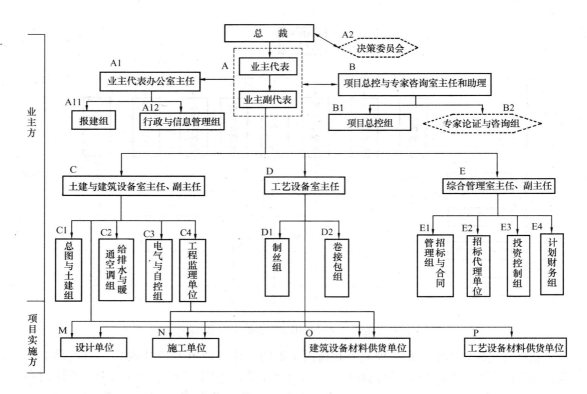

图 1-20　项目组织结构图的示例

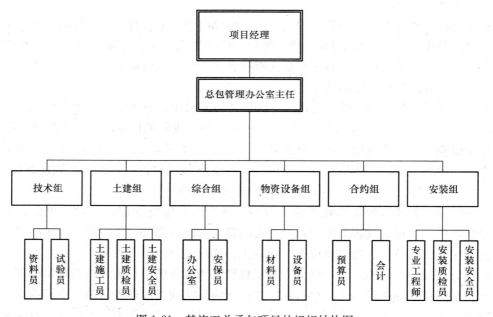

图 1-21　某施工总承包项目的组织结构图

1.3.4　施工管理的工作任务分工

业主方和项目各参与方，如设计单位、施工单位、供货单位和工程管理咨询单位等都有各自的项目管理的任务，上述各方都应该编制各自的项目管理任务分工表，这是一个项目的组织设计文件的一部分。施工方项目管理的工作任务分工简称为施工管理工作任务分工。

为了编制施工管理任务分工表，首先应对施工项目的成本控制、进度控制、质量控制、合同管理、信息管理和组织与协调等管理任务进行详细分解，在施工管理任务分解的基础上定义项目经理和成本控制、进度控制、质量控制、合同管理、信息管理和组织与协调等主管工作部门或主管人员的工作任务。如表1-2所示。

工作任务分工表   表1-2

工作任务 \ 工作部门	项目经理部	投资控制部	进度控制部	质量控制部	合同管理部	信息管理部

在工作任务分工表（表1-3）中应明确各项工作任务由哪个工作部门（或个人）负责，由哪些工作部门（或个人）配合或参与。无疑，在项目的进展过程中，应视必要对工作任务分工表进行调整。

某大型公共建筑属国家重点工程，在项目实施的初期，项目管理咨询公司建议把工作任务划分成26个大块，针对这26个大块任务编制了工作任务分工表（表1-3），随着工程的进展，任务分工表还将不断深化和细化。

某大型公共建筑的工作任务分工表   表1-3

序号	工作项目	经理室、指挥部室	技术委员会	专家顾问组	办公室	总工程师室	综合部	财务部	计划部	工程部	设备部	运营部	物业开发部
1	人事	☆					△						
2	重大技术审查决策	☆	△	○	○	△	○	○	○	○	○	○	○
3	设计管理			○		☆			○	△	△	○	
4	技术标准					☆				△	△	○	
5	科研管理					☆	○		○	○	○	○	
6	行政管理				☆	○	○						
7	外事工作			○	☆	○							
8	档案管理			○	☆	○							
9	资金保险						○	☆					
10	财务管理						○	☆					
11	审计						☆	○					
12	计划管理						○	○	☆	△	△	○	

序号	工作项目	经理室、指挥部室	技术委员会	专家顾问组	办公室	总工程师室	综合部	财务部	计划部	工程部	设备部	运营部	物业开发部
13	合同管理						○	○	☆	△	△	○	
14	招标投标管理			○		○	○		☆	△	△	○	
15	工程筹划			○		○				☆	○	○	
16	土建评定项目管理			○		○				☆	○	○	
17	工程前期工作			○				○	○	☆	○		○
18	质量管理			○		△				☆	△		
19	安全管理				○	○				☆	△		
20	设备选型			△		○					☆	○	
21	设备材料采购							○	○	△	△		☆
22	安装工程项目管理			○					○	△	☆	○	
23	运营准备			○		○			△	△	△	☆	
24	开通、调试、验收			○		△				△	☆	△	
25	系统交接		○	○	○	○	○	○	☆	☆	☆		
26	物业开发						○	○	○	○	○	○	☆

注：☆—主办；△—协办；○—配合。

1.3.5 施工管理的管理职能分工

管理是由多个环节组成的过程（图1-22），即：

1）提出问题；

2）筹划——提出解决问题的可能的方案，并对多个可能的方案进行分析；

3）决策；

4）执行；

5）检查。

这些组成管理的环节就是管理的职能。管理的职能在一些文献中也有不同的表述，但

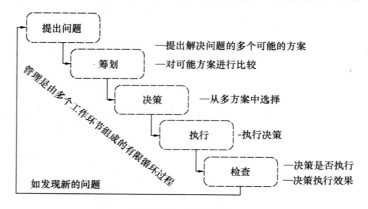

图 1-22 管理职能

其内涵是类似的。

以下以一个示例来解释管理职能的含义：

1) 提出问题——通过进度计划值和实际值的比较，发现进度推迟了；

2) 筹划——加快进度有多种可能的方案，如改一班工作制为两班工作制，增加夜班作业，增加施工设备和改变施工方法，应对这三个方案进行比较；

3) 决策——从上述三个可能的方案中选择一个将被执行的方案，增加夜班作业；

4) 执行——落实夜班施工的条件，组织夜班施工；

5) 检查——检查增加夜班施工的决策有否被执行，如已执行，则检查执行的效果如何。

如通过增加夜班施工，工程进度的问题解决了，但发现新的问题，施工成本增加了，这样就进入了管理的一个新的循环：提出问题、筹划、决策、执行和检查。整个施工过程中管理工作就是不断发现问题和不断解决问题的过程。

以上不同的管理职能可由不同的职能部门承担，如：

1) 进度控制部门负责跟踪和提出有关进度的问题；

2) 施工协调部门对进度问题进行分析，提出三个可能的方案，并对其进行比较；

3) 项目经理在三个可供选择的方案中，决定采用第一方案，即增加夜班作业；

4) 施工协调部门负责执行项目经理的决策，组织夜班施工；

5) 项目经理助理检查夜班施工后的效果。

业主方和项目各参与方，如设计单位、施工单位、供货单位和工程管理咨询单位等都有各自的项目管理的任务和其管理职能分工，上述各方都应该编制各自的项目管理职能分工表。

管理职能分工表（表1-4）是用表的形式反映项目管理班子内部项目经理、各工作部门和各工作岗位对各项工作任务的项目管理职能分工。表中用拉丁字母表示管理职能。管理职能分工表也可用于企业管理。

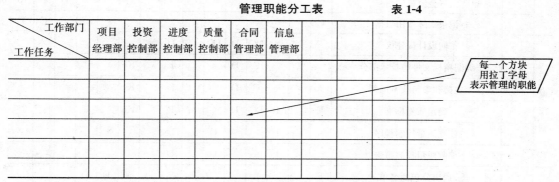

管理职能分工表　　　　　表 1-4

表 1-5 所示的是某项目施工总承包管理的管理职能分工表的示例。从中可以看出，每项任务都有工作部门或个人负责策划、决策、执行和检查。我国多数企业和建设项目的指挥或管理机构，习惯用岗位责任制的岗位责任描述书来描述每一个工作部门的工作任务（包括责任、权利和任务等）。工业发达国家在建设项目管理中广泛应用管理职能分工表，以使管理职能的分工更清晰、更严谨，并会暴露仅用岗位责任描述书时所掩盖的矛盾。如使用管理职能分工表还不足以明确每个工作部门的管理职能，则可辅以使用管理职能分工描述书。

工作任务	职能代号 P—规划 E—决策 D—执行 C—检查 I—信息 Ke—了解 任务分工		工作部门												
			项目经理	项目经理助理	项目经理办公室	技术部经理	技术部	施工部经理	进度工程师	质量控制人员	现场协调人员	合同部经理	建安合同管理人员	设备合同管理人员	费用控制工程师	行政部经理	财务人员
进度控制	编制初步进度计划		E	I				P	D			Ke					
	研究 Fast-Track 方案		E		I	DC		D	D			Ke					
	召集进度协调会			Ke		Ke		C	D		Ke						
	修改进度计划		E		I			P	D			Ke					
	施工进度协调			Ke				D	D								
	编制月进度计划		E		I			C	D			Ke					
费用控制	编制初步估计		E		I							P			D		Ke
	修改费用估计		E		I							P			D		
	编制 GMP		E		I							P			D		
	采用 VE 方法提建议					C	D	Ke				Ke			D		
	费用动态比较			Ke	I							C			D		Ke
	编制标底		E		I							C	Ke	Ke	D		Ke
	审价		E									C	Ke	Ke	D		
	审核付款申请		E									C	Ke	Ke	D		Ke
	资金流量计划				I							C			D		Ke
	记录实际费用数据		C												C		D
质量控制	向设计提建议					DC	D	DC		D							
	编制招标文件中技术部分					C	D			DKe		Ke					
	主持和参与技术谈判					C	D			D		Ke					
	确定质量标准		E		I	DC	D			P		Ke					
	建立质量控制程序				I			C		D							
	编制质量控制报告				I			C		D							
合同管理	提出分包商名单		E									DC	D	D			
	编制招标文件		E	Ke	I							DC	D	D			
	主持招标、评标		E									D					
	主持合同谈判		E		I							D					
	合同跟踪管理											C	PD	PD			
	处理纠纷和索赔		C		I		Ke		Ke	Ke	Ke	E	D	D	Ke		

工作任务	职能代号 P—规划 E—决策 D—执行 C—检查 I—信息 Ke—了解 任务分工		项目经理	项目经理助理	项目经理办公室	技术部经理	技术部	施工部经理	进度控制工程师	质量控制人员	现场协调人员	合同部经理	建安合同管理人员	设备合同管理人员	费用控制工程师	行政部经理	财务人员
现场管理		安排场地布置	C					P			D						
		完成施工准备工作	C					P			D					Ke	
		编制现场总平面图	E					CD			D						
		现场指挥和协调	E					ED			D						
		安全、保卫工作						ED			D					Ke	
		零星设施	E					PC			D					Ke	

1.3.6 施工管理的工作流程组织

正如图 1-6 所示，工作流程组织包括：

1）管理工作流程组织，如投资控制、进度控制、合同管理、付款和设计变更等流程；

2）信息处理工作流程组织，如与生成月度进度报告有关的数据处理流程；

3）物资流程组织，如钢结构深化设计工作流程，弱电工程物资采购工作流程，外立面施工工作流程等。

（1）工作流程组织的任务

每一个建设项目应根据其特点，从多个可能的工作流程方案中确定以下几个主要的工作流程组织：

1）施工准备工作的流程；

2）施工分包招标工作的流程；

3）物资采购工作的流程；

4）施工作业的流程；

5）各项管理工作（成本控制、进度控制、质量控制、合同管理和信息管理等）的流程；

6）与工程管理有关的信息处理的流程。

这也就是工作流程组织的任务，即定义工作的流程。

工作流程图应视需要逐层细化，如成本控制工作流程可细化为成本计划工作流程图、付款工作流程图等。

施工总承包和分包方以及供货单位等都有各自的工作流程组织的任务。

（2）工作流程图

工作流程图用图的形式反映一个组织系统中各项工作之间的逻辑关系，它可用以描述工作流程组织。工作流程图是一个重要的组织工具，如图1-23所示。工作流程图用矩形框表示工作（图1-23a），箭线表示工作之间的逻辑关系，菱形框表示判别条件。也可用两个矩形框分别表示工作和工作的执行者（图1-23b）。

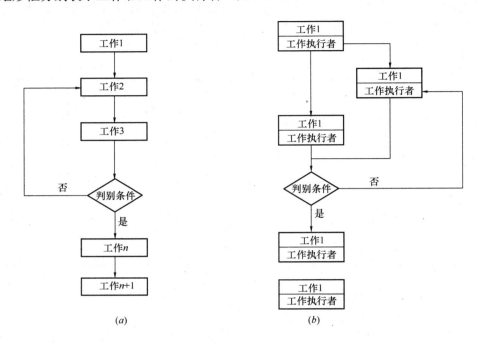

图 1-23　工作流程图示例

某项目月施工计划制订的工作流程如图1-24所示。

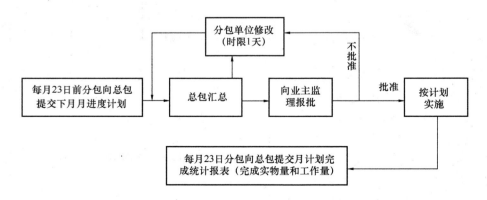

图 1-24　某项目月施工计划制订的工作流程

某项目施工进度总体控制工作流程如图1-25所示。

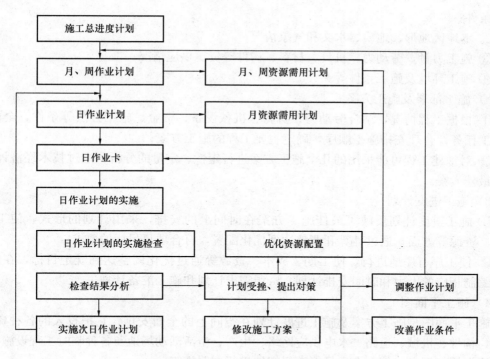

图 1-25　某项目施工进度总体控制的工作流程

1.4　施工组织设计的内容和编制方法

施工组织设计是用来指导拟建工程施工全过程中各项活动的技术、经济和组织的综合性文件。施工组织设计是对施工活动实行科学管理的重要手段，它具有战略部署和战术安排的双重作用。它体现了实现基本建设计划和设计的要求，提供了各阶段的施工准备工作内容，协调施工过程中各施工单位，各施工工种，各项资源之间的相互关系。通过施工组织设计，可以根据具体工程的特定条件，拟订施工方案、确定施工顺序、施工方法、技术组织措施，可以保证拟建工程按照预定的工期完成，可以在开工前了解到所需资源的数量及其使用的先后顺序，可以合理安排施工现场布置。因此施工组织设计应从施工全局出发，充分反映客观实际，符合国家或合同要求，统筹安排施工活动有关的各个方面，合理地布置施工现场，确保文明施工、安全施工。

1.4.1　熟悉施工组织设计的内容

（1）施工组织设计的基本内容

施工组织设计的内容要结合工程对象的实际特点、施工条件和技术水平进行综合考虑，一般包括以下基本内容。

1）工程概况

工程概况包括：

① 本项目的性质、规模、建设地点、结构特点、建设期限、分批交付使用的条件、

合同条件；

② 本地区地形、地质、水文和气象情况；

③ 施工力量，劳动力、机具、材料、构件等资源供应情况；

④ 施工环境及施工条件等。

2）施工部署及施工方案

① 根据工程情况，结合劳动力、材料、机械设备、资金、施工方法等条件，全面部署施工任务，合理安排施工顺序，确定主要工程的施工方案；

② 对拟建工程可能采用的几个施工方案进行定性、定量的分析，通过技术经济评价，选择最佳方案。

3）施工进度计划

① 施工进度计划反映了最佳施工方案在时间上的安排，采用计划的形式，使工期、成本、资源等方面，通过计算和调整达到优化配置，符合项目目标的要求；

② 使工序有序地进行，使工期、成本、资源等通过优化调整达到既定目标，在此基础上编制相应的人力和时间安排计划、资源需求计划和施工准备计划。

4）施工平面图

施工平面图是施工方案及施工进度计划在空间上的全面安排。它把投入的各种资源、材料、构件、机械、道路、水电供应网络、生产、生活活动场地及各种临时工程设施合理地布置在施工现场，使整个现场能有组织地进行文明施工。

5）主要技术经济指标

技术经济指标用以衡量组织施工的水平，它是对施工组织设计文件的技术经济效益进行全面评价。

（2）施工组织设计的分类及其内容

根据施工组织设计编制的广度、深度和作用的不同，可分为：

① 施工组织总设计；

② 单位工程施工组织设计；

③ 分部（分项）工程施工方案。

1）施工组织总设计的内容

施工组织总设计是以整个建设工程项目为对象〔如一个工厂、一个机场、一个道路工程（包括桥梁）、一个居住小区等〕而编制的。它是对整个建设工程项目施工的战略部署，是指导全局性施工的技术和经济纲要。施工组织总设计的主要内容如下：

① 建设项目的工程概况；

② 施工部署及其核心工程的施工方案；

③ 全场性施工准备工作计划；

④ 施工总进度计划；

⑤ 各项资源需求量计划；

⑥ 全场性施工总平面图设计；

⑦ 主要技术经济指标（项目施工工期、劳动生产率、项目施工质量、项目施工成本、项目施工安全、机械化程度、预制化程度、暂设工程等）。

2）单位工程施工组织设计的内容

单位工程施工组织设计是以单位工程（如一栋楼房、一个烟囱、一段道路、一座桥等）为对象编制的，在施工组织总设计的指导下，由直接组织施工的单位根据施工图设计进行编制，用以直接指导单位工程的施工活动，是施工单位编制分部（分项）工程施工组织设计和季、月、旬施工计划的依据。单位工程施工组织设计根据工程规模和技术复杂程度不同，其编制内容的深度和广度也有所不同。对于简单的工程，一般只编制施工方案，并附以施工进度计划和施工平面图。单位工程施工组织设计的主要内容如下：

① 工程概况及施工特点分析；

② 施工方案的选择；

③ 单位工程施工准备工作计划；

④ 单位工程施工进度计划；

⑤ 各项资源需求量计划；

⑥ 单位工程施工总平面图设计；

⑦ 技术组织措施、质量保证措施和安全施工措施；

⑧ 主要技术经济指标（工期、资源消耗的均衡性、机械设备的利用程度等）。

1.4.2 施工组织设计的编制方法

（1）施工组织设计的编制原则

在编制施工组织设计时，宜考虑以下原则：

1）重视工程的组织对施工的作用；

2）提高施工的工业化程度；

3）重视管理创新和技术创新；

4）重视工程施工的目标控制；

5）积极采用国内外先进的施工技术；

6）充分利用时间和空间，合理安排施工顺序，提高施工的连续性和均衡性；

7）合理部署施工现场，实现文明施工。

（2）施工组织设计的编制依据

施工组织总设计的编制依据主要包括：

1）计划文件；

2）设计文件；

3）合同文件；

4）建设地区基础资料；

5）有关的标准、规范和法律；

6）类似建设工程项目的资料和经验。

单位工程施工组织设计的编制依据主要包括：

1）建设单位的意图和要求，如工期、质量、预算要求等；

2）工程的施工图纸及标准图；

3）施工组织总设计对本单位工程的工期、质量和成本的控制要求；

4）资源配置情况；

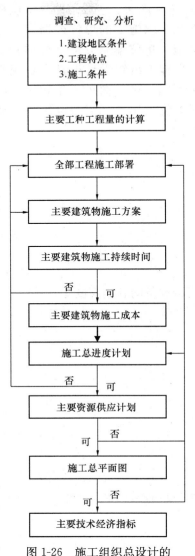

图 1-26 施工组织总设计的
编制程序图

5) 建筑环境、场地条件及地质、气象资料，如工程地质勘测报告、地形图和测量控制等；

6) 有关的标准、规范和法律；

7) 有关技术新成果和类似建设工程项目的资料和经验。

(3) 施工组织总设计的编制程序

施工组织总设计的编制通常采用如下程序：

1) 收集和熟悉编制施工组织总设计所需的有关资料和图纸，进行项目特点和施工条件的调查研究；

2) 计算主要工种工程的工程量；

3) 确定施工的总体部署；

4) 拟订施工方案；

5) 编制施工总进度计划；

6) 编制资源需求量计划；

7) 编制施工准备工作计划；

8) 施工总平面图设计；

9) 计算主要技术经济指标。

施工组织总设计的编制程序如图 1-26 所示。

应该指出，以上顺序中有些顺序必须这样，不可逆转，如：

1) 拟订施工方案后才可编制施工总进度计划（因为进度的安排取决于施工的方案）；

2) 编制施工总进度计划后才可编制资源需求量计划（因为资源需求量计划要反映各种资源在时间上的需求）。

但是在以上顺序中也有些顺序应该根据具体项目而定，如确定施工的总体部署和拟订施工方案，两者有紧密的联系，往往可以交叉进行。

单位工程施工组织设计的编制程序与施工组织总设计的编制程序非常类似，此不赘述。

1.5 施工方项目经理的任务和责任

2003 年 2 月 27 日《国务院关于取消第二批行政审批项目和改变一批行政审批项目管理方式的决定》（国发〔2003〕5 号）规定："取消建筑施工企业项目经理资质核准，由注册建造师代替，并设立过渡期"。

建筑业企业项目经理资质管理制度向建造师执业资格制度过渡的时间定为五年，即从国发〔2003〕5 号文印发之日起至 2008 年 2 月 27 日止。过渡期内，凡持有项目经理资质证书或者建造师注册证书的人员，经其所在企业聘用后均可担任工程项目施工的项目经理。过渡期满后，大、中型工程项目施工的项目经理必须由取得建造师注册证书的人员担任；但取得建造师注册证书的人员是否担任工程项目施工的项目经理，由企业自主决定。

在全面实施建造师执业资格制度后仍然要坚持落实项目经理岗位责任制。项目经理岗位是保证工程项目建设质量、安全、工期的重要岗位。

建筑施工企业项目经理（以下简称项目经理），是指受企业法定代表人委托对工程项目施工过程全面负责的项目管理者，是建筑施工企业法定代表人在工程项目上的代表人。

建造师是一种专业人士的名称，而项目经理是一个工作岗位的名称，应注意这两个概念的区别和关系。取得建造师执业资格的人员表示其知识和能力符合建造师执业的要求，但其在企业中的工作岗位则由企业视工作需要和安排而定（图 1-27）。

在国际上，建造师的执业范围相当宽，可以在施工企业、政府管理部门、建设单位、工程咨询单位、设计单位、教学和科研单位等执业。

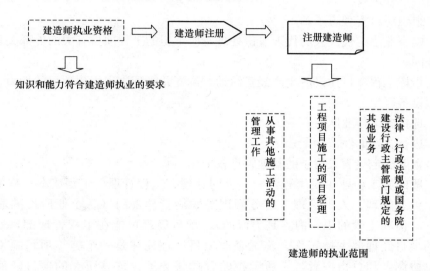

图 1-27 建造师的执业资格和注册建造师

在国际上，施工企业项目经理的地位和作用，以及其特征如下：

1）项目经理是企业任命的一个项目的项目管理班子的负责人（领导人），但它并不一定是（多数不是）一个企业法定代表人在工程项目上的代表人，因为一个企业法定代表人在工程项目上的代表人在法律上赋予其的权限范围太大；

2）他的任务仅限于主持项目管理工作，其主要任务是项目目标的控制和组织协调；

3）在有些文献中明确界定，项目经理不是一个技术岗位，而是一个管理岗位；

4）他是一个组织系统中的管理者，至于是否他有人权、财权和物资采购权等管理权限，则由其上级确定。

我国在施工企业中引入项目经理的概念已多年，取得了显著的成绩。但是，在推行项目经理负责制的过程中也有不少误区，如：企业管理的体制与机制和项目经理负责制不协调，在企业利益与项目经理的利益之间出现矛盾；不恰当地过分扩大项目经理的管理权限和责任；将农业小生产的承包责任机制应用到建筑大生产中，甚至采用项目经理抵押承包的模式，抵押物的价值与工程可能发生的风险不相当等。

1.5.1 施工方项目经理的任务

项目经理在承担工程项目施工管理过程中，履行下列职责：

（1）贯彻执行国家和工程所在地政府的有关法律、法规和政策，执行企业的各项管理制度；

（2）严格财务制度，加强财经管理，正确处理国家、企业与个人的利益关系；

（3）执行项目承包合同中由项目经理负责履行的各项条款；

（4）对工程项目施工进行有效控制，执行有关技术规范和标准，积极推广应用新技术，确保工程质量和工期，实现安全、文明生产，努力提高经济效益。

项目经理在承担工程项目施工的管理过程中，应当按照建筑施工企业与建设单位签订的工程承包合同，与本企业法定代表人签订项目承包合同，并在企业法定代表人授权范围内，行使以下管理权力：

（1）组织项目管理班子；

（2）以企业法定代表人的代表身份处理与所承担的工程项目有关的外部关系，受托签署有关合同；

（3）指挥工程项目建设的生产经营活动，调配并管理进入工程项目的人力、资金、物资、机械设备等生产要素；

（4）选择施工作业队伍；

（5）进行合理的经济分配；

（6）企业法定代表人授予的其他管理权力。

在一般的施工企业中设工程计划、合同管理、工程管理、工程成本、技术管理、物资采购、设备管理、人事管理、财务管理等职能管理部门（各企业所设的职能部门的名称不一，但其主管的工作内容是类似的），项目经理可能在工程管理部，或项目管理部下设的项目经理部主持工作。施工企业项目经理往往是一个施工项目施工方的总组织者、总协调者和总指挥者，它所承担的管理任务不仅依靠所在的项目经理部的管理人员来完成，还依靠整个企业各职能管理部门的指导、协作、配合和支持。项目经理不仅要考虑项目的利益，还应服从企业的整体利益。企业是工程管理的一个大系统，项目经理部则是其中的一个子系统。过分地强调子系统的独立性是不合理的，对企业的整体经营也会是不利的。

项目经理的任务包括项目的行政管理和项目管理两个方面，其在项目管理方面的主要任务是施工安全管理、施工成本控制、施工进度控制、施工质量控制、工程合同管理、工程信息管理、工程组织与协调等。

1.5.2 施工方项目经理的责任

（1）项目管理目标责任书（参考《建设工程项目管理规范》GB/T 50326—2006）

项目管理目标责任书应在项目实施之前，由法定代表人或其授权人与项目经理协商制定。编制项目管理目标责任书应依据下列资料（在该规范中"实施或参与项目管理，且有明确的职责、权限和相互关系的人员及设施的集合。包括发包人、承包人、分包人和其他有关单位为完成项目管理目标而建立的管理组织，简称为组织"）：

1）项目合同文件；

2）组织的管理制度；

3）项目管理规划大纲；

4）组织的经营方针和目标。

项目管理目标责任书可包括下列内容：

1）项目管理实施目标；

2）组织与项目经理部之间的责任、权限和利益分配；

3）项目设计、采购、施工、试运行等管理的内容和要求；

4）项目需用的资源的提供方式和核算办法；

5）法定代表人向项目经理委托的特殊事项；

6）项目经理部应承担的风险；

7）项目管理目标的评价原则、内容和方法；

8）对项目经理部奖励的依据、标准和办法；

9）项目经理解职和项目经理部解体的条件及办法。

（2）项目经理的职责（参考《建设工程项目管理规范》GB/T 50326—2006）

项目经理应履行下列职责：

1）项目管理目标责任书规定的职责；

2）主持编制项目管理实施规划，并对项目目标进行系统管理；

3）对资源进行动态管理；

4）建立各种专业管理体系，并组织实施；

5）进行授权范围内的利益分配；

6）收集工程资料，准备结算资料，参与工程竣工验收；

7）接受审计，处理项目经理部解体的善后工作；

8）协助组织进行项目的检查、鉴定和评奖申报工作。

（3）项目经理的权限（参考《建设工程项目管理规范》GB/T 50326—2006）

项目经理应具有下列权限：

1）参与项目招标、投标和合同签订；

2）参与组建项目经理部；

3）主持项目经理部工作；

4）决定授权范围内的项目资金的投入和使用；

5）制定内部计酬办法；

6）参与选择并使用具有相应资质的分包人；

7）参与选择物资供应单位；

8）在授权范围内协调与项目有关的内、外部关系；

9）法定代表人授予的其他权力。

项目经理应承担施工安全和质量的责任，要加强对建筑业企业项目经理市场行为的监督管理，对发生重大工程质量安全事故或市场违法违规行为的项目经理，必须依法予以严肃处理。

项目经理对施工承担全面管理的责任：工程项目施工应建立以项目经理为首的生产经营管理系统，实行项目经理负责制。项目经理在工程项目施工中处于中心地位，对工程项目施工负有全面管理的责任。

在国际上，由于项目经理是施工企业内的一个工作岗位，项目经理的责任则由企业领导根据企业管理的体制和机制，以及根据项目的具体情况而定。企业针对每个项目有十分明确的管理职能分工表，在该表中明确项目经理对哪些任务承担策划、决策、执行、检查等职能，其将承担的则是相应的策划、决策、执行、检查的责任。

项目经理由于主观原因，或由于工作失误有可能承担法律责任和经济责任。政府主管部门将追究的主要是其法律责任，企业将追究的主要是其经济责任，但是，如果由于项目经理的违法行为而导致企业的损失，企业也有可能追究其法律责任。

1.6 施 工 风 险 管 理

1.6.1 风险和风险量

（1）风险、风险量和风险等级的内涵

1）风险指的是损失的不确定性，对建设工程项目管理而言，风险是指可能出现的影响项目目标实现的不确定因素。

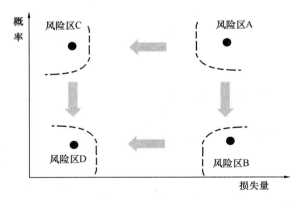

图1-28 事件风险量的区域

2）风险量指的是不确定的损失程度和损失发生的概率。若某个可能发生的事件其可能的损失程度和发生的概率都很大，则其风险量就很大，如图1-28中的风险区A。

若某事件经过风险评估，它处于风险区A，则应采取措施，降低其概率，即使它移位至风险区B；或采取措施降低其损失量，即使它移位至风险区C。风险区B和C的事件则应采取措施，使其移位至风险区D。

（2）风险等级

在《建设工程项目管理规范》GB/T 50326—2006的条文说明中所列风险等级评估如表1-6所示。

风险等级评估 表1-6

风险等级　　后果　可能性	轻度损失	中度损失	重大损失
很大	3	4	5
中等	2	3	4
极小	1	2	3

按表1-6的风险等级划分，图1-28中的各风险区的风险等级如下：

1）风险区A——5等风险；

2）风险区B——3等风险；

3）风险区 C——3 等风险；

4）风险区 D——1 等风险。

1.6.2 施工风险的类型

建设工程项目的风险包括项目决策的风险和项目实施的风险，项目实施的风险主要包括设计的风险、施工的风险以及材料、设备和其他建设物资的风险等（图 1-29）。建设工程施工的风险类型有多种分类方法，以下就构成风险的因素进行分类。

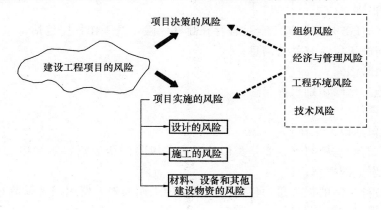

图 1-29　建设工程项目的风险

（1）组织风险，如：

1）承包商管理人员和一般技工的知识、经验和能力；

2）施工机械操作人员的知识、经验和能力；

3）损失控制和安全管理人员的知识、经验和能力等。

（2）经济与管理风险，如：

1）工程资金供应条件；

2）合同风险；

3）现场与公用防火设施的可用性及其数量；

4）事故防范措施和计划；

5）人身安全控制计划；

6）信息安全控制计划等。

（3）工程环境风险，如：

1）自然灾害；

2）岩土地质条件和水文地质条件；

3）气象条件；

4）引起火灾和爆炸的因素等。

（4）技术风险，如：

1）工程设计文件；

2）工程施工方案；

3）工程物资；

4）工程机械等。

1.6.3 施工风险管理的任务和方法

风险管理是为了达到一个组织的既定目标，而对组织所承担的各种风险进行管理的系统过程，其采取的方法应符合公众利益、人身安全、环境保护以及有关的法规的要求。风险管理包括策划、组织、领导、协调和控制等方面的工作。

施工风险管理过程包括施工全过程的风险识别、风险评估、风险响应和风险控制。

（1）风险识别

风险识别的任务是识别施工全过程存在哪些风险，其工作程序包括：

1）收集与施工风险有关的信息；

2）确定风险因素；

3）编制施工风险识别报告。

（2）风险评估

风险评估包括以下工作：

1）利用已有数据资料（主要是类似项目有关风险的历史资料）和相关专业方法分析各种风险因素发生的概率；

2）分析各种风险的损失量，包括可能发生的工期损失、费用损失以及对工程的质量、功能和使用效果等方面的影响；

3）根据各种风险发生的概率和损失量，确定各种风险的风险量和风险等级。

（3）风险响应

常用的风险对策包括风险规避、减轻、自留、转移及其组合等策略。对难以控制的风险向保险公司投保是风险转移的一种措施。风险响应指的是针对项目风险的对策进行风险响应。

风险对策应形成风险管理计划，它包括：

1）风险管理目标；

2）风险管理范围；

3）可使用的风险管理方法、工具以及数据来源；

4）风险分类和风险排序要求；

5）风险管理的职责和权限；

6）风险跟踪的要求；

7）相应的资源预算。

（4）风险控制

在施工进展过程中应收集和分析与风险相关的各种信息，预测可能发生的风险，对其进行监控并提出预警。

1.7　建　设　工　程　监　理

1.7.1　建设工程监理的工作任务

我国推行建设工程监理制度的目的是：

1）确保工程建设质量；

2）提高工程建设水平；

3）充分发挥投资效益。

"监理"是指监理人受委托人的委托，依照法律法规、工程建设标准、勘察设计文件及合同，在施工阶段对建设工程质量、进度、造价进行控制，对合同、信息进行管理，对工程建设相关方的关系进行协调，并履行建设工程安全生产管理法定职责的服务活动。

工程监理单位是建筑市场的主体之一，建设工程监理是一种高智能的有偿技术服务。在国际上把这类服务归为工程咨询（工程顾问）服务。我国的建设工程监理属于国际上业主方项目管理的范畴。从事建设工程监理活动，应当遵守国家有关法律、行政法规，严格执行工程建设程序、国家工程建设强制性标准和有关标准、规范，遵循守法、诚信、公平、科学的原则，认真履行委托监理合同。

建设工程监理的工作性质有如下几个特点。

1）服务性，工程监理机构受业主的委托进行工程建设的监理活动，它提供的不是工程任务的承包，而是服务，工程监理机构将尽一切努力进行项目的目标控制，但它不可能保证项目的目标一定实现，它也不可能承担由于不是它的缘故而导致项目目标的失控。

2）科学性，工程监理机构拥有从事工程监理工作的专业人士——监理工程师，它将应用所掌握的工程监理科学的思想、组织、方法和手段从事工程监理活动。

3）独立性，指的是不依附性，它在组织上和经济上不能依附于监理工作的对象（如承包商、材料和设备的供货商等），否则它就不可能自主地履行其义务。

4）工程监理机构受业主的委托进行工程建设的监理活动，当业主方和承包商发生利益冲突或矛盾时，工程监理机构应以事实为依据，以法律和有关合同为准绳，在维护业主的合法权益时，不损害承包商的合法权益，这体现了建设工程监理的公正性。

建设工程监理应当依照法律、行政法规及有关的技术标准、设计文件和建筑工程承包合同，对承包单位在施工质量、建设工期和建设资金使用等方面，代表建设单位实施监督。

（1）在《建设工程质量管理条例》中的有关规定

1）"工程监理单位应当依照法律、法规以及有关技术标准、设计文件和建设工程承包合同，代表建设单位对施工质量实施监理，并对施工质量承担监理责任"（引自第三十六条）。

2）"工程监理单位应当选派具备相应资格的总监理工程师和监理工程师进驻施工现场。未经监理工程师签字，建筑材料、建筑构配件和设备不得在工程上使用或者安装，施工单位不得进行下一道工序的施工。未经总监理工程师签字，建设单位不拨付工程款，不进行竣工验收"（引自第三十七条）。

3）"监理工程师应当按照工程监理规范的要求，采取旁站、巡视和平行检验等形式，对建设工程实施监理"（引自第三十八条）。

（2）在《建设工程安全生产管理条例》中的有关规定

1）"工程监理单位应当审查施工组织设计中的安全技术措施或者专项施工方案是否符合工程建设强制性标准。工程监理单位在实施监理过程中，发现存在安全事故隐患的，应当要求施工单位整改；情况严重的，应当要求施工单位暂时停止施工，并及时报告建设单位。施工单位拒不整改或者不停止施工的，工程监理单位应当及时向有关主管部门报告。工程监理单位和监理工程师应当按照法律、法规和工程建设强制性标准实施监理，并对建设工程安全生产承担监理责任"（引自第十四条）。

2）"违反本条例的规定，工程监理单位有下列行为之一的，责令限期改正；逾期未改正的，责令停业整顿，并处 10 万元以上 30 万元以下的罚款；情节严重的，降低资质等级，直至吊销资质证书；造成重大安全事故，构成犯罪的，对直接责任人员，依照刑法有关规定追究刑事责任；造成损失的，依法承担赔偿责任：

① 未对施工组织设计中的安全技术措施或者专项施工方案进行审查的；

② 发现安全事故隐患未及时要求施工单位整改或者暂时停止施工的；

③ 施工单位拒不整改或者不停止施工，未及时向有关主管部门报告的；

④ 未依照法律、法规和工程建设强制性标准实施监理的"（引自第五十七条）。

（3）建设工程监理工作的主要任务〔参考《建设工程监理合同（示范文本）》（GF-2012-0202）〕

除专用条件另有约定外，监理工作内容包括：

1）收到工程设计文件后编制监理规划，并在第一次工地会议 7 天前报委托人；根据有关规定和监理工作需要，编制监理实施细则；

2）熟悉工程设计文件，并参加由委托人主持的图纸会审和设计交底会议；

3）参加由委托人主持的第一次工地会议；主持监理例会并根据工程需要主持或参加专题会议；

4）审查施工承包人提交的施工组织设计，重点审查其中的质量安全技术措施、专项施工方案与工程建设强制性标准的符合性；

5）检查施工承包人工程质量、安全生产管理制度及组织机构和人员资格；

6）检查施工承包人专职安全生产管理人员的配备情况；

7）审查施工承包人提交的施工进度计划，核查承包人对施工进度计划的调整；

8）检查施工承包人的试验室；

9）审核施工分包人资质条件；

10）查验施工承包人的施工测量放线成果；

11）审查工程开工条件，对条件具备的签发开工令；

12）审查施工承包人报送的工程材料、构配件、设备质量证明文件的有效性和符合性，并按规定对用于工程的材料采取平行检验或见证取样方式进行抽检；

13）审核施工承包人提交的工程款支付申请，签发或出具工程款支付证书，并报委托人审核、批准；

14）在巡视、旁站和检验过程中，发现工程质量、施工安全存在事故隐患的，要求施工承包人整改并报委托人；

15）经委托人同意，签发工程暂停令和复工令；

16）审查施工承包人提交的采用新材料、新工艺、新技术、新设备的论证材料及相关验收标准；

17）验收隐蔽工程、分部分项工程；

18）审查施工承包人提交的工程变更申请，协调处理施工进度调整、费用索赔、合同争议等事项；

19）审查施工承包人提交的竣工验收申请，编写工程质量评估报告；

20）参加工程竣工验收，签署竣工验收意见；

21）审查施工承包人提交的竣工结算申请并报委托人；

22）编制、整理工程监理归档文件并报委托人。

1.7.2　建设工程监理的工作方法

实施建筑工程监理前，建设单位应当将委托的工程监理单位、监理的内容及监理权限，书面通知被监理的建筑施工企业。工程监理人员认为工程施工不符合工程设计要求、施工技术标准和合同约定的，有权要求建筑施工企业改正。工程监理人员发现工程设计不符合建筑工程质量标准或者合同约定的质量要求的，应当报告建设单位要求设计单位改正。

（1）工程建设监理的工作程序

工程建设监理一般应按下列程序进行：

1）编制工程建设监理规划；

2）按工程建设进度、分专业编制工程建设监理实施细则；

3）按照建设监理细则进行建设监理；

4）参与工程竣工预验收，签署建设监理意见；

5）建设监理业务完成后，向项目法人提交工程建设监理档案资料。

（2）工程建设监理规划（参考《建设工程监理规范》GB 50319—2013）

1）工程建设监理规划的编制应针对项目的实际情况，明确项目监理机构的工作目标，确定具体的监理工作制度、程序、方法和措施，并应具有可操作性。编制工程建设监理规划的程序和依据应符合下列规定：

① 工程建设监理规划应在签订委托监理合同及收到设计文件后开始编制，完成后必须经监理单位技术负责人审核批准，并应在召开第一次工地会议前报送业主；

② 应由总监理工程师主持，专业监理工程师参加编制；

③ 编制工程建设监理规划的依据：

（a）建设工程的相关法律、法规及项目审批文件；

（b）与建设工程项目有关的标准、设计文件和技术资料；

（c）监理大纲、委托监理合同文件以及建设项目相关的合同文件。

2）工程建设监理规划一般包括以下内容：

① 工程概况；

② 监理工作范围、内容和目标；

③ 监理工作依据；

④ 监理组织形式；人员配备及进退场计划；监理人员岗位职责；

⑤ 监理工作制度；

⑥ 工程质量控制；

⑦ 工程造价控制；

⑧ 工程进度控制；

⑨ 安全生产管理的监理工作；

⑩ 合同与信息管理；

⑪ 组织协调；

⑫ 监理工作设施。

（3）工程建设监理实施细则（参考《建设工程监理规范》GB 50319—2013）

对专业性较强、危险性较大的分部分项工程，项目监理机构应编制监理实施细则。它应符合工程建设监理规划的要求，并应结合工程项目的专业特点，做到详细具体，并具有可操作性。

1）监理实施细则的编制程序和依据应符合下列规定：

① 监理实施细则应在相应工程施工开始前编制完成，并必须经总监理工程师批准；

② 监理实施细则应由各有关专业的专业工程师编制；

③ 编制监理实施细则的依据如下：

（a）已批准的监理规划；

（b）相关的专业工程的标准、设计文件和有关的技术资料；

（c）施工组织设计。

2）监理实施细则应包括下列内容：

① 专业工程的特点；

② 监理工作的流程；

③ 监理工作的要点；

④ 监理工作的方法和措施。

（4）旁站监理

1）旁站监理是指监理人员在房屋建筑工程施工阶段监理中，对关键部位、关键工序的施工质量实施全过程现场跟班的监督活动。

2）旁站监理规定的房屋建筑工程的关键部位、关键工序，在基础工程方面包括：土方回填，混凝土灌注桩浇筑，地下连续墙、土钉墙、后浇带及其他结构混凝土、防水混凝土浇筑，卷材防水层细部构造处理，钢结构安装；在主体结构工程方面包括：梁柱节点钢筋隐蔽过程，混凝土浇筑，预应力张拉，装配式结构安装，钢结构安装，网架结构安装，索膜安装。

3）施工企业根据监理企业制定的旁站监理方案，在需要实施旁站监理的关键部位、关键工序进行施工前 24 小时，应当书面通知监理企业派驻工地的项目监理机构。项目监理机构应当安排旁站监理人员按照旁站监理方案实施旁站监理。

4）旁站监理人员的主要职责是：

① 检查施工企业现场质检人员到岗、特殊工种人员持证上岗以及施工机械、建筑材料准备情况；

② 在现场跟班监督关键部位、关键工序执行施工方案以及工程建设强制性标准情况；

③ 核查进场建筑材料、建筑构配件、设备和商品混凝土的质量检验报告等，并可在现场监督施工企业进行检验或者委托具有资格的第三方进行复验；

④ 做好旁站监理记录和监理日记，保存旁站监理原始资料（参阅建设部《房屋建筑工程施工旁站监理管理办法》（试行），建市［2002］189 号）。

5）旁站监理人员应当认真履行职责，对需要实施旁站监理的关键部位、关键工序在施工现场跟班监督，及时发现和处理旁站监理过程中出现的质量问题，如实准确地做好旁站监理记录。凡旁站监理人员和施工企业现场质检人员未在旁站监理记录上签字的，不得进行下一道工序施工。

　　6）旁站监理人员实施旁站监理时，发现施工企业有违反工程建设强制性标准行为的，有权责令施工企业立即整改；发现其施工活动已经或者可能危及工程质量的，应当及时向监理工程师或者总监理工程师报告，由总监理工程师下达局部暂停施工指令或者采取其他应急措施。

第 2 章　施工方案的选择与制订

施工方案是工程施工中经常出现并广泛用到的一项内容，是施工组织设计或施工项目管理规划的核心内容。施工方案包括施工开展顺序和施工流向、划分施工阶段、选择施工机械、选择施工方法等。施工方案的合理与否，直接影响到工程的质量、进度和成本，因此必须重视施工方案的选择和制订。

2.1　施工方案的作用及分类

2.1.1　施工方案的作用

施工方案是工程实施过程中技术与管理的纽带，针对工程实施过程中所包含的各工种工程作施工技术、施工方法、施工机械、施工措施等方面的设计与选择，以及在工程项目总体上进行施工区段的划分和施工流向、施工程序的安排，是对工程项目空间、工艺流程和技术要素等方面的组织和安排。施工方案的建立，目的是提高工程的质量，加快工期和降低成本，提高项目的经济效益和社会效益，是施工项目目标得以实现的保证。

施工方案对工程项目目标的实现有着重大影响，因此施工方案的选择与制订必须以施工质量、进度、成本和安全的控制为主要标准。施工方案技术可靠，可以保证施工项目的质量，反之则可能影响施工质量。施工方案的优化与否还反映在施工过程中的资源消耗指标上，合理的使用资源，科学的实现劳动力、材料和机械设备以及能源的合理配置，制订合理的工期和质量标准，可以有效地控制成本，保证工程的顺利进行。按预定工期完成工程项目是反映施工企业诚信、技术管理水平的一个重要标志，而影响工期的重要因素就是施工方案的科学与否。同时，施工方案对施工现场布置、安全文明施工也有着非常直接的影响。

施工方案的科学合理，也是工程中标的重要影响因素。施工方案是投标文件中技术标书的重要组成部分，施工方案的制订一般也始于工程投标。当施工企业经过投标项目筛选，并确定参与某项工程投标后，就应开始制订施工方案，作为投标文件的一部分，同时也作为编制投标报价的重要依据。对于大型工程或施工技术难度大的工程项目，其投标书中的施工技术方案在评分标准中所占的权重较大，对中标的影响也较大。对于中小型项目，施工方案的合理科学，也是衡量施工企业技术实力的标准之一。

2.1.2　施工方案的分类

根据工程项目的层次和编制时间的不同，在工程施工过程中存在多种施工方案。

（1）按编制时间划分

在我国工程项目建设中，在不同阶段，施工方案的内容和编制者是有变化的，例如可行性研究中施工方案是由编制可行性研究的单位编写，一般为设计单位或咨询单位。而由施工单位编制的施工方案，在不同的阶段也存在不同的类型。

1）工程投标阶段施工方案

主要由投标单位编制，主要目的是参与投标，作为投标文件中技术标的主要组成部分。由于投标期间时间紧张、工程资料不够全面、施工企业投入的精力有限等，投标阶段施工方案相对简单，仅限于关键技术和核心部分，以显示企业的技术能力，目的是中标，待中标后施工方案将根据工程资料及现场实际情况逐步深化和完善。

2）施工阶段施工方案

主要由施工单位编制，一般是由现场的项目经理部编制，主要目的是指导施工。这个阶段由于施工单位掌握了工程资料、施工图纸及现场实际情况，对即将施工的工程内容比较清楚，所编制的施工方案相对详细和具体，包括总的施工部署、施工程序以及各个单位工程的施工顺序、施工方法、施工人员组织、施工机械选择等内容，是指导现场实际施工的指导性文件。

（2）按编制对象划分

在实践中，根据项目的复杂程度，一般将施工项目具体细化为不同的层次，依次为施工项目（群体工程）、子项目（单项工程或单位工程）、分部分项工程。根据项目的层次的不同，施工方案一般划分为施工部署、单位工程施工方案、分部分项工程施工方案。此外，针对项目的特定环节（技术复杂、难度较高或特定阶段），往往需要编制专项施工方案。

1）施工部署

施工部署是对整个施工项目全局做出统筹规划和全面安排，并对工程施工中的重大问题进行战略决策，是属于战略性的总体安排。

施工部署的主要内容如下。

① 施工项目的目标：项目的质量、进度、成本及安全总目标。

② 工程施工区段（或单项工程）的划分及总体施工顺序安排。根据建设项目总目标的要求，确定工程分期分批施工的合理开展顺序。

③ 主要单项工程的施工方案。对于施工项目中工程量大、施工难度大、工期长、起关键性作用的建筑物（或构筑物），以及全场范围内工程量大、影响全局的特殊分项工程应拟定施工方案，以便事先进行技术和资源的准备，为工程施工的顺利开展和施工现场的合理布局提供依据。

④ 分包规划、劳务供应规划、物资供应规划。如整个项目拟划分几个分包，拟投入的最高人数和平均人数，物资材料供应计划等。

⑤ 施工准备工作规划。主要指全场性的准备工作，如三通一平，测量控制网的设置，生产、生活基地的规划，材料、设备、构件的加工订货及供应，加工厂站、材料仓库的布置，施工现场排水、防洪、环保、安全等所采取的技术措施。

2）施工方案

施工方案应对各单位工程、分部分项工程的施工方法作出说明，不仅仅包括施工技术的选择与确定，还包含空间或工作面、工艺流程、资源供应等方面的组织安排。其内容包括：

① 施工流向和施工程序。

② 施工段的划分。

③ 施工方法、技术、工艺和施工机械的选择。对于施工技术复杂、难度大的分项工程还应确定其关键技术路线。

④ 劳动力需要计划、材料供应方案、设备供应方案。

⑤ 安全施工设计。

3）专项施工方案

工程项目一般包含一些特殊的环节，包括技术复杂、难度较大、采用特种结构以及工程的特殊阶段等。针对这些特殊环节，应编制专项施工方案。如深基础的桩基、人工降水、基坑支护、大体积混凝土浇筑的方案，高层建筑主体结构浇筑方案，重型构件、大跨度结构、整体结构的组运、吊装方案，冬期施工方案等。

2.1.3 施工方案的制订方法

（1）施工方案编制依据

1）工程施工合同。

2）施工组织设计对该工程的有关规定和安排。

3）施工图纸及设计单位对施工的要求。

4）施工企业年度生产计划对该工程的安排和规定的有关指标。

5）建设单位可能提供的条件和水、电等的供应情况。

6）各种资源的配备情况。

7）施工现场的自然条件和技术经济条件指标。

8）预算或报价文件。

9）有关现行规范、规程等资料。

（2）施工方案编制要求

1）应依据施工组织设计有关要求进行编制。

2）施工技术方案应包括各工种施工方法、施工程序、交叉施工时空关系、资源配备要求和管理要点等内容，便于项目管理层和作业单位组织者按计划组织生产。

3）应具体详细，简单明了，内容具有针对性、可操作性。

4）对大型工程和复杂的中型工程，施工技术方案与施工措施应分别编制，一般的中小型工程，也可将方案与措施合写，但应包括两层文件的基本内容。

（3）施工方案的制订步骤

施工方案的制订可采用如下步骤。

1）熟悉工程文件和资料。制订施工方案前，应广泛收集和调查工程项目的有关文件及资料，包括政府的批文、有关政策和法规、业主方的有关要求、设计文件、施工环境等方面的文件资料。

2）划分施工过程。划分施工过程是进行施工管理的基础工作，也是运用现代化信息技术手段控制施工的基础工作。不同的施工过程，其施工工种内容、施工技术、工艺特点、施工工具及设备、施工方法各不相同。因此应分别针对不同的施工过程制订施工方案。

3）计算工程量。工程量的计算是确定施工方法、组织劳动力及选择施工机械的基础，对同一分项工程不同施工方案的选择有着重要的参考价值。可与工程投标报价或施工预算等相关工作相互参照、补充。

4）确定施工顺序和流向。施工顺序是施工方案的一项重要内容，对保证施工质量与安全、充分利用空间、合理安排工期有着重要的影响作用。

5）选择施工方案和施工机械。施工方法和施工机械的选择是施工方案中的关键问题，直接影响施工项目的各项指标。拟订施工方法时，应着重考虑影响整个工程项目进度、质量、成本的分部分项工程的施工方法，对于常规的分部分项工程则不必详细拟订。

6）确定关键技术方案。关键技术方案是指对施工项目目标影响较大、施工难度大的分部分项工程所采用的施工技术方向和途径。关键技术方案的确定是对工程环境和条件及各种技术选择综合分析的结果。

2.2 施工组织方案的制订

2.2.1 施工区段的划分

施工项目往往建设工期较长，为了充分利用流水施工原理以及平行交叉施工原理，使工程达到平行搭接施工，节省时间以保证工程工期，需要将整个施工现场在平面上或空间上划分成若干个区段，组织流水作业，在同一时间段内安排不同的分项工程、不同专业在不同的区段内同时施工。

对于单位工程施工段的划分，可参照流水施工原理中划分施工段的原则进行。在实际工程中，单位工程施工段的划分更多的是根据工程结构特点、平面组成、工程规模等特点进行概念划分，而很少采用专业流水组织计算方法，即根据某一流水组合的施工过程数计算出项目的施工段数。

案例一：民用住宅及商业办公建筑施工区段的划分

民用住宅及商业办公建筑可按照现场条件、建筑特点、交付时间及配套设施等情况划分施工区段。

例如，某工程为公寓小区，由14栋高层公寓、13栋多层、一栋公建配套、地下车库、垃圾站等组成，如图2-1所示。由于该工程为多栋号群体工程，工期要求比较紧，按合同要求全部栋号一次性交付。每栋配备两套模板组织流水施工，并提前交付公建配套工程以用于售楼处使用。

本工程为配合房产公司销售，1号～3号及公建配套工期较紧，其他高层及多层工期相对不紧张，且多层相对高层工期更为宽松。因此决定将1号～3号、公建配套及多层划分为一个施工段，将4号～14号划分为另一施工段。其中1号～3号及公建配套在前期投入主要资源以尽早主体封顶以展开销售，后续再投入资源进行多层施工。

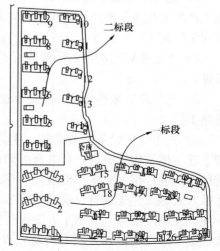

图 2-1　某住宅小区工程项目

对于独立式商业办公楼，可以从平面上将主楼和裙房分为两个不同的施工区段，从立面上再按层分解为多个流水施工段。

在设备安装阶段，也可以按垂直方向进行施工区段划分，每几层组成一个施工段，分别安排水、电、风、消防等不同施工队的平行作业，定期进行空间交换。

案例二：大型公共项目施工区段的划分

大型公共项目按照其功能设施和使用要求来划分施工区段。例如，飞机场可以分为航站工程、飞行区工程、综合配套工程、货运食品工程、航油工程、导航通信工程等施工区段。火车站可以分为主站台、行李房、邮政转运、铁路路轨、站台、通信信号、人行隧道、公共广场等施工区段。

案例三：工业项目施工区段的划分

工业项目按照产品的生产工艺过程划分施工区段，一般有生产系统、辅助系统和附属生产系统，相应每一个生产系统是由一系列的建筑物组成。如大型火力发电厂工程，按其工艺过程大致可以分为以下几个系统：热工系统、燃料供应系统、除灰系统、水处理系统、供水系统、电气系统、生产辅助系统、全厂性交通及公用工程、生活福利系统。每个系统都包含一个或多个单项工程。一般将每一个生产系统的建筑工程分别称之为主体建筑工程、辅助建筑工程及附属建筑工程。

2.2.2 施工程序的确定

施工程序既包括施工项目内部各施工区段的相互关系和先后次序，也指一个单位工程内部各施工工序之间的相互联系和先后顺序。施工程序的确定，不仅有技术和工艺方面的要求，也有组织安排和资源调配方面的考虑。

（1）单位工程施工程序的确定原则

单位工程的施工程序是指单位工程中各分部工程（专业工程）或施工阶段的先后次序及其制约关系，主要解决时间搭接上的问题。

确定单位工程施工程序的原则如下。

1）先地下后地上是指先进行地下设施、土方工程和基础工程施工，以免对地上部分施工产生干扰或造成不必要的浪费，给施工提供一个良好的场地。地下工程按先深后浅的原则组织施工。

2）先主体后围护是指框架建筑、排架建筑等先主体结构，后围护结构的总的程序和安排。

3）先结构后装修是指一般情况应先结构后装修，但有时为了缩短工期，也可部分搭接施工。

4）先土建后设备一般是指，土建和设备安装有以下三种施工程序：①封闭式施工。即土建主体结构完成后，再进行内部设备基础的施工程序。如一般的机械工业厂房，对精密仪器仪表厂房、要求恒温恒湿的车间等，应在土建装饰工程完工后才能进行设备安装。②敞开式施工。先进行设备基础施工，后建厂房的施工程序。如某些重型工业厂房（冶炼车间、发电厂房等）的施工。③设备安装与土建施工同时进行。是指当土建施工为设备安装创造了必要的条件，同时能防止设备被砂浆、垃圾等污染的情况下，所采用的施工程序。如建造水泥厂时，经济上最适宜的施工程序便是两者同时进行。

（2）单位工程的施工起点流向

单位工程施工流向是指施工活动在空间上的展开与进程。单层建筑要确定平面上的流向。多层建筑除要确定平面上的流向外，还要确定竖向上的流向。

在单位工程施工方案设计中应根据"先地下后地上"、"先主体后围护"、"先结构后装修"、"先土建后设备安装"的一般原则，结合工程具体特点，如施工条件、工程要求，合理地确定建筑物施工开展顺序，包括确定各建筑物、各楼层、各单元的施工顺序，划分施工段、各施工过程的流向。

确定单位工程施工流向一般应考虑下列问题。

1）平面上各部分施工繁简程度。对技术复杂、工期较长的分部分项工程优先施工，如地下工程等。

2）当有高低跨并列时，应从并列跨处开始吊装。

3）保证施工现场内施工和运输的畅通。如单层工业厂房预制构件，宜以离混凝土运输进口最远处开始施工，吊装时应考虑起重机退场等。

4）满足用户在使用上的要求，生产性建筑要考虑生产工艺流程及先后投产顺序。

5）考虑主导施工机械的工作效益，考虑主导施工过程的分段情况。

2.2.3 施工顺序的确定

施工顺序是指单位工程中各分部分项工程或施工过程之间的施工的先后顺序。确定施工顺序时，既要考虑施工客观规律、工艺顺序，又要考虑各工种在时间和空间上最大限度的衔接，从而在保证质量的基础上充分利用工作面，争取时间、缩短工期，取得较好的经济效益。

（1）施工顺序确定的影响要素

1）必须满足施工工艺的要求。各施工过程之间存在着一定的工艺顺序，在确定施工顺序时应分析各施工过程之间的工艺关系。如现浇钢筋混凝土框架柱施工顺序为：绑扎柱钢筋→支柱模板→浇筑混凝土→拆模→养护。而浇筑钢筋混凝土电梯井施工顺序为：绑扎钢筋→支电梯井内外模板→浇筑混凝土→养护→拆模。

2）施工顺序应与施工方法和施工机械一致。施工方法和施工机械对施工顺序有影响。例如，基础工程中钢筋混凝土箱形基础采取基坑开挖的施工顺序为：基础土方开挖→垫层混凝土→绑扎钢筋→支模板→浇筑混凝土→养护→拆模→回填土；而逆作法采用地下连续墙作地下室基础结构，可大大缩短基础施工时间，不需要进行基坑大开挖。在单层厂房结构安装工程中，如采用自行杆式起重机，一般选择分件吊装法，起重机在厂房内三次开行才能吊装完厂房结构构件；而选择桅杆式起重机，可采用综合吊装法。综合吊装法与分件吊装法起重机开行路线及构件平面布置是不同的。

3）应考虑施工组织顺序的安排。施工组织顺序是在劳动组织条件下确定的，同一工作开展顺序。例如，地下室混凝土地坪，可以在地下室楼板铺设前施工，也可以在地下室楼板铺设后施工。但从施工组织角度来看，在地下楼板铺设前施工比较合理。因为这样可以利用安装楼板的施工机械向地下室运输混凝土，加快地下室地坪的施工进度。

4）应考虑施工质量的要求。在安排施工顺序时，应以确保工程质量为前提。为了加快施工进度，必须有相应保证质量的措施，不能因为加快施工进度，而采取影响工程质量的施工顺序。为了缩短工期、加快进度，尽早投入装修工程，装修工程可以在结构封顶之前进行。如高层建筑主体结构施工进行了几层后，可先对这部分工程进行结构验收，然后自下而上进行室内装修。但上部结构施工用水会影响下面的装修工程，因此必须采取严格的防水措施，并对装修后的成品加强保护，否则装修工程应在屋面防水结构施工完成后再进行。

5）应考虑当地气候条件的影响。例如在华东、中南地区施工时，应考虑雨期施工的特点，而在华北、东北、西北地区施工时应考虑冬期施工的特点。土方、砌墙、屋面等工程应当尽量安排在雨季或冬季到来之前施工，而室内工程则可以适当延后。

6）应考虑安全技术的要求。合理的施工顺序，必须使各施工过程的搭接不会引起安全事故。对于高层建筑工程施工，不宜进行交叉作业，当不可避免进行交叉作业时，应有严格的安全防护措施。例如只有在已经有层间楼板或坚固的临时铺板把一个一个楼层分隔开的条件下，才允许同时在各个楼层展开工作。

（2）确定施工顺序

以下以建筑工程为例说明。

建筑工程施工，一般可分为地下工程、主体结构工程、屋面及装修工程三个阶段。一些主要的分项工程通常采用的施工顺序如下。

1）地下工程：是指室内地坪（±0.000）以下所有的工程，包括基础工程、地下室工程。基础工程根据复杂程度分为浅基础和深基础，其中深基础一般包括桩基。

浅基础施工顺序一般为：挖土→垫层施工→浇筑（或砌筑）基础→回填土。

桩基础的施工顺序为：打桩（或灌注桩）→挖土→垫层→承台→回土。承台的施工顺序与钢筋混凝土浅基础类似。

含钢筋混凝土地下室的地下工程施工顺序：桩基工程→挖土→基坑维护→垫层→制作砖胎膜→绑扎地下室底板（含暗梁）钢筋→设止水钢板→浇筑地下室底板混凝土（大体积混凝土）→支墙、顶板模板→绑扎地下室（梁）墙、顶板钢筋→浇筑墙、柱、梁、板混凝土。

当在挖槽和钎探过程中发现地下障碍物，如洞穴、防空洞、枯井、软弱地基等，应进行局部加固处理。如果基础开挖深度较大、地下水位较高，则在挖土前还应进行土壁支护及降水工作。基础施工过程中，挖土和垫层在施工安排上要紧凑，间隔时间不能太长，也可将挖土与垫层划分为一个施工过程，以防基槽积水或受冻，影响地基承载力，造成质量事故或人工及材料的浪费。当垫层施工完成后，一定要留有技术间歇时间，使其具有一定的强度后再进行下道工序的施工。

回填土一般在基础完工后一次分层夯填完毕，以便为后续施工创造条件。对室内房间地面回填土，如果施工工期较紧，可安排在内装修前进行回填。

2）主体结构：常用的结构形式有砖混结构、装配式钢筋混凝土结构（单层厂房居多）、现浇钢筋混凝土结构（框架、剪力墙、筒体）等。

目前砖混结构几乎很少采用预制楼板，一般为现浇混凝土楼板。砖混结构的主导施工过程是砌墙和现浇钢筋混凝土楼板。砖混结构标准层的施工顺序为：弹线→绑扎构造柱钢筋→砌筑墙体→支设构造柱、梁、圈（过）梁及楼板模板→绑扎托梁、板钢筋→浇筑混凝土。

装配式结构的主导工程是结构安装。单层厂房的柱和屋架一般在现场预制，预制构件达到设计要求的强度后可进行吊装。单层厂房结构安装可以采用分件吊装法或综合吊装法，但基本安装顺序都是相同的，一般为吊装柱→吊装基础梁、连系梁、吊车梁等→扶直屋架→吊装屋架→吊装天窗架、屋面板。支撑系统穿插在其中进行。对于现场后张法预应力屋架的施工顺序为：场地平整夯实→支模（地胎膜或多节脱模）→绑扎钢筋→预留孔道→浇筑混凝土→养护→拆模→预应力钢筋张拉→锚固→灌浆。

现浇框架、剪力墙、筒体等结构的主导工程均是现浇钢筋混凝土。钢筋混凝土主体结构的施工顺序一般分两种情况：一次浇筑混凝土和二次浇筑混凝土。二次浇筑混凝土时，标准层的施工顺序为：弹线→绑扎柱（墙体）钢筋→支柱（墙体）模板→浇筑柱（墙体）混凝土→拆除柱（墙体）模板→搭设楼板模板→绑扎楼板梁、板钢筋→浇筑楼板混凝土。框架结构的施工顺序中没有混凝土墙体。其中柱、墙的钢筋绑扎在支模之前完成，而楼板的钢筋绑扎则在支模之后进行。一次整体浇筑混凝土时，标准层的施工顺序为弹线→绑扎柱（墙体）钢筋→支柱（墙体）模板→搭设楼板模板→绑扎楼板梁、板钢筋→浇筑柱、梁、板混凝土。目前大多数高层建筑施工多采用一次整体浇筑技术。

3）屋面及装修工程

① 屋面工程的主导施工过程是防水层铺设。

屋面工程一般分刚性防水屋面和柔性防水屋面，一般采用柔性防水屋面或两种防水屋面同时采用。设保温层的卷材屋面防水层的施工顺序是：找平层→隔气层→保温层→找平层→刷冷底子油→铺卷材→保护层。刚性防水屋面的现浇钢筋混凝土防水层、分格缝施工在屋盖完成后应尽快完成。屋面工程在主体结构完成后开始，并应尽早完成，为顺利进行室内装修工程创造条件。一般情况下，屋面工程可以和粗装修（墙面砂浆、楼地面找平层与垫层等）搭接或平行施工。

② 装修工程的主导施工过程是抹灰施工。

装修工程应在结构完成经验收合格后方可进行。装修工程按照施工部位分为外墙装修、内墙装修、顶棚装修、楼地面装修。按装修施工种类分为轻钢龙骨、抹灰、装饰板块、油漆涂料、墙纸、软包、玻璃、门窗、墙裙、地板、地毯、踢脚线等。装修工程具有手工作业量大、工种和材料种类多等特点，因此妥善安排施工顺序，组织好流水，对加快施工进度、缩短工期、保证质量有重要意义。

室外装修工程总是采取自上而下的流水施工方案。在自上而下外墙装修施工、水落管安装等分项工程全部完成后，即可拆除脚手架，然后进行勒脚、台阶、散水的施工。

室内装修与室外装修之间一般相互干扰较小，通常施工顺序为先室外、后室内。当采用单排外脚手架时，应先做外墙抹灰，拆除外脚手架后，填补脚手眼，待脚手眼灰浆干燥后再进行室内装修。

室内抹灰工程从整体上可采用自上而下、自下而上、自中而下再自中而上三种施工顺序进行。室内抹灰应在室内设备安装并验收后进行。

（a）自上而下的施工流向。是指主体结构封顶、屋面防水层完成后，从屋顶开始，逐层向下进行。其优点是主体恒载已到位，结构物有一定的沉降时间；屋面防水完成可以防止雨水对屋面结构的渗透，有利于室内抹灰质量；工序之间交叉作业较少，互相影响少，利于成品保护和施工安全。缺点是不能尽早与主体搭接施工，工期相对较长。这种施工顺序比较适用于层数不多且工期要求不太紧迫的工程。

（b）自下而上的施工流向。指主体结构已完成三层以上，室内抹灰自底层逐层向上进行。其优点是主体工程与装修工程交叉进行施工，工期较短。缺点是工序之间交叉作业，质量、安全、成品保护不易保证。因此采用这种施工顺序，必须有一定的技术组织措施作保证，如相邻两层中先做好上层地面，确保不漏水，再做下层顶棚抹灰。这种施工顺序比较适用于层数较多、工期紧迫的工程。

（c）自中而下再自中而上的施工顺序。该工序集中了前两种施工顺序的优点，适用于高层建筑的室内装修施工。

同一楼层内室内抹灰的施工顺序一般为顶棚→墙面→地面。这种施工顺序的优点是工期较短，但由于顶棚、墙面抹灰时有落地灰，在地面施工之前，应将落地灰清理干净。室内抹灰的另一种施工顺序是地面→顶棚→墙面→踢脚线。这种顺序施工，室内清洁方便，地面抹灰质量易于保证。但地面抹灰需要一定的养护凝结时间，如组织不好会拖延工期，并注意在顶棚抹灰中对完工后地面的成品保护，否则易引起地面的返工。

楼梯和走道是施工的主要通道，在施工期间易于破坏，应在抹灰工程结束后再自上而下施工，并采取相应措施保护。门窗扇的安装应在抹灰工程完成后进行，以防止门窗框变形而影响其使用。

4）水、暖、电、卫等安装工程

水、暖、电、卫等安装工程，不同于土建工程，可以分为几个明显的施工阶段，它一般与土建工程中有关分部分项工程之间交叉施工、紧密配合。室外上下水管道、暖气管道及煤气管道等施工可安排在土建工程之前或与土建工程同时进行。主体结构施工时，应在砌墙或现浇楼板的同时，预留电线、上下水管、暖气立管等孔洞或预埋木砖和其他预埋件。在装修工程施工前，应安装相应的各种管道和电气照明用的附墙暗管、接线盒等。水、暖、电、卫安装一般在楼地面和墙面抹灰之前或之后穿插进行。

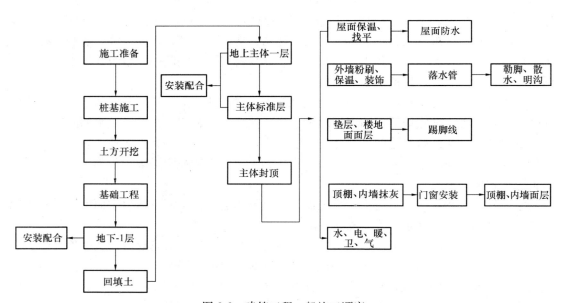

图 2-2　建筑工程一般施工顺序

2.3 施工技术方案的制订

施工技术方案包括选择合适的施工方法以及施工机械，并对该施工方法进行技术经济评价，在技术上解决各主要施工过程的施工手段和工艺问题。单位工程任何一个施工过程总可以采用几种不同的施工方法，使用不同的施工机械进行施工，每一种施工方法都有一定的优缺点，应根据施工对象的建筑特征、结构形式、场地条件及周边环境、工程量的大小、工期长短、资源供应情况等，对多个施工方法进行比较，选择一个先进合理的、适合本工程的施工方法，并选择相应的施工机械。

如基础工程的土方开挖应采用什么机械来完成，要不要采取降低地下水的措施，浇筑大体积混凝土的水平运输采用什么方式；主体结构构件的安装应采用怎样的起重机械才能满足吊装范围和起重高度的要求；墙体工程和装修工程的垂直运输如何解决等。

2.3.1 施工方法和施工机械的选择

1. 选择施工方法和施工机械的原则和重点

选择施工方法和施工机械时，应根据工程特点、施工单位特征、施工现场条件等因素确定，主要包括以下原则。

1) 施工方法技术上的先进性和经济上的合理性相统一；

2) 兼顾施工机械的适用性和多用性，充分发挥施工机械的利用率；

3) 充分考虑施工单位特点、技术水平、施工习惯；

4) 施工现场条件。

选择施工方法时应重点考虑影响整个单位工程施工的分部分项工程的施工方法，对于常规的做法和工人熟悉的分部分项工程可不必详细拟定施工方法，而对于下列一些项目的施工方法应详细和具体：

1) 工程量大，在单位工程中占重要地位，对工程质量起关键作用的分部分项工程，如基础工程、钢筋混凝土工程等隐蔽工程。

2) 施工技术复杂、施工难度大，或采用新技术、新工艺、新结构、新材料的分部分项工程。如大体积混凝土结构施工、模板早拆体系、无粘结预应力混凝土等。

3) 施工人员不太熟悉的特殊结构，专业性很强，技术要求高的工程，如仿古建筑、大跨度空间结构、大型玻璃幕墙、薄壳、悬索结构等。

选择施工机械时，应首先选择主导工程的机械，然后根据建筑特点及材料、构件种类配备辅助机械，最后确定与施工机械相配套的专用工具设备。在同一工地上应力求建筑机械的种类和型号尽可能少一些，以利于机械管理。

2. 主要分部分项工程施工方法及施工机械的选择

（1）土石方工程施工方法及施工机械的选择

确定土石方工程施工方法及机械的步骤一般为：

① 计算土石方工程的工程量，确定土石方开挖或爆破方法，选择土石方施工机械；

② 确定土壁放坡的边坡系数或土壁支护形式及打桩方法；

③ 选择地面排水、降低地下水位方法，确定排水沟、集水井或布置井点降水所需

设备；

　　④ 土石方的平衡调配，确定土方调配方案。

　　1）土方开挖

　　土方开挖方案一般与降水方案和支护方案共同考虑后加以确定。基坑工程的开挖主要有人工开挖和机械开挖两种方式。中小型工程的基坑、管沟和基坑底的清理等土方量较小的施工采用人工开挖，大型土方工程均采用机械开挖。施工机械主要有推土机、反铲挖土机、拉铲挖土机、抓斗（铲）、运土汽车等。开挖时通常根据土的种类、机械的性能、水文地质条件、施工条件和施工要求等来选择施工机械。例如反铲挖土机一般适用于开挖一类至三类的砂土和黏土，主要用于开挖停机面以下的土方，挖掘深度的参数取决于所选机械的性能，通常与运土汽车配合使用；抓铲则适用于开挖较松的土，对施工面狭窄而深的基坑、深槽、深井等特别适用，还可以挖取水中的淤泥、装卸碎石等松散材料。

　　由于工程特点，要求的挖土深度、水文地质条件、地下设施埋设情况、土方工程施工工期、支护结构类型、质量要求、施工条件、施工区域的地形、周围环境和技术经济等条件的不同，不同的工程的开挖方法也不同，通常有整体大面积开挖和分层、分块流水开挖等方法。

　　2）基坑围护

　　基坑开挖深度较大时，存在放坡开挖或采用支护结构两种基坑围护方式，一般常采用两种方式相结合的基坑围护方式。

　　放坡开挖比较经济，如条件许可，应优先选择放坡开挖。放坡开挖要解决的首要问题是保持边坡稳定。施工中主要根据土质、基坑开挖深度、基坑开挖方法、基坑留置时间长短、附近动载或堆载、排水情况以及气象条件等情况来综合考虑边坡的大小，有时需通过边坡稳定验算来确定。施工中还要预估各种可能出现的情况，采取必要的措施进行护坡。特别要注意及时排除雨水、地下水，防止坡顶集中堆载和振动，如果边坡较深、留置时间较长、土质差，则可采用钢丝网细石混凝土或砂浆护坡。

　　开挖基坑时，在建筑密集区施工，或有地下水渗入基坑时，往往不可能按要求的坡度放坡开挖，需要进行基坑支护，以保证施工的顺利和安全，并减少对相邻建筑、管线的不利影响。常用的支护结构有钢板桩、钢筋混凝土板桩、钻孔灌注桩挡墙、H型钢支柱（或钢筋混凝土桩支柱）、木挡板支护墙、地下连续墙、深层搅拌水泥土桩挡墙、旋喷桩帷幕墙、SMW工法、土层锚杆、人工挖孔桩和预制混凝土桩等。

　　支护结构的选型，涉及技术因素和经济因素，要从满足施工要求、减少对周围的不利影响、施工方便、工期短、经济效益好等方面，经过慎重的技术经济比较后加以确定，而且支护结构选型要与降水方案、挖土方案共同研究确定。通常在对支护结构选型时，往往一个或两个主导因素就决定了所需支护的特点，进而可以确定支护结构的主要形式，再结合其他因素确定辅助结构形式。

　　例如某大厦所在地周边上水管、雨水管、电话、电力、煤气等管线密布，其中电力管线又是几个重要部门的主要线路，因此施工中的首要考虑因素是保护管线安全，故不宜选用井点降水与钢板桩支护方法。工程实际中采用了刚度较大、抗弯能力强、变形相对较小的钻孔灌注桩，因该种支护结构的挡水效果较差，故又与挡水效果较好的旋喷帷幕墙组合使用，前者抗弯，后者挡水，施工后效果良好。

3）降（排）水施工

土方工程中的降排水方法有集水井法和井点降水法。集水井降水法，又称明沟排水法，简单经济，对周围环境影响小，因而应用较广，适用于中小型工程以及基坑开挖较浅、地下水位不高，或地下水位较高但土质情况较好的工程项目。

井点降水法，又称人工降水法，有轻型井点、喷射井点、射流泵井点、电渗井点、管井井点和深井泵等方法，其中轻型井点降水在建筑工程施工中应用较多。当基坑开挖深度较大，地下水动水压力和土的组成有可能引起流砂、管涌、坑底隆起和边坡失稳时，则宜采用井点降水法。降水方法和降水设备的选择，通常先根据水文地质条件和要求的降水深度，初步确定几种降水施工方法，再根据工程特点，对周围建筑物的不利影响程度、工期、技术经济和节能等条件对初选方案进行筛选，确定切实可行的降水施工方案。

（2）钢筋混凝土主体结构施工方案和施工机械的选择

钢筋混凝土主体结构包括模板工程、钢筋工程和混凝土工程三个分项工程。模板工程的施工方法一般包括大模板法、滑升法、升板法等，对于复杂工程还需进行模板设计和进行模板放样。钢筋工程主要包括加工、绑扎、焊接等施工方法。混凝土工程主要包括混凝土拌制、混凝土运输、混凝土浇筑等重要工序。混凝土拌制包括商品混凝土和现场拌制混凝土两种方式。混凝土运输根据拌制方式不同采用不同的运输方式，此外还应考虑垂直运输机械的选择。混凝土浇筑时，应根据混凝土工程量和成形特征，选择不同的振捣、密实成形机械，并确定施工缝留设位置。

在选择施工方法时，应特别注意大体积混凝土、特殊条件下混凝土、高强度混凝土及冬季混凝土施工中的技术方法，注重模板早拆化、标准化，钢筋加工中的联动化、机械化，混凝土运输中采用大型搅拌运输车、泵送混凝土，计算控制混凝土配料等。

1）模板工程

模板是新浇混凝土成形用的模型，模板系统包括模板、支撑和紧固件。在模板工程设计和施工中，要求能保证结构和构件的形状、位置、尺寸的准确，具有足够的强度、刚度和稳定性，装拆方便能多次周转使用，接缝严密不漏浆等。模板工程量大，材料和劳动力消耗多，正确选择其材料、形式和合理组织施工，对加速混凝土工程施工和降低造价有显著效果。

① 模板的选型

模板的类型包括木模板、组合钢模板和大模板等形式。

木模板在一些工程上仍广泛采用，尤其是在多层和高层建筑中。这类模板一般为散装散拆式模板，现主要采用多层板。也有的加工成基本元件（拼板），在现场进行拼装，拆除后仍可周转使用。

组合钢模板是一种工具式模板，是目前工程中用得最多的一种模板，它由具有一定模数的若干类型的板块、角模、支撑和连接件组成，可以拼出多种尺寸和几何形状，以适应多种类型建筑物的梁、柱、板、墙、基础和设备基础等施工的需要，也可以拼成大模板、隧道模和台模等。组合模板的板块有钢的，也有钢框木胶合板的。

大模板在建筑、桥梁及地下工程中广泛应用，它是一种大尺寸的工具式模板，如建筑工程中一块墙面用一块大模板。因为其重量大，装拆皆需起重机械吊装，可提高机械化程度，减少用工量和缩短工期。大模板是目前我国剪力墙和筒体体系的高层建筑、桥墩、筒仓等施工用得较多的一种模板，已形成工业化模板体系。

② 模板支设顺序

柱、墙模板支设顺序一般为：检查模板平整度→弹出边线及模板控制线→闭合复核→用水准仪抄平→在钢管上标定安装高度→侧模板安装就位→安装纵横管楞→穿对位螺栓→支设支撑→调整垂直度→紧固支撑。

梁模板支设顺序：搭设梁模板脚手架→铺设梁底模板→安装梁侧模→安装梁侧模板钢管楞→复核梁模尺寸标高→与相邻柱的连接固定。

楼板模板支设顺序：搭设模板脚手架→铺设楞木（50mm×100mm 木方，间距 300mm）→铺设组装模板→复核模板平整度及标高。

模板拆除顺序一般按后支先拆、先支后拆，先拆除非承重部分后拆除承重部分的拆模顺序进行。

2）钢筋工程

钢筋加工包括调直、除锈、下料切断、接长、弯曲成型等。钢筋调直可采用机械调直和冷拉调直。钢筋下料切断可采用钢筋切断机或手动液压切断器进行。钢筋弯曲成型可采用钢筋弯曲机、四头弯筋机及手工弯曲工具等进行。

钢筋连接有焊接、机械连接和绑扎连接三种方法。

焊接包括对焊、电弧焊、电渣压力焊、点焊、气压焊接等方式。对焊广泛用于钢筋连接、预应力钢筋与螺丝端杆的焊接，热轧钢筋的焊接宜优先采用对焊。电弧焊广泛用于钢筋接头、钢筋骨架焊接、装配式结构接头的焊接、钢筋与钢板的焊接等。电渣压力焊在施工中多用于现浇混凝土结构构件内竖向或斜向钢筋的焊接接头。点焊主要用于小直径钢筋的交叉焊接，如用来焊接近年来推广应用的钢筋网片、钢筋骨架等。

钢筋机械连接包括挤压连接和螺纹套管连接，是近年来大直径钢筋现场连接的主要方法。钢筋挤压连接也称为钢筋套筒冷压连接，适用于竖向、横向及其他方向的较大直径变形钢筋的连接。与焊接相比，具有节省电能、不受钢筋可焊性好坏影响、不受气候影响、无明火、施工简便和接头可靠度高等特点。钢筋螺纹套管连接分锥螺纹连接与直螺纹连接两种，用于这种连接的钢套管内壁，用专用机床加工成锥螺纹或直螺纹，钢筋的对接端头在套丝机上加工有与套管匹配的螺纹。机械连接施工速度快，不受气候影响，质量稳定，易对中，已在我国广泛应用。

绑扎目前仍为钢筋连接的主要手段之一，绑扎时钢筋交叉点用铁丝扎牢，板和墙的钢筋网，除外围两行钢筋的相交点全部扎牢外，中间部分交叉点也须按"梅花形"相隔交错扎牢，保证受力钢筋位置不产生偏移。受拉钢筋和受压钢筋接头的搭接长度和接头位置应符合施工及验收规范的规定。

3）混凝土工程

混凝土浇筑前应根据施工方案认真交底，并做好浇筑前的各项准备工作，尤其应对模板、支撑、钢筋、预埋件等认真细致检查，合格并做好相关隐蔽验收后，才可浇筑混凝土。浇筑混凝土应连续进行，当必须间歇时，间歇时间宜尽量缩短，并应在前层混凝土初凝前，将次层混凝土浇筑完毕，否则，应留置施工缝。施工缝的位置应在混凝土浇筑之前确定，并宜留置在结构受剪力较小且便于施工的部位。

高层建筑施工中混凝土的浇筑量非常大，有时几千立方米甚至上万立方米的混凝土要求一次浇筑完成，这就需要选择一个合理的施工方案来保证混凝土供应、运输和浇筑的顺利进行，确保施工质量。选择混凝土运输方案的三个决定因素是不产生离析、保证浇筑时规定的坍落度和在混凝土初凝前能有充分时间进行浇筑和捣实。

① 混凝土运输分为地面运输、垂直运输和平面运输。地面运输，如采用商品混凝土且运输距离较远，多采用混凝土搅拌运输车；混凝土垂直运输多采用塔式起重机、混凝土泵、快速提升斗和井架。混凝土平面运输如采用泵送混凝土，则可采用布料机布料或水平泵送管。

② 施工中要根据工期、混凝土浇筑量计算确定混凝土的供应量，从而进一步确定混凝土的供应运输方案。商品混凝土供应是目前最常用的混凝土供应方案。

在目前的混凝土浇筑施工中，单纯使用塔式起重机进行混凝土垂直运输已远远不能满足施工的要求，因而混凝土泵得到了广泛的应用。选择混凝土泵时，应根据工程结构特点、施工组织要求、泵的主要参数、混凝土浇筑量及技术经济比较来选择混凝土泵的型号和台数。在选择混凝土泵的设置处时，要保证设置处场地平整，道路通畅，距离浇筑点近，便于配管、排水、供水、供电，且其作用范围内不得有高压线。

如某高层建筑全现浇钢筋混凝土结构，全部采用商品混凝土和现场泵送，总高度105.6m，每层剪力墙、核心筒、梁、柱、板及楼梯一次浇筑，每层混凝土浇筑量420m³左右。施工中采用2台混凝土泵，理论计算上都能满足100m以上的泵送能力，泵管选用φ125泵管。并设置2辆布料机，混凝土泵出料口接机械式布料杆，作业回转半径4m～9.5m。楼面布料规定浇筑顺序为先竖向后水平，规定布料机停机位置。为满足可泵性，商品混凝土品质、配合比设计随季节、浇筑高度适时调整。

（3）垂直运输机械的选择

高层建筑施工中垂直运输作业具有运输量大、机械费用大、对工期影响大等特点，施工的速度在一定程度上取决于施工所需物料的垂直运输速度。垂直运输体系一般有下列组合：

塔式起重机＋施工电梯

塔式起重机＋混凝土泵＋施工电梯

塔式起重机＋快速提升机（或井架起重机）＋施工电梯

井架起重机＋施工电梯

井架起重机＋快速提升机＋施工电梯

选择垂直运输体系时，其运输能力应满足规定工期的要求，并保证机械费用低，综合经济效益好。从我国目前现状和发展趋势来看，塔式起重机＋混凝土泵＋施工电梯的垂直运输组合方案越来越多地被采用。

塔式起重机在建筑施工中得到广泛应用，主要用于物料的垂直与水平运输。塔式起重机的形式按照行走结构分为固定式、移动式、爬升式和附着式。高层建筑施工中使用较多的是爬升式和附着式。选择塔式起重机型号时，首先根据建筑物的特点选定起重机的形式，再根据建筑物的体形、平面尺寸、标准层面积和塔式起重机的布置情况计算起重机必须具备的幅度和吊钩高度，然后根据构件或容器加重物的重量，确定塔式起重机的起重量和起重力矩。最后根据上述计算结果，参照各种型号塔式起重机的技术性能参数确定所用的塔式起重机的型号和具体布置位置和数量。

外用施工电梯又称人货两用电梯，是一种安装于建筑物外部，用于施工期间运送施工人员和建筑器材的垂直提升机械，分为单塔式和双塔式，目前我国主要采用单塔式。高层建筑施工时，应根据建筑体型、建筑面积、运输量、工期、电梯价格和供货条件选择外用施工电梯，具体要求为参数（载重量、提升高度、提升速度）满足功能需要，可靠性高，价格便宜。外用施工电梯的位置应便于人员上下和物料集散，由电梯出口至各施工处的平均距离应最近，便于安装附墙装置，接近电源，有良好的夜间照明。输送人员的时间占总运送时间的 60%～70%，因此要设法解决工人上下班运量高峰时的矛盾。在结构、装修施工进行平行交叉作业时，人员运输最为繁忙，应设法疏导人货流量，解决高峰时运输矛盾。

对于特殊项目，如采用新材料、新工艺、新技术、新结构的项目以及大跨度、高耸结构、水下结构、深基础、软弱地基等项目，应单独选择施工方法，阐明施工技术关键，进行技术交底、加强技术管理，拟定安全质量措施。

2.3.2 施工方案的技术经济评价

施工方案的技术经济评价是选择最优方案的重要途径。首先拟定在技术上可行的几个施工方案，采用定性分析或定量分析方法进行比较分析，然后选择一个工期短、成本低、质量好、材料省、劳动力安排合理的最优方案。施工方案的技术经济评价有定性分析评价和定量分析评价两种。

（1）定性分析评价

施工方案的定性技术经济分析是结合工程实际情况，对若干施工方案的优缺点进行分析比较。如技术上是否可行、施工复杂程度和安全可靠性如何、劳动力和机械设备能否满足需要、是否能充分发挥现有机械的作用、保证质量的措施是否可靠完善以及对冬期施工带来多大困难等均是选择施工方案的考虑因素。

（2）定量分析评价

施工方案的定量技术经济分析评价是通过计算各方案的几个主要技术经济指标，进行综合比较分析，从中选择技术经济指标最佳的方案。评价施工方案的技术经济指标主要有工期指标、降低成本指标、主要工种施工机械化程度指标、主要材料节约指标和劳动力消耗量指标等。

1）工期指标

工期指标是工程开工至竣工的全部日历天数，反映建设速度，是影响投资效益的主要指标。应将工程计划完成工期与国家规定工期或建设地区同类建筑物平均工期相比较。工期指标 t 按式（2-1）计算：

$$工期\ t = \frac{工程量\ Q}{单位时间计划完成工程量\ \nu} \qquad (2\text{-}1)$$

2）成本指标

成本指标可以综合反映不同施工方案的经济效果。反映施工方案的成本高低，一般需计算方案所用的直接费和间接费。成本指标 C 可按式（2-2）计算：

$$成本\ C = 直接费 \times (1 + 综合费率) \qquad (2\text{-}2)$$

其中，直接费＝定额直接费×（1＋其他直接费率）。

综合费率中应考虑间接费、技术装备费或某些其他费用，它与建设地区、工程类型、专业工程性质、承包方式等有关。

3）主要工种施工机械化程度指标

施工机械化程度是工程全部实物工程量中机械完成量的比重，是衡量施工方案的重要指标之一，见式（2-3）。

$$施工机械化程度 = \frac{机械完成实物量}{全部实物量} \times 100\% \tag{2-3}$$

4）主要材料节约指标

计算公式见式（2-4）

$$主要材料节约指标 = \frac{主要材料节约量}{预算材料用量} \times 100\% \tag{2-4}$$

5）劳动力消耗量指标

劳动力消耗量反映工程的机械化程度，机械化程度系数越高，劳动生产率就越高，劳动力消耗量就越少。劳动力消耗量主要由主要用工、准备用工及辅助用工组成。劳动力消耗量指标以工日数计算，见式（2-5）。

$$劳动力消耗量 = 主要用工 + 准备用工 + 辅助用工 \tag{2-5}$$

2.3.3 施工方案的实施及动态调整

（1）施工方案的实施

各类施工方案编制完成后，应履行审批手续，除经施工单位内部审批外，工程项目开工前，施工单位应将施工方案报送监理单位，总监理工程师组织专业监理工程师对各类施工方案进行审查，施工组织设计（方案）报审表见表2-1。专业监理工程师提出审查意见后，经总监理工程师审核并签认后报建设单位。最后，由建设单位根据施工单位施工方案及监理审查意见决定是否在工程中实施。此外，危险性较大的专项施工方案还需进行专家论证。

施工方案审批手续上，严格按公司及管理部门的相关规定要求执行，严格施工方案审批手续。针对方案审批中存在的问题，需采取以下措施：①加强施工方案实施情况的监督检查，将施工方案的编制实施情况作为检查评比的一项内容，重视施工方案在整个项目生产中的作用；②规范建筑施工企业组织制度建设，要求各企业建立健全管理体系，落实岗位责任制，对建筑施工企业人员组织结构进行监督检查；③严格方案审批程序，落实方案编制与审批的责任制度。施工方案与工程实施应当相一致，不得擅自改变已经审核批准的方案。

施工方案审批后，应在实施前由项目技术负责人组织，对项目部相关管理人员及施工班组进行技术交底。

施工方案实施过程中，应重视施工方案的指导作用，尽量做到以下几点：

1）施工方案是指导施工的依据，编制施工方案不能完全照抄照搬，必须进行消化吸收，使施工方案具有针对性和可操作性。方案落实不了的尽量少写，与施工现场实际不相符的方案不写，让施工方案、技术措施能够真正的发挥其指导施工的作用，而不能变成应付检查的书面形式，施工管理工作要落实，就要从源头开始落实，从我们的各种施工方案、施工策划开始落实，让管理工作走上良性循环。

2）上下联动、齐抓共管。只有将施工方案真正融入项目管理当中，才能做好我们的施工管理工作，以施工方案指导安全生产，抓工程质量。

3）做好施工经验的总结，让施工方案在施工中创造出效益，达到编写施工方案的真正目的。

4）加强监管，尤其是公司技术部门的健全建立，是施工方案审核把关的一个重要环节，要加强对公司技术部门的投入及管理。

施工组织设计（方案）报审表　　　　　　　　　　　表 2-1

工程名称：

致：　　　（监理单位） 　　我方已根据施工合同的有关规定完成了工程施工组织设计（方案）的编制，并经我单位上级技术负责人审查批准，请予以审查。 　　附：＿＿＿＿＿＿＿＿施工方案   　　承包单位（章） 　　项目经理 　　日　　期
专业监理工程师审查意见：   　　　　　　　　　　　　　　　　　　专业监理工程师： 　　　　　　　　　　　　　　　　　　日　　　期：
总监理工程师审核意见：   　　项目监理机构： 　　　　　　　　　　　　　　　　　　总监理工程师： 　　　　　　　　　　　　　　　　　　日　　　期：

（2）施工方案的动态调整

56

任何事物都不是尽善尽美的，尽管我们在施工操作中应严格遵守施工方案，但施工方案的编制毕竟是在施工之前，在施工中会出现各种意想不到的问题，包括施工现场环境变化、技术变更、机械或材料价格变化等。因此，需要在施工实践中不断对施工方案进行动态调整。只有这样，才能使之更加具有经济、先进和可操作性。施工方案的动态调整包括施工方案的中间检查以及根据中间检查结果不断修改与补充。

1）施工方案的中间检查

施工方案在实施过程中应进行中间检查。中间检查可按照工程施工阶段进行，通常划分为地基基础、主体结构、装饰装修三个阶段。中间检查的次数和检查时间，可根据工程规模大小、技术复杂程度和施工方案的实施情况等因素由施工单位自行确定。中间检查的内容主要是施工部署、施工方法的落实和执行情况。没落实的工序应及时补做，执行不到位或有偏差的应及时纠正，如对工期、质量、成本有较大影响应及时调整。

2）施工方案的修改与补充

当工程施工条件发生变化，即总体部署或主要施工方法发生变化、设计变更、主要施工机械或材料价格发生较大变化等，原方案已不能满足施工要求或执行后对工程质量、成本、安全等造成不良影响，应由项目技术负责人组织相关人员对原施工方案相应部分进行修改、补充并做好交底，并履行相关审批手续。

2.4　案　例

以下为某土方工程及基坑支护施工方案。

某工程位于闹市中心，地下室 4 层，地上 22 层，地下建筑面积 28118m²，地上建筑面积 67789m²，其中基坑面积 7400m²。本工程周边的南京东路、河南中路、天津路分布有大量的地下市政管线，基坑南侧与地铁 2 号线车站结构基本平行，长度约 52m，东侧为正在施工建设的

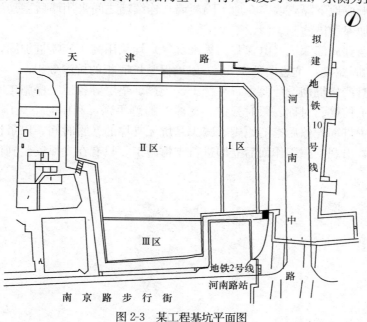

图 2-3　某工程基坑平面图

轨道交通 10 号线，埋深 24m 左右，距离本基坑最近约 8m。其基坑总平面图如图 2-3 所示。

本工程基地地貌形态为滨海平原地貌，场地内杂填土较厚，地表以混凝土为主，地表下 2m 左右有化粪池、下水道等构筑物存在。根据勘察单位提供的工程地质勘察报告，由于受古河道侵蚀，基地内地表面以下第⑥层土缺失，其余土层分布较均匀，浅部土层中的潜水位埋深离地表面 0.3～1.5m，年平均地下水位离地表面 0.5～0.7m。深部承压水位埋深在 3～11m 之间。选择⑨层为桩基持力层，基坑开挖后基地基本位于⑤层土的上部。

（1）土方开挖顺序的确定

由于本基坑周边建筑物及地下管线分布复杂，Ⅰ区和Ⅲ区紧邻地铁线路且周边管线相对较复杂，考虑地铁车站与隧道接头等对位移敏感部位的安全，结合本工程的面积及开挖深度，依次对Ⅰ区→Ⅲ区→Ⅱ区进行明挖顺做法施工。结合本工程土质情况和场地狭小等因素，施工机械选用反铲挖土机施工。

（2）预降水

在挖土施工前两周先对基坑内的地下水采用真空深井泵进行施工前预降水。鉴于基地土层的特性及挖深，在基坑范围内每 200m^2 左右设一口深井，井点间距 12～15m。此深井同时兼做坑内水位观察井。降水面标高根据设计要求，达到最终坑底开挖面以下 1m。降水的同时进行坑内坑外水位监测，在未达到设计要求时，暂不进行土方开挖。

（3）基坑支护方案

根据本基坑工程的面积和开挖深度，结合周边建筑物和地下管线分布情况，以及考虑到在建的 10 号线和运营中的 2 号线，基坑围护采用二墙合一的地下连续墙施工方案。地下连续墙厚为 1m，混凝土强度设计等级为水下 C30。

为保持槽壁稳定，在基坑西侧以及Ⅲ区的南侧、东侧和Ⅰ区的南侧地下连续墙两边均采用 ϕ850mm 三轴搅拌桩进行预加固处理，加固深度为 30m。

为了将Ⅱ区基坑开挖后对西侧民宅的影响降到最低，又在地下连续墙与民宅间设置了一排树根桩以形成地下隔离墙。在地下隔离墙与连续墙之间采用墙后主动注浆作为对基坑西侧民宅的附加保护措施。

在基坑内遇到局部深坑（电梯井、集水坑等）均采用高压旋喷桩加固，加固范围：坑底以下 5m，加固宽度：坑边向外 1.5m，以确保基坑底板的抗渗效果。

挖土施工时严格贯彻设计要求，在挖土、支撑、垫层等各道工序施工时严格遵循"分层、分块、留土护壁、对称、限时开挖、支撑"的总原则，利用时空效应原理进行施工，即在施工中坚决贯彻先撑后挖的原则，减少基坑无支撑的暴露时间，以最快的速度完成分块内土方开挖，出现支撑工作面后立即进行支撑施工，只有在支撑安装到位后方可进行下层土体开挖。

第 3 章　施工现场平面布置

3.1　施工平面图的分类及内容

施工平面图是具体指导现场施工部署的行动方案，是根据布置原则和要求，按照施工部署、施工方案和施工进度计划，将各项生产、生活设施（包括房屋建筑、临时加工厂、材料仓库、堆场、水电动力管线和运输道路等）规划布置在建筑平面图上。施工平面图对于指导施工现场进行有组织、有计划的文明施工具有重大的意义。

3.1.1　施工平面图作用及分类

施工平面图是施工项目管理规划及施工组织设计中的一项重要设计内容，是施工项目管理的一项特殊内容，它与施工方案、施工进度及资源计划等相互影响，是施工项目现场管理、实现文明施工的依据。施工平面图设计是对施工项目进行的空间规划。科学合理的施工平面图设计使得施工现场秩序井然，从而保证工程施工顺利进行，提高工程施工效率，降低施工成本，同时对施工质量和施工安全等方面的管理起到十分关键的作用。因此在施工项目管理规划编制时，应对施工平面图的设计给予极大重视。

根据工程项目范围的大小，施工平面图的设计可以分为施工总平面图设计和单位施工平面图设计。

（1）施工总平面图

是工程项目施工场地总平面布置图，是施工部署在施工现场空间上的反应。它按照施工方案和施工进度的要求，对施工现场的道路交通、材料仓库、附属设施、临时房屋、临时水电管线等做出合理的规划布置，从而正确处理全工地施工期间所需各项临时设施和永久建筑、拟建工程之间的关系。

（2）单位工程施工平面图

是对一个建筑物或构筑物的施工现场的平面规划和空间布置图。它是根据工程规模与特点、施工现场的条件以及施工方法与施工机械的选择结果，按照一定设计原则，正确地解决施工期间所需各种临时设施与现场永久性建筑、拟建工程之间的位置关系。

3.1.2　施工总平面图主要内容

施工总平面图的设计主要是配合施工项目管理规划大纲或施工组织总设计进行的，其内容反映整个建设项目施工的主要配套设施，是对全工地的总体规划，着重考虑为各个单项（位）工程施工服务。施工总平面设计的主要内容包括：

（1）建设项目总平面图上的一切地上、地下已有的和拟建的建筑物、构筑物以及其他设施的平面位置与尺寸。

（2）为全工地设施服务的临时设施的布置，包括：

1）工地上各种运输业务用的建筑物和道路；

2）各种加工厂、设备站及有关机械的位置；

3）各种建筑材料、半成品、构件的仓库和主要堆场；

4）取土弃土位置；

5）行政管理用房、宿舍、文化生活福利设施等临时建筑物；

6）水源、电源、变压器位置，临时给水排水管沟、供电与动力设施；

7）机械站、车库位置；

8）安全、消防设施位置；

9）地形、地貌及坐标位置。

（3）永久和半永久性测量放线标桩（水准点、坐标点、高程点、沉降观测点）位置。

许多规模较大的建设项目，其建设工期往往很长。随着工程的进展，施工现场的面貌将不断改变。在这种情况下，应按不同阶段分别绘制若干张施工总平面图，或者根据工地的变化情况，及时对施工平面图进行调整和修正，以便符合不同时期的需要。目前，施工平面图的绘制大多采用计算机绘图，这给施工平面图的修正和调整提供了方便。

3.1.3　单位工程施工平面图主要内容

单位工程施工平面图是对建筑或构筑物施工现场的平面规划，是施工方案在施工现场空间上的体现。如果该单位工程是建设项目中的一个组成部分，那么单位工程施工平面图是施工总平面图在该单位工程的深化，也应受到施工总平面图的约束和限制。但现在有许多工程项目只有一个建筑物（或构筑物）及少数附属工程，在这种情况下，单位工程施工平面图设计一般独立进行。单位工程施工平面图的比例尺一般采用1：500～1：200，其主要内容包括：

（1）建筑总平面图上已建和拟建的地上和地下的一切建筑物、构筑物和管线；

（2）测量放线标桩位置、地形等高线和土方取弃场地；

（3）垂直运输设备：自行式起重机的开行路线、固定式垂直运输设备的位置及回转半径；

（4）生产用临时设施，包括加工厂，搅拌站，材料、加工半成品、构件、机具的仓库或堆场，钢筋加工棚、木工房等；

（5）生活用临时设施，如办公室、宿舍、休息室等；

（6）临时道路，可利用的永久性或原有道路，及其与场外道路的连接；

（7）临时给水排水管沟、供电线路、蒸汽及压缩空气管道等布置；

（8）一切安全、消防设施位置。

其中（4）、（5）两项中的一些内容，如果已经在施工总平面中设计，则单位工程施工平面图中就不予考虑。

3.2　施工平面图的设计依据、原则和步骤

3.2.1　施工总平面图设计依据及原则

（1）施工总平面图设计依据

1）设计资料。包括建筑总平面图、主要工程项目及结构特征、场地的竖向规划、地上和地下各种管网布置等。

2）建设地区资料。包括工程勘察和技术经济调查资料，以便充分利用当地自然条件和技术经济条件为施工服务，用以正确确定仓库和加工厂的位置、工地运输道路、给水排水管线的铺设等问题。

3）整个工程项目的施工方案、施工进度计划，以便了解各施工阶段情况，从而有效地进行分期规划，充分利用场地。

4）各种建筑材料、构件、加工品、施工机械和运输工具需要量、供货方式和供应计划等，以便规划工地内部的存放场地和运输线路。

5）构件加工厂、仓库等临时建筑位置及尺寸。

（2）施工总平面图的设计原则

1）在保证顺利施工的前提下，平面布置科学合理，施工场地占用面积少。尽量不占、少占或缓占良田好土，充分利用山地、荒地，重复使用空地。

2）尽可能降低临时设施工程费用，充分利用已有或拟建房屋、管线、道路和可缓拆、暂不拆除的项目为施工服务。

3）在保证运输方便的前提下，运输费用最少。这就要求合理布置仓库、附属设施、起重设备等临时设施的位置，正确选择运输方式和铺设运输道路，减少二次搬运。

4）施工区域的划分和场地的确定应符合施工流程的要求，尽量减少专业工种和各单项工程之间的干扰。

5）办公区、生活区及生产区宜分离设置。

6）满足安全、防火、劳动保护、环境保护等方面的要求。

7）尽量减少对社会、企业等周围环境的影响。

3.2.2 施工总平面图设计步骤和方法

（1）场外交通的引入

1）设计施工总平面图时，首先应确定主要材料、构件和设备等进入施工现场的运输方式。

2）当施工用大宗物资材料由铁路运入，应首先解决铁路的引入位置和铁路线路布置方案。引入铁路，应注意铁路的回转半径和竖向设计的需求。若专用铁路线的修建时间过长，影响施工准备时，可安排建设前期以公路运输为主，逐渐转向以铁路运输为主。铁路的引入影响场内施工的运输与安全，所以铁路的引入应靠近工地的一侧或两侧，尽量不引入工地中央。

3）当大批材料由水路运进，应考虑原有码头的承运能力和是否增设专用码头。卸货码头不应少于两个，宽度不小于2.5m，并可以在码头附近布置主要加工厂和仓库。

4）当大批材料由公路运入，由于汽车线路可以灵活布置，因此一般先布置场地内仓库和加工厂，将其布置在最经济合理的地方，然后再布置通向场外的公路线。

（2）仓库和材料堆场的布置

1）仓库和材料堆场的布置基本原则

① 在布置仓库和材料堆场时，通常应尽量利用永久性仓库；

② 仓库和材料堆场应接近使用地点；

③ 仓库应位于宽敞、平坦、交通方便处；

④ 应遵守安全技术和防火规定。

施工总平面图中的各类材料构配件的堆放场地必须结合现场地形、永久性设施、运输道路以及施工进度等进行综合安排，同时应考虑各专业工种的特点及施工工艺的需要，力求既方便施工，又节约用地。

例如，土建工程用的钢筋、模板、脚手架和墙板等围护结构，在工业厂房的施工中，可沿厂房纵向布置在柱列外侧；在民用建筑施工中，尽可能布置在塔式起重机等起重设备的工作半径内。

2）应区别不同材料、设备和运输方式来设置

① 当采用铁路运输时，仓库通常沿铁路沿线布置，并要留有足够的装卸前线，否则，必须在附近设置转运仓库。仓库应设置在靠近工地一侧，以免内部运输跨越铁路；

② 当采用水路运输时，一般应在码头附近设置转运仓库，以缩短船只在码头的停留时间；

③ 当采用公路运输时，一般中心仓库布置在工地中央或靠近使用的地方，也可以布置在靠近外部交通连接处；沙石、水泥、石灰、木材等仓库或堆场布置在搅拌站、预制场和木材加工厂附近；砖、瓦和预制构件等直接使用的材料应直接布置在各个单位工程附近，以免二次搬运。

3）确定仓库面积

确定某一种建筑材料的仓库面积，与该种材料需储备的天数、材料的需要量以及单位面积的储存定额等因素有关。而储备天数又与材料的供应情况、运输能力以及气候等条件有关。因此，应结合具体情况确定最经济的仓库面积。

确定仓库面积时，必须将有效面积和辅助面积同时考虑。有效面积是材料本身占有的净面积，辅助面积是考虑仓库中的过道以及装卸作业所必须的面积。

仓库面积确定后，按建筑总平面图选择最适合的布置位置。通过方案比较，论证不同仓库布置方案在技术上的可能性和经济上的合理性。

（3）加工厂布置

各加工厂布置，应以方便使用，安全防火，运输费用少、不影响施工的正常进行为原则。一般应将加工厂集中布置在同一个地区，且处于工地边缘。各种加工厂应与相应的仓库或材料堆场布置在同一个地区。

1）混凝土搅拌站。以集中设置混凝土搅拌站或选用商品混凝土为宜。但当场地内运输条件较差时，可以分散设置。

2）预制构件厂。一般设置在建设单位的空闲地带上。

3）钢筋加工厂。对于需要冷加工、对焊、电焊的钢筋和大片钢筋网，应设置中心加工厂，其位置应靠近预制构件加工厂；对于现浇结构，或利用简单机具成型的钢筋加工，可在靠近使用地点的钢筋加工棚里进行。

4）木材加工厂。一般原木、锯材堆场布置在场外交通引入点附近，木材加工厂设置在堆场附近；锯木、成材、细木加工和成品堆放，应按工艺流程布置。

5）砂浆搅拌站。砂浆用量少、分散，可以分散在使用地点附近。

目前大部分工程项目普遍采用商品混凝土和商品砂浆，对于不采用现场搅拌的工程，混凝土搅拌站和砂浆搅拌站可不用布置。

（4）布置场内临时道路

应根据各加工厂、仓库及各施工对象的位置布置道路，并研究货物周转运行图，以明

确各段道路上的运输负担，区别主要道路和次要道路。规划这些道路时要注意满足车辆的安全行驶，在任何情况下，不致形成交通阻塞或断绝。

1）尽量利用永久道路，提前修建或先修建永久路基和简单路面，作为施工所需的临时道路。道路旁的管线一般应先铺设，若地下管线不能提前施工，采取先施工道路，后施工管网的顺序时，则应采取措施以免开挖管沟时破坏永久道路路面。

2）必须修建的临时道路，要把仓库、加工厂和施工点贯穿起来。

3）道路应有足够的宽度和转弯半径，现场内道路干线应采用环形布置，主要道路宜用双车道，次要道路可为单车道，道路末端要设置回车场。道路应有两个以上出口。

4）临时道路的路面结构，应根据运输情况、运输工具和使用条件来确定。

5）临时道路应避免与铁路交叉，必须交叉时应以直角相交，交角至少大于 $30°$。

（5）布置行政和生活临时设施

在工程建设期间，必须为施工人员修建一定数量，供行政管理与生活福利用的建筑。包括：

1）行政管理和辅助生产用房。其中包括办公室、传达室、消防站、汽车库以及修理间等。

2）居住用房。其中包括职工宿舍、招待所等。

对于各种行政和生活用房应尽量利用建设单位的生活基地或现场附近的其他永久建筑，不足部分再考虑另行修建临时建筑物。临时建筑物的设计，应遵循经济、适用、装拆方便的原则，并根据当时的气候条件、工期长短确定其建筑与结构形式。

大型工地施工项目部办公室宜设置在现场人口集中或中心地区，现场办公室应靠近施工点；职工宿舍和文化生活福利用房，一般设在场外，距工地，$500 \sim 1000m$ 为宜，并避免设在低洼潮湿处、应视具体条件而定；商店、小卖部应设在生活区或职工上下班路过的地方。

（6）布置临时水、电管网和其他动力设施

应尽可能利用已有的和提前修建的永久线路，这是最经济方案。若必须设置临时线路，则应取最短线路。

1）临时蓄水池、水塔应设在地势较高处和用水中心。给水管和供电干线一般沿主干道路布置，供电线路应避免与其他管道设在同一侧，主要供水、供电管线采用环状，孤立点可用支状。过冬的临时水管须埋在冰冻线以下或采取保温措施。

2）消防站一般布置在公司的出入口附近，并沿道路设消防水栓。消防水栓间距不应大于 $100m$，距路边缘不大于 $2m$，距拟建房屋不大于 $25m$，并不小于 $5m$。

3）尽量利用现场附近已有的高压线路或发电站及变电所。如果距现有电源较远或能力不足时，就需考虑临时供电设施。

4）如果附近现有的电源能满足需要，则仅需要在工地上设置变电所或变压器。临时总变压器应设在高压线进入工地处，避免高压线穿过工地。由于变电所受供电半径的限制，在大型工地上，一般应设若干个变电所，避免当一处发生故障时，影响其他地区。

5）临时自备发电站应设在现场中心，或者靠近主要用电区域。

6）临时输电干线沿主要干道布置成环型线路。供电线路应避免与其他管道布置在道路的同一侧。

7）各种管道的布置应大于最小净距。最小净距参照有关规定执行。

上述布置应相互结合，统一考虑，协调配合，经全盘反复考虑后，选择最佳设计方案，绘制施工总平面图。图 3-1 为某工程施工总平面图。

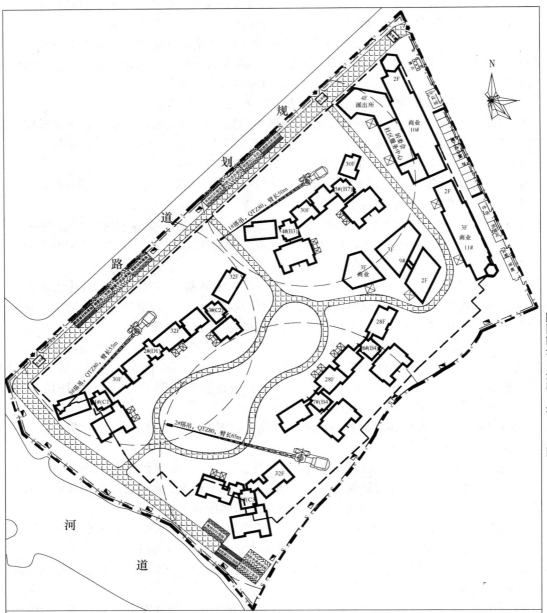

图 3-1　某工程施工总平面图

说明：
1.现场临电接驳口位于整个场地东北角生活区，接出线沿围墙内侧布置并接至施工用电部位，场内设三级分电箱。
2.现场临时水用水从整个场地东北角生活区接入，接出线沿围墙内侧布置，设置分水阀接至各施工部位。

图例说明：

	施工塔吊		施工围墙
	消火栓池		拟建建筑边线
	施工电梯		地下室边线
	带扒杆井架		施工道路
	施工用电管线		施工用水管线

3.2.3 单位工程平面图设计依据、原则和步骤

（1）单位工程平面图设计依据

在进行施工平面图设计前，应认真研究施工方案，对施工现场进行深入调查，对原始资料作周密分析，使设计与施工现场的实际情况相符，能对施工现场空间布置起到指导作用。布置施工平面图的依据，主要有以下三方面的资料：

1）设计和施工所依据的原始资料

① 自然条件资料，包括地形资料、工程地质及水文地质资料、气象资料等。主要用于确定各种临时设施的位置，布置施工排水系统，确定易燃、易爆以及有碍人体健康设施的位置等。

② 技术经济条件资料，包括交通运输、供水供电、地方物质资源、生产及生活基地情况等。主要用于确定仓库位置、材料及构件堆场，布置水、电管线和道路，现场施工可利用的生产和生活设施等。

2）建筑、结构设计资料

① 建筑总平面图。建筑总平面图包括一切地上及地下拟建和已建的房屋和构筑物。根据建筑总平面图可确定临时房屋和其他设施的位置，以及获得修建工地临时道路和解决施工排水等所需资料。

② 地上和地下管道位置。一切已有或拟建的管道，在施工中应尽可能考虑予以利用，若对施工有影响，则需考虑提前拆除或迁移，同时应避免把临时建筑物布置在拟建的管道上面。

③ 建筑区域的竖向设计和土方调配图。这对布置水、电管线，安排土方的挖填及确定取土、弃土地点有紧密联系。

④ 有关施工图资料。

3）施工资料

① 施工方案。据以确定起重机械、施工机具、构件预制及堆场的位置。

② 单位工程施工进度计划。由施工进度计划掌握施工阶段的开展情况，进而对施工现场分阶段布置规划，节约施工用地。

③ 各种材料、半成品、构件等的需要量计划，为确定各种仓库、堆场的面积和位置提供依据。

（2）单位工程平面图设计原则

单位工程施工平面图设计的基本出发点是满足施工要求，保证安全施工，同时尽可能降低施工成本，提高经济效益。单位工程施工平面图的设计原则与施工总平面图的设计原则基本一致，可归纳为：

1）在保证施工顺利的前提下，现场布置尽量紧凑，以节约土地；

2）合理使用场地，一切临时性设施布置时，应尽量不占用拟建永久性房屋或构筑物的位置，以免造成不必要的搬迁；

3）最大限度缩短场地内部运输距离，尽可能避免两次搬运；

4）应尽量减少临时设施的数量，降低临时设施费用；

5）符合安全、防火、劳动保护、环境保护、卫生、市容等国家及地方法规的有关要求。

（3）单位工程平面图设计步骤

1）确定垂直运输机械的位置

垂直运输机械的位置直接影响仓库、材料、构件、道路、搅拌站及水电线路的布置，因此要首先在单位工程施工平面图中予以考虑。

垂直运输机械包括塔吊、井架、龙门架以及移动式起重机械（履带式、汽车式起重机）等几种。井架、龙门架更多用于小型工程，或配合吊塔使用，由于吊塔使用普遍，井架、龙门架在工程中已很少使用；移动式起重机械更多应用于装配式结构工程；轨道式塔吊由于安全问题，现在很少使用，有些地区甚至禁止使用。目前建筑工程施工中大多采用固定式垂直运输机械，即固定式塔吊（以下简称塔吊），所以主要介绍这种形式的布置。

塔吊的平面布置，主要根据机械性能，建筑物的平面形状和尺寸、施工段划分、材料来向、已有道路运输情况及吊装工艺来确定，一般布置在建筑物中心，或建筑物长边的中间，其起重半径应能覆盖整个单位工程，使其在活动范围内能将材料和构件运至该工程楼面的任何施工地点，避免出现"死角"，即建筑物平面图上在塔吊起重半径范围以外的部分；若一个塔吊不能满足该条件，则应采用多塔吊方案。多个塔吊布置同样应保证塔吊范围能覆盖整个施工区域。

塔吊的布置还应考虑以下几个方面：

① 当建筑物各部位的高度相同时，应布置在施工段的分界线附近；

② 当建筑物各部分的高度不同时，应布置在施工段的分界线附近较高部位的一侧；

③ 对于周围有裙房的塔楼形式的建筑，可将内爬式塔吊布置在建筑物中心。

布置塔吊时还要考虑塔吊与工程间的安全距离，以便搭设安全网，又不影响塔吊的运输。最佳的塔吊布置是建筑平面不出现"死角"。如果出现"死角"，应将塔吊吊装的最远构件的超出服务范围的距离控制在1m内。否则，需采用其他辅助措施（如布置井架，楼面水平运输工具等）运输"死角"范围内的构件，保证施工顺利进行。塔吊的起重高度应满足建筑物的最高点材料及构件的运输，并满足塔吊有足够的吊装空间。

2）确定搅拌站、加工棚和材料、构件堆场的位置

搅拌站、加工棚和材料、构件堆场的位置应尽量靠近使用地点或在起重机能力范围内，并考虑到运输和装卸的方便。基础施工用的材料可堆放在基坑（槽）四周，但不宜离基坑（槽）边缘太近，以防土壁坍塌。

① 搅拌站的布置

搅拌站应尽量布置在垂直运输机械附近，以减少混凝土及砂浆的水平运距。当垂直运输采用塔吊方案时，混凝土搅拌机的位置应使吊斗能从其出料口直接卸料并挂钩起吊。搅拌站要与沙石堆场、水泥库一起考虑布置，既要互相靠近，又要便于这些大体积原材料的运输和装卸。搅拌站应设置在施工道路旁边，使小车、翻斗车运输方便。

为减少混凝土运输的距离，在浇筑大型混凝土基础时，可将混凝土搅拌站直接设置在基础边缘，待基础混凝土浇好后再转移。

② 加工棚的布置

木材、钢筋、水电材料等加工棚应设在建筑物四周，并要有相应的原材料和成品堆场。

石灰及淋灰池可根据情况布置在砂浆搅拌机附近。

沥青熬制锅应布置在较空旷的场地，远离易燃品仓库和堆场，并布置在下风向，在施工平面图上明确定点。尽量减少热沥青的水平运输距离，保证施工质量和安全。

③ 仓库和堆场的布置

首先根据需求，计算仓库和堆场的面积，然后根据各施工阶段的需要和材料设备使用的先后顺序来进行布置，尽可能提高场地使用周转效率，使同一场地在不同时间堆放不同的材料和构件。

仓库的布置：水泥仓库应选择在地势较高，排水方便，靠近搅拌机的地方；木材、管线、钢筋等仓库，应靠近各自的加工棚位置，便于就近取材进行加工，油料仓库、乙炔仓库等易燃材料仓库，应按与其他建筑的安全距离（参考相关施工手册）设置，并在施工平面图上明确标明。

材料堆场的布置：各种材料堆场的布置，应根据材料用量的多少，使用时间的长短，供应与运输情况等综合确定。布置的原则是用量大、使用时间长、供应与运输方便的材料，在保证施工进度和流水施工的情况下，考虑分期分批进场，尽量减小堆场所需面积，达到降低损耗，节约施工费用的目的。

模板、脚手架等周转材料，应选择在方便材料的安装、拆卸、整理和运输的地方，靠近拟建工程。

砖和砌块材料用于基础设施时，应布置在拟建工程四周，并距离基坑（槽）不小于 1m，防止土方边坡塌方。砖和砌块材料用于底层结构以上时，可布置在塔吊的服务范围内。

构件堆场的布置：装配式厂房、轻钢厂房和房屋的各种构件应根据吊装方案及方法，绘制平面布置图，确定构件堆场的合理布置。构件一般应布置在起重机服务范围或回转半径内，以便直接挂钩吊起，避免二次转运。采用井架运输的构件应尽可能靠近井架布置。小型构件搬运方便，堆场地点可以距离垂直机械远一些。构件堆场的面积应根据构件尺寸、施工进度、运输能力、现场条件等因素确定，构件实行分期分批配套进场，一般根据楼层或施工段划分构件进场的批次，节省堆放面积。

3）布置运输道路

现场道路布置时，应沿仓库和堆场进行布置，使道路通到各个仓库和堆场，并要注意保证运输畅通，使运输工具具有回转的可能性。尽可能利用永久性道路，或者先建好永久性道路的路基，在土建工程结束之前再铺路面，这样可以节约施工时间和费用。

现场道路应满足消防要求，使道路靠近建筑物、木料场等易发生火灾的地方，以便车辆能直接开到消防栓处。消防车道宽度不小于 3.5m。

汽车单行道的现场道路最小宽度为 3m，双行道的最小宽度为 6m。平板拖车单行道的现场道路最小宽度为 4m，双行道为 8m。道路上的架空线的净空高度应大于 4.5m。

为提高车辆的行驶速度和通行能力，应尽量将道路布置成环行。

施工道路应避开拟建工程和地下管道等地方，否则，这些工程后期施工时，将切断临时道路，给施工带来不便，并增加成本。

4）布置临时设施

临时设施可分为生产性临时设施，如木工棚、钢筋加工棚等和非生产临时设施如办公室、工人休息室、开水房、食堂、医务室、浴室、厕所等布置时应考虑使用方便、有利施工、合并搭建、符合安全的原则。通常，办公室应靠近施工现场，设在工地入口处，工人休息室应设在工人作业区，宿舍、食堂等应布置在安全的上风侧，警卫室、传达室与收发室应布置在入口处。

如果单位工程属于建设项目其中的一个，则大多数临时设施在施工组织总设计中统一考虑，少数小型临时设施可根据单位工程的实际情况再考虑。如果单位工程属于一个独立的建设项目，则需要全面考虑。

临时设施应尽可能采用活动式、装拆式结构。

5）布置临时水电管网

① 临时供水的布置

对于单独立项的单位工程，施工用临时给水管，一般由建设单位的干管接到用水地点。临时供水管网布置时，应力求管网总长度最短。管径大小可根据工程规模确定。根据经验，一般面积在 $5000 \sim 10000 m^2$ 的单位工程施工用水的总管用直径为 $\phi 100mm$ 管，支管用 $\phi 38mm$ 管，或者用 $\phi 25mm$ 管，再配 $\phi 100mm$ 管供消火栓。

根据当地的气温条件和使用期限等因素，将管道埋于地下，或者铺设在地面上。其布置形式有环状、支状、混合式三种。

供水管应按防火要求布置室外消防栓，消防栓应沿临时道路设置，距离道路不应大于 2m，距建筑物外墙不应小于 5m，也不应大于 25m，消火栓的间距也不应超过 120m。工地消防栓应该设有明显标志，且周围 3m 以内不准堆放建筑材料。现场应设消防水池、灭火机等消防设施。

为防止供水意外中断，可在建筑物附近设置简易蓄水池，可与消防水池结合。对于高层建筑，如果水压不足时，则应设置高压水泵。

施工现场的排水管道最好与永久性排水系统结合，及时修通永久性地下水道，并结合现场地形在拟建建筑物周围设置排泄地面水和地下水沟渠，特别应注意防洪、防暴雨等地面水涌入施工现场的可能性。

② 临时供电的布置

临时供电布置时，应先进行用电量和导线等计算，计算方法同前，然后进行布置。单位工程的临时供电一般采用三级配电两级保护。变电器应布置在现场边缘高压线接入处，并设有明显的标志，不要布置在交通道口处。总配电箱设在靠近电源的地方，分配电箱则设在用电设备或负荷相对集中的地区。配电箱布置在室外时，应有防雨设施，严防漏电、短路及触电事故。

供电线路应布置在起重机的回转半径之外，否则应设置防护栏。要求现场架空线与拟建建筑物水平距离不小于 2.5m。供电线路跨过材料、构件等堆场时，应有足够的安全架空距离。

现场机械较多时，可采用埋地电缆代替架空线，减少互相干扰。

在整个单位工程施工期间，施工平面图中的管线、道路及临时建筑一般不作随意变更。在工业厂房的施工平面图中还要考虑设备安装的用电和临时设施，其中，要适当划分土建和设备安装的施工用地。图 3-2 为某单位工程施工平面图。

针对复杂单位工程的施工平面图，应按不同施工阶段（如准备与基础工程阶段、主体结构工程阶段、装饰与设备安装阶段等）和进度安排分别布置施工平面图。

主体施工阶段模板及钢筋需要量、垂直运输量及钢筋半成品量等相对基础阶段需要量及存储量都有增加，因此需要对施工平面布置图进行调整。对比图 3-3 和图 3-4 可以发

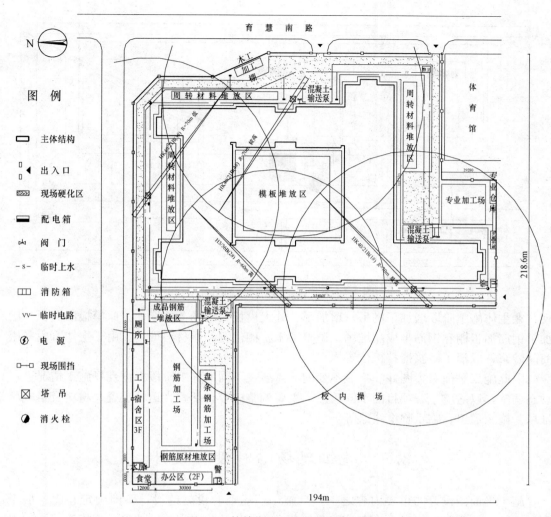

图 3-2　某单位工程施工平面布置图

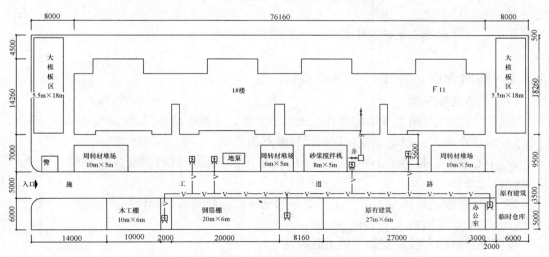

图 3-3　某单位工程基础阶段平面布置图

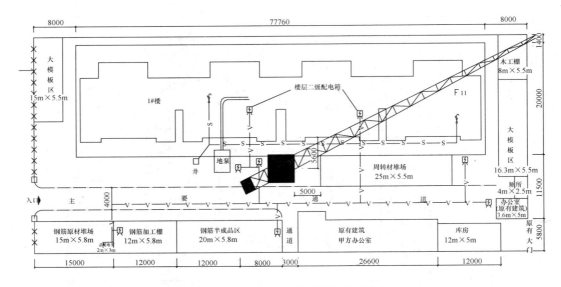

图 3-4　某工程主体阶段平面布置图

现，在主体施工阶段增加了塔吊，增加了一处大模板区堆场，并增加了原模板区面积。增加了钢筋加工棚和钢筋半成品堆场，调整了木工棚位置和原材料堆场。由于主体阶段采用商品砂浆，取消了砂浆搅拌机位置。

因此施工平面布置图并非一成不变的，需要在不同的施工阶段根据现场施工情况进行动态调整，以适应工程项目的不同阶段。主要调整内容包括垂直运输装置、材料及半成品堆场、施工通道、临水临电线路等。

3.3　施工现场临时设施设计

施工平面图设计的重要内容之一，是施工现场临时设施的设计，即确定仓库、加工厂、交通运输道路、临时水、电管网及各项生产、生活临时设施的位置、规模等。施工现场临时设施设计是施工平面图设计的前提和依据。本章将着重阐述各项临时设施设计的步骤和要点，以期对施工单位科学管理施工现场提供指导。

3.3.1　临时仓库、加工厂与堆场设计

（1）工地仓库类型

根据工程规模、施工现场的条件、运输方式等，一般可设置以下几种仓库：

1）转运仓库。一般是设置在货物运转地点的仓库。

2）中心仓库。是指用于贮存供整个工地范围所需现场材料的仓库，可设在工地内，亦可设在工地外。

3）现场仓库。是指专为某一工程服务的仓库，一般就近建在现场。

（2）工地仓库结构

按保管材料的方法，建筑工地上临时性仓库可分为：

1）露天仓库。用于堆放不因自然气候影响而损坏质量的材料，如石料、砖瓦等。

2）库棚。用于贮存防止雨雪阳光直接侵蚀的材料，如油毡、瓷砖、细木板等。

3）封闭式仓库。用于贮存防止大气侵蚀而发生变质的建筑材料、贵重材料以及易损坏或散失的材料，如水泥、石膏、五金部件等。

（3）工地仓库规划

临时仓库和堆场的计算及布置工作一般包括：确定各种材料、设备的贮存量；确定仓库和堆场的面积和尺寸；选择仓库的结构形式，确定材料、设备的装卸方法；确定仓库和堆场的位置。

1）材料储备量的确定

建筑工地仓库中，材料储备的数量，既应保证工程连续施工需要，又要避免储备量过大，造成材料积压，使仓库面积扩大而造成投资增加。因此，应结合具体情况确定适当的材料储备量。一般对于施工场地狭小、运输方便的工地可少储存一些；对于加工周期长、运输不便、受季节影响的材料可多贮存些。

2）各种仓库面积的确定

确定某一种建筑材料的仓库面积，与该种建筑材料需储备的天数、材料的需要量以及仓库每平方能贮存的定额等因素有关。而储备天数又与材料的供应情况、运输能力以及气候等条件有关。因此，应结合具体情况确定最经济的仓库面积。

确定仓库面积时，必须将有效面积和辅助面积同时加以考虑。所谓有效面积，是材料本身占有的净面积，它是根据每平方米仓库面积的存放定额来决定的。辅助面积是考虑仓库中的走道以及装卸作业必须的面积。仓库总面积一般可以按照式（3-1）计算

$$F = \frac{P}{n \times q \times K} \tag{3-1}$$

式中　F——仓库总面积（m^2）；

　　　P——仓库材料储备量；

　　　n——该材料分期分批进场的次数；

　　　q——每 m^2 仓库面积能存放的材料、半成品和制品的数量；

　　　K——仓库面积利用系数（考虑人行道和车道所占面积）。

常用材料仓库或堆场面积计算参考指标见表 3-1。

常用材料仓库或堆场面积计算参考指标　　　　　　　　　　　表 3-1

序号	材料、半成品名称	单位	每平方米储存定额 q	面积利用系数 K	备注	库存或堆场
1	水泥	t	1.2~1.5	0.7	堆高 12~15 袋	封闭库存
2	生石灰	t	1.0~1.5	0.8	堆高 1.2~1.7m	棚
3	砂子（人工堆放）	m^3	1.0~1.2	0.8	堆高 1.2~1.5m	露天
4	砂子（机械堆放）	m^3	2.0~2.5	0.8	堆高 2.4~2.8m	露天
5	石子（人工堆放）	m^3	1.0~1.2	0.8	堆高 1.2~1.5m	露天
6	石子（机械堆放）	m^3	2.0~2.5	0.8	堆高 2.4~2.8m	露天
7	块石	m^3	0.8~1.0	0.7	堆高 1.0~1.2m	露天
8	卷材	卷	45~50	0.7	堆高 2.0m	库
9	木模板	m^2	4~6	0.7		露天
10	红砖	千块	0.8~1.2	0.7	堆高 1.2~1.8m	露天
11	泡沫混凝土	m^3	1.5~2.0	0.7	堆高 1.5~2.0m	露天
12	钢筋（直筋）	t	2.5	0.6	堆高 0.5m	露天
13	钢筋（盘筋）	t	0.9	0.6	堆高 1m	封闭库或棚

仓库面积的计算，还可以采用另一种简便的方法，即按指数计算法，见式（3-2）。

$$F = \varphi \times m \tag{3-2}$$

式中 　φ——指数（m^2/人或m^2/万元等）；

　　　m——计算基础数（生产工人数或全年计划工作量等）。

3.3.2　施工运输组织

现场运输组织内容包括确定运输量、选择运输方式和计算运输工具需要量。现场主要道路应尽可能利用永久性道路，或先建好永久性道路路基，在土建工程结束之前再铺路面。现场道路布置时应注意保证行驶通畅，使运输工具具有回转的可能性。因此，一般运输路线最好围绕建筑物布置成一条环形道路。道路最小宽度及转弯半径见表3-2和表3-3。

施工现场道路最小宽度　　　　　　　　　　　表3-2

序　号	车辆类别及要求	道路宽度（m）
1	汽车单行道	≥3.0
2	汽车双行道	≥6.0
3	平板拖车单行道	≥4.0
4	平板拖车双行道	≥8.0

施工现场道路最小转弯半径　　　　　　　　　　表3-3

车辆类型	路面内侧的最小曲线半径（m）		
	无拖车	有一辆拖车	有两辆拖车
小客车、三轮汽车	6		
一般二轴载重汽车	单车道 9	12	15
三轴载重汽车	双车道 7		
重型载重汽车	12	15	18
起重型载重汽车	15	18	21

3.3.3　办公及居住区临时设施设计

（1）临时建筑物类型

1）行政管理和生产用房。包括项目经理办公室、传达室、车库及各类材料仓库和辅助性修理车间。

2）居住生活用房。包括家属宿舍、职工单身宿舍、招待所、商店、医务所、浴室等。

3）文化生活用房。包括俱乐部、学校托儿所、图书馆、邮亭、广播室等。

（2）临时建筑物规划

临时建筑物的规划一般包括以下几个方面：①计算施工期间使用这些临时建筑物的人数；②确定临时建筑物的修建项目及其建筑面积；③选择临时建筑物的结构形式；④临时建筑物位置的布置。

1）确定使用人数

在考虑临时建筑物的数量前，先要确定使用这些房屋的人数。建筑工地上的人员分为：

①直接参加建筑施工的工人。包括直接生产人员、机械维修工人、运输及仓库管理人员、动力设施管理工人、冬期施工的附加人员等。

②行政及技术管理人员。

③为建筑工地上居民生活服务的人员。

④以上各人员的家属。

上述人员比例，可按国家有关规定或按进度要求、企业施工定额等计算，家属人数可按职工人数的比例来计算，通常占职工人数的 10%～30%。

2）确定临设建筑面积

使用人数确定后，就可计算临时建筑使用面积，见式（3-3）。

$$S = N \times P \tag{3-3}$$

式中　S——建筑面积（m^2）；

　　　N——人数；

　　　P——建筑面积指标。

3.3.4　施工临时供水设施设计

（1）临时供水类型

建筑工地临时供水主要包括生产用水（工程施工用水和施工机械用水）、生活用水（施工现场生活用水和生活区生活用水）和消防用水。

（2）确定用水量

1）工程施工用水量

计算公式见式（3-4）。

$$q_1 = K_1 \sum \frac{Q_1 \cdot N_1}{T_1 \cdot t} \cdot \frac{K_2}{8 \times 3600} \tag{3-4}$$

式中　q_1——施工用水量（L/s）；

　　　K_1——未预见的施工用水系数（1.05～1.15）；

　　　Q_1——年（季）度工程量（以实物计量单位表示）；

　　　N_1——施工用水定额；

　　　T_1——年度有效工作日；

　　　t——每天工作班次；

　　　K_2——用水不均匀系数（施工工程用水取 1.5，生产企业用水取 1.25）。

2）施工机械用水量

计算公式见式（3-5）。

$$q_2 = K_1 \sum Q_2 \times N_2 \times \frac{K_3}{8 \times 3600} \tag{3-5}$$

式中　q_2——施工机械用水量（L/s）；

　　　K_1——未预见的施工用水系数（1.05～1.15）；

　　　Q_2——同种机械台数（台）；

N_2——施工机械用水定额；

K_3——施工机械用水不均匀系数（施工机械、运输机械取 2.00，动力设备取 1.05～1.10）。

3）施工现场生活用水量

$$q_3 = \frac{P_1 \cdot N_3 \cdot K_4}{t \times 8 \times 3600} \tag{3-6}$$

式中　q_3——施工现场生活用水量（L/s）；

P_1——施工现场高峰期生活人数（人）；

N_3——施工现场生活用水定额（工地全部生活用水为 100～120L/人×日）；

K_4——施工现场生活用水不均匀系数（1.30～1.50）；

t——每日工作班次。

4）生活区生活用水量

$$q_4 = \frac{P_2 \times N_4 \times K_5}{24 \times 3600} \tag{3-7}$$

式中　q_4——生活区生活用水量（L/s）；

P_2——生活区居民人数（人）；

N_4——生活区每人每天生活用水定额；

K_5——生活区每天生活用水不平均系数（2.00～2.50）。

5）消防用水

消防用水量 q_5 与建筑工地大小及居住人数有关，由居民区消防用水和施工现场消防用水确定，可通过查相关手册确定。

6）总用水量

①当（$q_1 + q_2 + q_3 + q_4$）≤ q_5 时，则

$$Q = q_5 + 1/2(q_1 + q_2 + q_3 + q_4)$$

②当（$q_1 + q_2 + q_3 + q_4$）＞ q_5 时，则

$$Q = q_1 + q_2 + q_3 + q_4$$

③当工地面积小于 5 万 m² ，且（$q_1 + q_2 + q_3 + q_4$）＜ q_5 时，则

$$Q = q_5$$

最后计算的总用水量，还应增加 10%，以补偿不可避免的水管渗漏损失。

（3）选择水源

选择建筑工地的临时供水水源时，应尽量利用现场附近已有的供水系统。如果现有供水系统不能满足施工现场最大用水量时，可以利用其一部分作为生活水源，生产用水可以使用天然水源。如果缺少现有供水系统，则必须选择其他水源。天然水源有地面水（江河、湖水、水库水等）和地下水（泉水和井水）。

选择水源时应注意：

1）水量要充足可靠，能满足最大用水量的需求；

2）水质要符合生活饮用水、生产用水的水质要求；

3）取水、输水、净水设施要安全可靠，经济可行；

4）施工、运输、管理、维护方便。

（4）临时供水系统的配置

利用永久性管网是最经济的方案。临时管网的工程量大，投资多，所以，应尽量利用已有的和提前修建的永久线路。当不能利用永久性管网进行供水时，则应对临时供水管网系统进行合理配置。

配置临时供水系统时应注意以下事项：

1）临时供水管网布置应与土方平整统一规划

临时管网布置应与土方平整统一规划，避免因土方开挖而使管道暴露，避免管道过浅而被开挖破坏。同时，应避免因填土而使管道深埋，影响正常使用，导致管道重新埋置，造成返工浪费。

2）合理选择管网布置方式

临时供水管网通常有环状和支状两种布置方式。环状布置是管道干线围绕施工对象环形布置；枝状布置是布置成一条或若干条干线，从干线到各使用地点用支线连接。环状布置和枝状布置结合，形成混合布置。

枝状布置的管道总长度最小。其缺点是管道中任一点发生故障，则有断水危险。

环状布置的供水能力最可靠，保障连续供水。但其管网的总长度较大。

混合布置具有环状布置和枝状布置的优点，总管采用环状布置，支管采用支状布置，可以保证供水能力。

3.3.5 施工临时供电设施设计

在建筑工地施工中广泛使用电能，随着施工机械化和自动化程度的不断提高，建筑工地上用电量越来越大。为保证正常施工，必须做好建筑工地临时供电的设计。临时供电组织工作主要包括：用电量计算；电源选择；变压器确定；供电线路布置；导线截面计算。

（1）用电量计算

建筑工地临时用电，包括施工用电和照明用电两个方面。总用电量可按式（3-8）计算：

$$P = 1.05 \sim 1.10 \left(K_1 \frac{\Sigma P_1}{\cos\varphi} + K_2 \Sigma P_2 + K_3 \Sigma P_3 + K_4 \Sigma P_4 \right) \qquad (3-8)$$

式中　　　P——供电设备总需要容量（kVA）；

　　　　　P_1——电动机额定功率（kW）；

　　　　　P_2——电焊机额定功率（kVA）；

　　　　　P_3——室内照明容量（kW）；

　　　　　P_4——室外照明容量（kW）；

　　　　　$\cos\varphi$——电动机的平均功率因数（在施工现场最高为 0.75～0.78，一般为
　　　　　　　　　0.65～0.75）；

K_1、K_2、K_3、K_4——需要系数，见表 3-4。

用电名称	数量	需要系数		备　　注
		K	数值	
电动机	3～10 台	K_1	0.7	如施工中需要电热时，应将其用电量计算进去。为使计算结果接近实际，式中各项动力和照明用电，应根据不同工作性质分类计算
	11～30 台		0.6	
	30 台以上		0.5	
电焊机	3～10 台	K_2	0.6	
	10 台以上		0.5	
室内照明		K_3	0.8	
室外照明		K_4	1.0	

最大电力负荷量，按施工用电量与照明用电量之和计算。当采用单班工作时，可不考虑照明用电。

（2）电源选择

建筑工地临时用电电源通常有以下几种：

1）完全由工地附近的电力系统供给；

2）工地附近的电力系统只能供给一部分，工地需增设临时电站以补给不足；

3）工地附近没有电力系统，电力完全由临时电站供给。

至于采用哪种方案，要根据具体情况进行技术经济比较后确定。一般是将附近的高压电通过设在工地的变压器引入工地，这是最经济的方案。受供电半径限制，在大型工地上，需设若干个变电站，当一处发生故障，不致影响其他施工区的施工。当采用 380V/220V 低压线路时，变电站供电半径为 300～700m。

（3）变压器功率的计算

变压器功率可按式（3-9）计算：

$$P = \frac{K \times \sum P_{\max}}{\cos\varphi} \qquad (3-9)$$

式中　P——变压器的功率（kVA）；

　　　K——功率损失系数，可取 1.05；

$\sum P_{\max}$——各施工区最大计算负荷（kW）；

　$\cos\varphi$——功率因数，一般取 0.75。

根据计算所得的容量以及高压电源电压和工地用电电压，可以从变压器产品目录中选用相近的变压器。通常，要求变压器的额定容量 $P_{额} \geqslant P$。一般工地常用电源多为三相四线制，380V/220V。具体可参考相关手册常用变压器性能表选用。

（4）导线截面选择

导线截面选择，应满足以下要求：

1）先根据电流强度进行选择。保证导线能持续通过最大的负荷电流而温度不超过规定值。

2）再根据容许电压损失进行选择。

3）最后对导线的机械强度进行校核。

①按电流强度选择

导线必须能承受负载电流长时间通过所引起的温度上升。

三相四线制线路上的电流可按式（3-10）计算：

$$I = \frac{P}{\sqrt{3}V\cos\varphi}$$ (3-10)

二线制线路的电流强度可按式（3-11）计算：

$$I = \frac{P}{V\cos\varphi}$$ (3-11)

式中　I——电流强度（A）；

　　　P——功率（W）；

　　　V——电压（V）；

　　$\cos\varphi$——功率因数，临时电网可取 0.7～0.75。

根据计算所得的电流值，然后根据厂商提供的导线持续允许电流值，选择导线的截面面积。

②按容许电压损失选择

导线上引起的电压降必须限制在一定限值（即容许电压损失）内。容许电压损失可参考相关手册。

按容许电压损失，配电导线的截面可用式（3-12）计算：

$$S = \frac{\sum PL}{C \times \varepsilon}$$ (3-12)

式中　S——导线断面面积（mm²）；

　　　P——负载的电功率或线路输送电功率（kW）；

　　　L——送电线路的距离（m）；

　　　ε——容许电压降，照明电路中不应超过 2.5%～5%；

　　　C——导电系数，与导线材料、电压、配电方式有关。在三相四线制配电时，铜线为 77，铝线为 46.3；在二相三线制配电时，铜线为 34，铝线为 20.5。

③按机械强度选择

导线必须保证不致因一般机械损伤而折断。在各种不同敷设方式下，导线按机械强度要求所需的最小截面确定。可参考相关手册。

④配电线路的布置与给水管网相似，可分为环状、支状及混合式三种。其优缺点与给水管网相似。工地电力网，一般 3～10kV 的高压线路采用环状；380V/220V 的低压线采用支状。工地临时总变电站应设在高压线进入工地处，避免高压电线穿过工地；如果工地没有临时发电设备，则应布置在现场中心，或者布置在主要用电区域。为方便架设线路，并保证电线的完整及重复使用，工地上一般采用架空线路。在跨越主要道路时，则应改用电缆。

3.3.6　施工现场防火

施工现场负责人应全面负责施工现场的防火安全工作，建设单位应积极督促施工单位具体负责现场的消防管理和检查工作。施工现场都要建立、健全防火检查制度，发现火险隐患，必须立即消除，一时难以消除的隐患，要定人员、定时间、定措施限期整改。施工现场发生火警或火灾，应立即报告公安消防部门，并组织力量扑救。

根据"四不放过"的原则，在火灾事故发生后，施工单位和建设单位应共同做好现场保护和会同消防部门进行现场勘察的工作。对火灾事故的处理提出建议，并积极落实防范措施。施工单位在承建工程项目签订的"工程合同"中，必须有防火安全的内容，合同建设单位共同搞好防火工作。在编制施工组织设计时，施工总平面图、施工方法和施工技术均要符合消防要求。

（1）施工现场防火管理

1）施工现场应明确划分用火作业、易燃可燃材料堆场、仓库、易燃废品集中站和生活区等区域。

2）施工现场夜间应有照明设备，保持消防车通道畅通无阻，并要安排力量加强值班巡逻。

3）施工作业期间需搭设临时性建筑物，必须经施工企业技术负责人批准，施工结束后应及时拆除。不得在高压架空线下面搭设临时性建筑物或堆放可燃物品。

4）施工现场应配备足够的消防器材，指定专人维护、管理、定期更新，保证完整好用。

5）在土建施工时，应先将消防器材和设施配备好，有条件的应敷设好室外消防水管和消火栓。

6）焊、割作业点，氧气瓶、乙炔瓶、易燃易爆物品的距离应符合有关规定；焊、割作业点与氧气瓶、电石桶和乙炔发生器等危险物品的距离不得少于10m，与易燃易爆物品的距离不得少于30m。乙炔发生器和氧气瓶的存放距离不得少于2m，使用时两者的距离不得少于5m。氧气瓶、乙炔发生器等焊割设备上的安全附件应完整而有效，否则严禁使用。如达不到上述要求的，应执行动火审批制度，并采取有效的安全隔离措施。

7）施工现场的焊割作业，必须符合防火要求，并严格执行"电焊十不烧"规定。

（2）材料仓库的防火布置

1）施工现场材料仓库的安全防火由材料仓库负责人全面负责。

2）对进入仓库的易燃物品要按类存放，并挂设好警示牌和灭火器。

3）经常注意季节性变化情况，高温期间如气温超过38℃以上时，应及时采取措施，防止易燃品自燃起火。

4）仓库间电灯要求吸顶，离地不得低于2.4m，电线敷设规范，夜间要按时熄灯。

5）工地其他易燃材料不得堆垛仓库边，如需要堆物时，离仓库保持6m以外，并挂设好灭火器。

6）严格检查制度，做好上下班前后的检查工作。

（3）木工间防火管理

1）木工间由木工组长负责防火工作，对本组作业人员开展经常性的安全防火教育，增强防火意识和灭火技术。

2）使用机械必须严格检查电器设备、安全防护装置及随机开关，破损电线及时更换。

3）木工间严禁烟火，如发现作业人员抽烟或作业场内有烟蒂按规定罚款处理，每天做好落手清工作。

4）木工间内的灭火器，经常检查，发现药物及压力表失效时，及时与工地安全员联系更换。

5）按国标设置安全防火警告标志及警告牌，做好防火安全检查工作，发现隐患，及时整改。

6）木工间非作业人员严禁入内，一旦发生人为火灾事故，应追究当事人责任。

（4）职工宿舍防火管理

1）职工宿舍防火工作由室长负责，室员共同配合。

2）宿舍内严禁使用电加热器具。

3）宿舍内电线由电工安装完毕后，禁止他人乱拉乱接。

4）严禁躺在床上吸烟，电扇不得放在床内吹风。

5）职工宿舍每 50m² 设置一只灭火级别不小于 3A 的灭火器，定期检查期使用可靠性，按时补换药物。

6）防火工作负责人要保持高度警惕，经常巡视生活区域及宿舍，发现危险因素，及时消除隐患。

3.4 案 例

施工总平面布置

（1）施工现场平面布置原则

施工现场布置根据建设单位提供的施工场地总平面图、建设方对施工场地布置的要求以及符合本工程施工需要，针对本工程实际现场施工条件进行相应的施工现场平面布置。本工程施工场地布置的具体原则是：

1）车辆出入口服从现有道路流向与流量及现场条件，并经有关部门批准。

2）阶段平面布置与该时期的施工重点相适应。

3）划分施工区域和材料堆放场地，保证材料运输道路环环通畅，施工方便。

4）符合工程施工流程要求，减少对专业工种和各工程方面的干扰。

5）施工场地布置时考虑房地产销售的需要，做到简洁、美观。

6）各种生产设施布置便于施工生产安排，且满足安全防火、劳动保护的要求，临设布置尽量不占用施工场地。

7）考虑到房地产的后期开发，场地布置时做到不占用后期工程场地。

8）临电电源、电线敷设要避开人员流量大的楼梯及安全出口，以及容易被坠落物体打击的范围，电线尽量采用暗敷方式。

一旦室外总体施工开始，区域内影响总体施工部分服从建设单位对总体施工安排，施工区域内临设、库棚、堆场相应调整、移位。

（2）施工现场平面布置

1）现场出入口及道路

根据业主提供的资料和现场的实际情况，在场地的南一侧布置了一个大门，并且设置警卫室，为材料以及人员的主要入口。

按照文明工地的要求，对于重载车道，道路采用 C20 混凝土建筑，铺设 φ12@200 钢筋网，道路混凝土厚 20cm，下铺 10cm 道砟。其余通道硬化处理，用 C20 混凝土浇筑 100mm 厚。

路边均设置排水篦子，场内排水由路面顺坡进入排水篦子，经沉淀处理后，统一汇入市政管道。

2）垂直、水平运输机械设置

①塔吊

考虑到本工程实际情况，拟投入 1 台塔吊。在基础施工前期，把塔吊定位并做好塔吊基础工作，待混凝土达到强度之后安装完成并通过验收，即可投入使用。在基础、主体阶段的施工过程中，所有钢筋、模板的大型材料、部分混凝土、屋面装修材料均采用塔吊运输完成。

②高速井架

根据各单元的施工进度，在各单元主体二层结构开始施工时，安排布置提升机，保证在主体四层施工完成时即投入使用，以满足砌体及装饰跟进主体施工的需要。整个工程拟布置 5 台井架。

③混凝土泵

本工程混凝土采用商品混凝土，拟采用 2 台地泵，混凝土浇筑大部分采用固定泵泵送完成，部分采用塔吊、井架及人工配合完成。

3）临时设施的布置

施工区：在场地内分别布置办公室、机修房、仓库、标养室各一个，具体位置详见图 3-5。

生活区：本工程采用生活区和施工区分开的布置方案，生活区在场地外布置，生活区门口设置门卫和警卫室，禁止非施工人员擅自进入；区内设职工宿舍、食堂、餐厅、浴室、厕所、学习室、活动室、医疗室等。

①原材料及加工场地的布置

根据建设单位提供的施工总平面图、招标文件中对平面布置的要求及实际现场的场地情况；对现场材料堆场、加工场布置作如下布置：

本工程在基础及主体施工阶段设置钢筋堆场、钢筋加工场、模板堆场及加工场各一个，具体位置见图 3-5。

在装饰阶段，在施工现场布置砂浆集中搅拌场 2 个，装饰材料拟不统一堆放，采用分散堆入，堆放在井架附近，以方便上料。

②现场养护室的设置

在场地设置面积为 16m² 的现场养护室。

养护室内设置足够大且防渗漏的储水池及放置试块的支架。

现场养护室内配置冷暖空调、电热棒等恒温装置，使室内温度控制在（20±3）℃范围。

现场养护室内配置温度计、湿度计，温湿度并派专人每天记录二次（上、下午各一次），并有管理制度。

配备足够数量的混凝土、砂浆及其他试模；按规范要求制作试块，砂浆、混凝土试块制作后在终凝前用铁钉刻上制作日期、工程部位、设计强度等以免混淆。

80

现场养护室的门采用 M0824 木门，门扇高度 2m，其上部设门亮子，装双层玻璃（有间隙），以便采光。

混凝土、砂浆试块洒水养护方法：

（a）利用储水池中水（水温与室温相同）用喷水壶喷淋，其喷淋次数，视室内湿度≥90%而定。

（b）在养护池上装一根喷水管，利用养护池上面墙壁上的水箱或水桶的水源（水温与室温相同）作为喷淋之用。

图 3-5 为本工程主体阶段施工总平面布置图。

（3）施工临时用水用电

1）施工临时用电

建筑工地临时供电，包括动力用电与照明用电两种，在计算用电量时，从下列各点考虑：

①全工地所用的机械动力设备，其他电气工具及照明用电的数量。

②施工总进度计划中施工高峰阶段同时用电的机械设备最高数量。

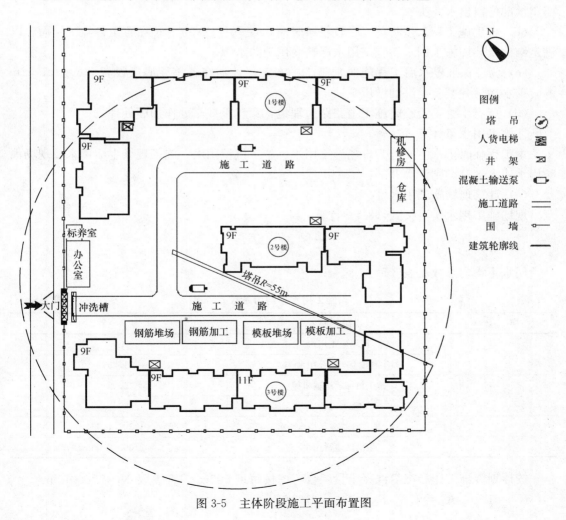

图 3-5　主体阶段施工平面布置图

③各种机械设备在工作中需用的情况。

总用电量按照式（3-8）计算。

$$P = 1.05 \sim 1.10 \left(K_1 \frac{\Sigma P_1}{\cos\varphi} + K_2 \Sigma P_2 + K_3 \Sigma P_3 + K_4 \Sigma P_4 \right)$$

由于现场照明用电量所占的比重较动力用电量要少得多，所以照明用电量按动力用电量10%计算。

根据拟投入设备情况：

$$\Sigma P_1 = 293\text{kW} \qquad \Sigma P_2 = 231.6\text{kVA}$$

取：$K_1 = 0.6$，$K_2 = 0.6$，$k_3 = 0.8$，$k_4 = 1$，$\cos\varphi = 0.75$

则：$P = 490\text{kVA}$

现场需提供490kVA的容量。

2）施工临时用水

①施工用水细则

（a）本工程根据业主提供的临水接驳点，分二路接出水管，组成供水网络，并在各需要用水部位留出水龙头。

（b）楼层施工用水按每单元设置一条竖向水管采用DN50管径布置至各施工层面，以满足结构及装饰施工用水，施工用水严禁使用消防水源。

（c）为了保证停水后工程能照常施工，本工程计划在各单元底层设置5m×5m×2m的砖砌水箱，并配备足够的增压泵。

（d）所有水管均沿临时施工道路路边埋地，穿越重载车处作加固处理。

②施工用水量计算

本工程临时供水主要分为现场施工用水、施工机械用水、施工现场生活用水及现场消防用水4大部分。则计算如下：

（a）计算现场施工用水量

现场施工用水量可按式（3-4）计算：

$$q_1 = k_1 \Sigma \frac{Q_1 \cdot N_1}{T_1 \cdot t} \cdot \frac{K_2}{8 \times 3600}$$

用水不均匀参数见表3-5。

施工用水不均匀系数

表3-5

序　号	用水名称	系　　数
K_2	现场施工用水	1.5
	附属生产企业用水	1.25
K_3	施工机械、运输机械	2.00
	动力设备	1.05～1.10
K_4	施工现场生活用水	1.30～1.50
K_5	生活区生活用水	2.00～2.50

按计划装饰工作和浇灌混凝土量综合考虑按每班100m³，查表取 $N_1 = 2000\text{L/m}^2$

$K_1 = 1.10$；$K_2 = 1.5$；$T_1 = 1$；$t = 1$

则：

$$q_1 = k_1 \sum \frac{Q_1 \cdot N_1}{T_1 \cdot t} \cdot \frac{K_2}{8 \times 3600} = 1.1 \times \frac{100 \times 2000}{1 \times 1} \cdot \frac{1.5}{8 \times 3600}$$
$$= 11.46 (\text{L/s})$$

（b）施工机械用水量计算

按式（3-5）计算，如下：

$$q_2 = k_1 \sum Q_2 N_2 \cdot \frac{K_3}{8 \times 3600}$$

未预计施工用水系数取 $K_1 = 1.1$；同一种机械台数 N_2 取 3；施工机械台班用水量 1800L；用水不均匀系数 K_3 取 2.0，则：

$$q_2 = 1.10 \times 1800 \times 3 \times 2 / (8 \times 3600) = 0.41 (\text{L/s})$$

（c）施工现场生活用水量

按式（3-6）计算，如下：

$$q_3 = \frac{P_1 \cdot N_3 \cdot K_4}{t \times 8 \times 3600}$$

施工工人按 600 人，取 $N_3 = 40$L/人，$K_4 = 1.4$，$t = 1$

$$q_3 = \frac{P_1 \cdot N_3 \cdot K_4}{t \times 8 \times 3600} = \frac{600 \times 40 \times 1.4}{1 \times 8 \times 3600}$$
$$= 1.17 (\text{L/s})$$

（d）计算消防用水量

消防用水量 表 3-6

序号	用水名称		火灾同时发生次数	单位	用水量
1	居民区消防用水	5000 人以内	一次	L/s	10
		10000 人以内	二次	L/s	10～15
		25000 人以内	三次	L/s	15～20
2	施工现场消防用水	施工现场在 25ha 以内	一次	L/s	10～15
		每增加 25ha	一次	L/s	5

本工程施工场地为 24370m²，合 2.437ha（1ha = 10000m²），小于 25ha，故取 $q_5 = 10$L/s

（e）计算总用水量（Q）

因（$q_1 + q_2 + q_3$）> q_5，故取 $Q = q_1 + q_2 + q_3 = 13.04$（L/s）

（f）供水管径计算

临时水管经济流速参考表 表 3-7

管径	流速（m/s）	
	正常时间	消防时间
$D < 0.1$m	0.5～1.2	—
$D = 0.1～0.3$m	1.0～1.6	2.5～3.0
$D > 0.3$m	1.5～2.5	2.5～3.0

管网中水的流速施工用水取 $v = 1.5$m/s，则

$$d = \sqrt{\frac{4Q}{\pi \cdot v \cdot 1000}} = \sqrt{\frac{4 \times 13.04}{3.14 \times 1.5 \times 1000}} = 0.105\text{m} = 105\text{mm}$$

故临时网路需用 D100 无缝钢管。

图 3-6 为本工程临时水电平面布置图。

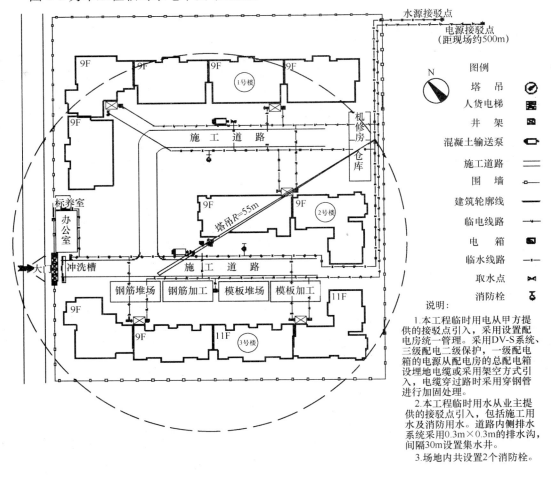

图 3-6 临时水电平面布置图

（4）临时排水及污水排放

1）在车辆进出施工现场的主要出入口设置车辆清洗设备，以保证施工泥浆不随车辆污染市政道路。污水排入专设污水坑，待沉清后排入下水系统。

2）沿施工道路边设置明排水沟 400mm×300mm（深×宽），每隔 30m 设 1.5×1.5×1.8 深的沉淀池（且在砂浆机及搅拌机边设置 2.0m×2.0m×1.8m 的沉淀池），污水经沉淀后统一用暗沟排放到市政污水管道。沉淀池用 240 红砖砌筑，盖板用 Φ22 钢筋制成钢筋栅封盖，并派专人负责定期清理。厕所污水经化粪池沉淀后排入市政污水管道。

3）在上部结构施工时，设 φ50 污水立管及成品瓷器小便斗与地面化粪池相连。

4）在接收施工现场后，即及时清理现场内残留施工垃圾、障碍物以及疏通施工现场排水管道。

第 4 章 劳动力、材料和机械设备管理

4.1 施工劳动力管理

建筑劳务是建筑劳动力的商品化形态,是建筑业生产的主体,是建筑生产力三大要素中最重要、最活跃的因素。施工企业为适应市场经济及施工生产的需要,解决生产力不足的问题,合理使用外部劳务人员,对此建筑市场要加强劳务用工管理,规范企业劳动用工及工资支付行为,保障劳务工的合法权益,安全、优质、高效地完成施工生产任务。

4.1.1 施工劳动力的组织方式

目前我国施工企业劳动用工有三种组织模式,即施工企业直接雇佣劳工、劳务分包企业用工及非承建式分包劳务。

1) 施工企业直接雇佣劳工:通常是长期合同工或无固定期限的合同工。施工企业对这类劳务工人的雇佣、使用、培训、权益以及他们的操作质量负完全责任。当前大部分施工总承包企业都大大减少这类直接雇佣劳务的数量,只保留一些技术型、管理型的人员,绝大多数现场的实际操作人员都是企业外部的劳务人员承担。

2) 劳务分包企业用工:劳务分包企业有独立企业法人,直接招收、管理进城务工人员,对劳务工进行技术培训及签订劳务合同,对劳务工进行有效管理。

3) 非承建式分包劳务:一般由"包工头"牵头,以某种特殊关系接到项目后,临时招兵买马,组建劳务队伍来承建某个分部分项的施工任务。这种模式没有签订正式的劳务合同,作业人员缺乏必要的专业技能,一旦出现质量问题和安全事故,责任无法确认。

4.1.2 劳务分包资质管理

施工企业要保证工程质量和防止安全事故的发生,是绝不能用"包工头"组织的劳务分包队伍,小作坊式私招雇佣劳动人员,如街上拉夫式的散兵散将的"包工头"操作劳务队伍,是各级政府主管部门明令必须加强管理的重点对象,是不允许使用的。劳务分包合法有效的一个重要条件是劳务分包人具有相应的企业资质,因此必须强化劳务分包资质管理。

1) 建筑施工企业应建立长效合格的劳务分包商平台,针对企业资质承建工程内容,建立稳定的劳务协力队伍。

2) 建立劳务分包商平台内涵:应包括劳务分包企业的资质等级、施工业绩、履约能力、劳动力资源情况、管理水平、工种配置情况等。

3) 建立动态管理考核劳务分包队伍,优胜劣汰的机制。

4.1.3　劳务分包合同管理

建筑施工企业及劳务分包企业都要了解和掌握劳务分包的本质属性及劳务分包合同人的法律特征，按《建设工程施工劳务分包合同（示范文本）》（GF—2003—0214）执行。相关内容参见第8章。

4.1.4　施工劳动力计划与配置方法

（1）劳动力计划编制要求

1）要保持劳动力均衡使用。劳动力使用不均衡，不仅会给劳动力调配带来困难，还会出现过多、过大的需求高峰，同时也增加了劳动力的管理成本，还会带来住宿、交通、饮食、工具等方面的问题。

2）要根据工程的实物量和定额标准分析劳动需用总工日，确定生产工人、工程技术人员的数量和比例，以便对现有人员进行调整、组织、培训，以保证现场施工的劳动力到位。

3）要准确计算工程量和施工期限。劳动力管理计划的编制质量，不仅与计算的工程量的准确程度有关，而且与工期计划得合理与否有着直接的关系。工程量计算越准确，工期优化越合理，劳动力使用计划就越准确。

（2）劳动力需求计划

1）确定劳动力的劳动效率

是劳动力需求计划编制的重要前提，只有确定了劳动力的劳动效率，才能制定出科学、合理的计划。建筑工程施工中，劳动效率通常用"产量/单位时间"或"工时消耗量/单位工作量"来表示。

在一个工程中，分项工程量一般是确定的，它可以通过图纸和工程量清单的规范计算得到，而劳动效率的确定却十分复杂。在建筑工程中，劳动效率可以在《劳动定额》中直接查到，它代表社会平均先进水平的劳动效率。但在实际应用时，必须考虑到具体情况，如环境、工程特点、实施方案的特点、现场平面布置、施工机具等，进行合理调整。

根据劳动力的劳动效率，就可得到劳动力投入的总工时，即：

劳动力投入总工时＝工程量/（产量/单位时间）＝工程量×工时消耗/单位工程量

2）确定劳动力投入量

劳动力投入量也称劳动组合或投入强度，在劳动力投入总工时一定的情况下，假设在持续的时间内，劳动力投入强度相等，而且劳动效率也相等，在确定每日班次及每班次的劳动时间时，可计算：

$$劳动力投入量 = \frac{劳动力投入总工时}{班次/日×工时/班次×活动持续时间}$$

工程量×工时消耗量×单位工程量

3）劳动力需求计划的编制

在编制劳动力需要量计划时，由于工程量、劳动投入量、持续时间、班次、劳动效率、每班工作时间之间存在一定的变量关系，因此，在计划中要注意它们之间的相互调节。

在工程项目施工中，经常安排混合班组承担一些工作任务，此时，不仅要考虑整体劳动效率，还要考虑到设备能力和材料供应能力的制约，以及与其他班组工作协调。还应包括对现场其他人员的使用计划，可根据劳动力投入量计划按比例计算，或根据现场的实际需要安排。

（3）劳动力配置计划

1）劳动力配置计划的内容

①研究制定合理的工作制度与运营班次，根据类型和施工过程特点，提出工作时间、工作制度和工作班次方案。

②根据员工配置数量和劳动定额，遵循精简、高效的原则，提出配备各岗位所需人员的数量，优化人员配置。

③确定各类人员应具备的劳动技能和文化素质。

④测算用工工资和福利费用。

⑤测算劳动生产率。

⑥提出各工种来源及用工方案。

2）劳动力配置计划的编制方法

①按设备计算定员，即根据机器设备的数量、工人操作设备定额和生产班次等，计算生产定员人数。

②按劳动定额定员，即根据工作量或生产任务量，按劳动定额计算生产定员人数。

③按岗位计算定员，即根据设备操作岗位和每个岗位需要的工人数计算生产定员人数。

④按比例计算定员，即按服务人数占职工总数或者生产人员数量的比例计算所需服务人员的数量。

⑤按劳动效率计算定员，根据生产任务和生产人员的劳动效率计算生产定员人数。

⑥按组织机构职责范围、业务分工计算管理人员的人数。

4.1.5　劳务分包合同的履约管理

目前我国工程建设工地频发安全事故，一些重大安全事故发生前，种种疏漏和隐患都已经存在，没有及时发现和纠正，酿成重大的人员伤亡事故，以生命代价换回血的教训，就是不能掉以轻心，要强化劳务分包合同的履约检查。

（1）建立、健全履约过程检查制度

在劳务分包合同管理中，要建立、健全履约过程检查制度。应由施工建筑企业、工程分包企业和劳务分包企业自行组织进行检查，要加强对劳务分包合同的签约备案管理和履约过程检查，安全事故隐患要早预防、早发现及时纠正，以免事故发生后，给国家、社会造成的经济损失以及人员伤亡。

（2）健全劳务人员的持证及在岗考核制度

目前在建筑市场上，劳务操作人员没有从业资格，或没有上岗证，或工作不负责任，也没有关键岗位工作质量监督复查的机制，因而造成重大安全事故的发生，这不仅是管理问题，还是一个法律问题。

《建筑法》第17条规定"直接关系到工程质量和安全生产关键岗位的专业技术人员，应当接受基本技能和安全知识培训，经考核后方可上岗作业"。建筑业劳务作业人员，尤其是关键岗位作业人员从业资格以及在岗考核依法已成为一项基本法律制度。因而要全面重视和加强建筑劳务人员的职业技能培训，强化劳务人员持证上岗制度，从而提高劳务作业水平，切实有效地预防在施工过程中发生的质量、安全事故。

4.2 施 工 材 料 管 理

工程建设过程中的物资包括建筑材料（含构配件）和设备等。目前工程主要设备一般由甲方或总包方购置，施工单位主要对建设工程中建筑材料购置使用管理。建筑材料管理是工程项目管理的重要组成部分，在工程建设过程中建筑材料的采购管理、质量管理、环保节能、现场管理以及成本管理是建筑工程管理的重要环节，搞好材料管理对于加快施工进度、保证工程质量、降低工程成本、提高经济效益，具有十分重要的意义。

4.2.1 施工材料管理任务及职责

为了加强施工企业的材料管理，首先就要建立健全材料管理机构，明确材料管理职责，使得材料管理从上而下都处在有效控制之中。

（1）施工材料管理任务

1）做好材料的组织协调、采供策划、供方评定、价质比选、招标采购、合理运储、及时供应以满足施工，加强材料流通过程中监督控制管理，降低材料流通成本。

2）做好材料的进场、验收、保管、出库、拨料、领料管理。

3）跟踪检查指导材料的正确使用，做好过程记录管理，避免返工浪费。

4）做好周转材料租赁管理、材料定期盘点、工程剩余材料的回收利用工作，合理控制材料消耗。

5）推广应用四新技术，降耗增效。

（2）材料管理职责

1）材料管理部

①编制公司材料管理工作目标和计划，建立和完善公司各项材料管理制度并贯彻执行。

②组织材料供方的调查评价及年度复审，建立供方档案，确保公司质量、环境及职业健康安全管理体系在本部门有效运行。

③建立健全公司材料供应保证体系，组织材料的公开询价及采购招标，指导项目部零星材料的采购，审核材料采购价格，定期发布材料市场价格信息，做好材料采购合同的洽谈、评审及签订工作。

④建立公司材料消耗统计台账、材料信息资源库等有关资料档案。指导监督项目部的材料验收、保管、发放等管理工作。

⑤审核材料采供计划、资金计划，审核材料采购合同。

⑥收集、整理材料信息，及时更新材料资源信息库数据，按月编制材料市场信息价格表和资金支付统计表。

⑦做好大宗采购材料的报样、报价，指导项目部自购材料的选样及定价。

⑧按照批准的采购计划及合同，负责工程材料采购供应。

2）经营管理部

①负责审核项目部材料预算计划。

②负责提供所属工程材料汇总表，中标价格、结算方式等基础信息。

3）财务管理部

①审核材料部门提供的材料采购供应资金计划，按审批的"资金平衡计划"支付材料采购资金。

②参与材料采购招标与合同评审。

③负责材料流通、消耗全过程的成本核算。

4）项目部

①施工技术人员编制材料需用计划，提供加工订货材料所需的技术标准、详图、样品等。

②施工技术人员负责进行施工现场的材料取样、复验；协同做好现场材料定额消耗管理工作。

③施工技术人员应参与进场材料、劳动保护用品的质量验收。

④施工技术人员应及时提供工程施工形象进度；对材料部门进行工程项目相关合同的交底。

⑤材料管理人员，应根据材料需用计划和施工进度，编制采购计划、加工订货计划。

⑥材料管理人员负责权限范围内的采购供应工作，坚持三比一算的原则，按计划保质保量低成本组织材料供应，满足生产需要。

⑦材料管理人员负责现场料具的收、发、保管工作，严格把好收料、坚持三验制（质量、数量及资料），做到手续完整、账目清楚。

⑧材料管理人员要严格按计划控制材料消耗，及时分析，通告材料消耗情况，提供成本核算所需材料管理资料。

⑨材料管理人员要建立健全各类材料收发原始记录，凭证、报表和台账，及时准确上报各类报表。

⑩材料管理人员负责自购、分包单位采购材料供方的评价及考核工作。

⑪材料管理人员负责现场材料的标识与防护，保管措施有力，堆码整齐清洁，达到安全文明施工要求。

4.2.2 施工材料计划管理

施工材料计划是施工项目成本控制的一个重要环节，是实现降低项目成本的依据及措施之一。同时编制施工材料计划的过程也是全体施工项目管理人员参与过程，是挖掘降低材料成本潜力的过程，是检验施工材料消耗管理是否有效落实的过程。

（1）施工材料计划编制

1）项目部在项目中标后或开工前，提出单位工程大宗材料概算计划及采购招标申请，在工程开工后一个月内提出单位工程材料需用计划，每月底前提出次月的月底需用计划。

2）大宗材料采购招标申请，应包括拟采购招标项目的工程概况（工程名称、地点、建筑面积、结构类型、开竣工时间）、材料的品种、规格、数量及材质要求，付款办法等。

3）施工技术人员应及时根据项目施工图纸编制准确完善的工程材料节点计划，并按照施工网络计划进度，分期分批及时地编制《工程材料需求计划表》，体现计划性，杜绝随意性。

4）经营人员根据施工图及时编制施工图预算，对比材料计划与预算控制，并报上级预算部门审核。

5）施工材料（现场临时设施及施工模架材料等）需用计划由项目部技术人员，根据施工组织设计编制报上级主管部门审核，材料部门按审批计划限量供应。

6）采购计划、供应计划、加工计划由项目部材料人员根据经审批的材料需用计划、施工进度计划及库存等情况编制，报项目经理审批及上级主管部门审批。

7）材料计划应清楚写明所需材料名称、规格型号、计量单位、数量、质量标准、环境及职业健康安全管理要求、需用时间等，做到准确及时。

8）《工程材料需求计划表》经项目经理审批，并上报主管部门审批后，方可交到材料管理部门，未经审批的，不可直接交到材料采购部门。

（2）施工材料计划的动态管理

1）由于业主或设计单位进行工程变更，使原计划不能满足工程需要时，计划人员必须在材料采购前进行计划的更改。

2）如实际使用量大于图纸给定量，或实际需求材料的型号规格与施工图不符，施工技术人员应及时办理设计变更，并通知经营人员，施工技术人员根据设计变更补充编制《材料需求计划表》。

3）材料需用量如超计划，项目部应分析原因，进行责任处理后增补计划，报上级主管部门批准。

4）各级材料部门应建立计划供料台账，及时登记核减采购入库材料，随时掌握计划完成情况，避免超储积压或停工待料。

5）各级材料部门应将各类材料计划分类管理，填写编号，装订成册，妥善保管。

4.2.3 施工材料采购管理

（1）材料实行分类管理

1）按采购材料的重要程度分为重要材料（A 类），一般材料（B 类）、辅助材料（C 类）三类。

①A 类材料，即关键少数材料。主要包括：钢材、木材、水泥、砂石、预拌混凝土、砌块、焊接材料、混凝土外加剂等。

②B 类材料，属一般性材料。主要包括：墙地砖、石材、涂料、电线电缆、配电箱、模板、安全防护用品等。

③C 类材料，属次要的多数材料。主要包括：五金、化工、工具、低值易耗品等。

2）按同一品种材料数量分为大宗材料和零星材料两类。大宗材料是指采购量大，单位价值高，占工程成本较大的材料，主要包括 A 类和部分 B 类材料；零星材料指大宗材料以外的材料，主要包括 C 类和部分 B 类材料。

（2）供方选择

1）为确保供方提供的材料满足设计、顾客、合同、质量和环境安全的要求，应对供方进行选择评价。

2）评价内容：一是审核生产经营单位的各类生产经营手续是否完备齐全；二是实地考察企业的生产规模、诚信观念、销售业绩、售后服务等情况；三是重点考察企业的质量控制体系是否具有国家及行业的产品质量认证，以及材料质量在同类产品中的地位；四是从建筑业界同行中了解，获得更准确、更细致、更全面的信息；五是组织对采购报价进行有关技术和商务的综合评审，并制定选择、评审和重新评审的准则。

3）材料管理部调查并填报《供方调查表》，经材料管理部组织评价并填报《供方评价表》，报有关部门审批。填报合格供方信息编列《合格供方名单》，报总经理批准后发布实施，作为公司工程材料采购选择供方的依据。

4）材料管理部集中管理材料供方档案，并且每年度组织对材料供方进行一次复审，复审内容主要是供方供应材料的质量、环境安全、价格、售后服务及供货业绩等，根据复审结果把不合格供方剔除后，将合格续用及新增合格供方编列新一期《合格供方名单》。

（3）采购管理

材料采购应按照企业质量管理体系和环境管理体系要求，依据批准了的材料计划进行采购。材料采购时，要注意采购周期、批量、库存量满足使用要求，并使采购费和储存费之和最低。

1）公司直属项目部实行限价采购，大宗材料实行招标采购。

2）甲供材也是材料采购的一种形式。材料人员应按甲方提供的标准格式上报甲供材料需用计划，及时将技术人员提报的施工预算量、需用计划量和实际供应量等数据录入《工程材料进货管理台账》，汇总实际供应量并与施工图预算的总量对比后统计量差，控制甲供材料领用量。对于甲供材金额需计入整个建筑安装工程结算总价，其中甲供材料还应对比合同价与甲方实际转账价统计价差。

3）采购人员应按批准的采购计划或合同，保质、保量、及时及低价完成采购任务。

4）采购人员应做好市场调查和预测工作，询价分析及时、准确、全面，按批准后的采购计划实施采购。

（4）运输管理

材料应选择合理的运输方式，以较短的里程、较低的运费、较短的时间、安全的措施、文明的装卸完成材料在空间的转移。

（5）现场验收

1）进场材料必须严格按照供需双方在合同中约定的内容，按国家或地方（行业）验收规范进行质量、数量以及职业健康安全和环境管理等标准验收和复验。

2）材料验收依据：材料计划、订货合同及合同约定条件；经双方确认封存样品或样本；材质证明和抽样复验合格证明。

3）材料验收的方式方法：

①验收人员必须按验收标准进行验收；重要材料或设备还应由总包单位、业主代表、监理单位、供应单位及使用单位联合把关，共同验收。

②材料验收应做好验收时间、场地、人员、资料、计量器具、装卸机械等准备工作。

③实物验收：凭证验收，查看所到货物与材料计划、采购合同约定条款一致；随货同行的材质证明等相关资料齐全，复印件须加盖供方红章，内容满足施工要求和管理需要；目测检查材料外观，外包装完好无损；按照不同材料采用不同的验收方法进行严格的点

数、检斤和检尺，计算准确；按规定必须复检的材料，由项目相关部门根据分工取样复验。

4.2.4 建筑材料采购合同管理

（1）合同采购招（议）标资料或询价资料、采购合同文本交材料管理部门及相关部门、主管领导审核，审核通过后合同登记，最后加盖公司合同专用章。

（2）财务人员应严格把关，未按物资管理文件规定的手续办理的采购合同，或未经审核批准的采购合同一律不得付款。

（3）合同备案：采购合同应建账管理。

4.2.5 材料现场管理

（1）材料现场管理任务

材料现场管理包括验收与试验、现场平面布置、库存管理以及使用中的管理等。施工所需各类材料，自进入施工现场保管及使用后，直至工程竣工余料清退出现场，均属于材料现场管理的范畴。

1）现场材料员的配备，应满足项目施工及管理工作正常运行的要求，从事材料现场管理工作的材料人员必须上报公司批准后聘用。

2）项目部应根据施工项目特点，制定并严格执行项目材料消耗管理方案、班组领用料具管理办法和施工现场门卫制度。

3）项目部应加强材料计划管理，及时准确提出材料需用计划，材料部门按照计划及施工进度，保证材料适时、适地，按质、按量配套地供应，满足施工生产需要。

4）材料验收是材料现场管理中的重要环节，项目部应严把材料验收关，保证入库材料质量合格，数量准确，资料齐全，手续清楚。

5）项目部对材料消耗应采取限额领取、定额考核、节超奖罚、包干使用等切实可行的措施，促使合理使用材料，减少材料消耗，降低材料成本。

6）项目部应加强现场材料的存放管理，按照施工平面图合理、整齐堆放材料，搞好现场材料的标识与防护，达到安全文明施工标准化工地的要求。

（2）材料仓储管理

材料实行 ABC 分类管理。A 类材料占用资金比较大，是重点管理的材料，要按经济和安全库存量严格控制，随时盘点跟踪，及时采取相应措施。B 类和 C 类材料可按大类控制其库存，定期检查监控。

（3）材料验收制度

1）材料员应对照计划单（包括合同）名称、规格型号、数量进行验收，核对材料是否与计划单相符，无计划或与计划不符的，材料员有权拒收。

2）项目部材料员应根据需用计划及供方的承诺对进场材料进行验证，包括对包装、规格型号、数量、质量标准、职业健康安全和环境管理要求、合格证书等软件资料进行验证、验收，并填制《材料进场计量检测原始记录表》、《材质证明书登记台账》。

3）采购员提供进场材料的出厂合格证明，现场材料员协助质量员或项目技术人员，对 A 类材料中直接构成工程实体并涉及结构安全和使用功能的进场材料，如钢材、水泥、砂石、砌块、预制墙板、墙地砖、门窗等进行外观检验，共同填写材料外观检验记录；其他材料可由现场材料员直接验收。需要试验的材料，应及时通知试验员取样检验。

4）材料进场后，材料员应根据材料性质分别进行检尺、过磅、收方计量、清点数量，以实际数量验收，不得弄虚作假，做到材料进场随货清单、验收记录、发票和收料凭证相符吻合。

5）三大材料及地方材料的验收，必须按单车签单验收，记清车牌号、车厢尺寸、实际高度、立方数、件数、块数、单车磅码单以及进场时间、送料单位、材料名称、规格、批号等原始数据，并按单车填好送料单及《材料进场计量检测原始记录》。

6）项目部试验员负责进场材料的见证取样试验工作，执行国家相关规范及公司的相关程序，经验证合格的质量证明书、检验合格报告应编号登记和归档保存，作为合格放行的依据。

7）经验证、检验合格的材料，经质检员签字认可后，材料员才能办理入库手续和放行使用。

8）材料验收中发现问题的处理。如发现证件不齐全，数量、规格不符，质量不合格，职业健康安全和环境管理不符合要求等，材料员不得将材料入库，应及时通知采购员或供方补换或退货。

9）经验收合格的材料，应及时办理入库手续，填制收料凭证，登账上卡。入库手续必须符合入账报销审批程序规定。

（4）材料出库制度

1）材料出库应按批准的品种、规格、数量发行，应与领料人当面点清，做到数量准、手续清。填写领料单应书写工整，并记清领用班组，领用部位，领、发料人及项目经理签字才有效。

2）发放材料按先进先出原则，严格按限额领料单或履行批准手续后发料。外出施工现场材料必须具有项目部出门手续。

3）不合格或损坏无法修复使用的材料不得出库使用。

4）列入交旧领新、以坏换好和按规定退还包装容器的材料，须先回收后发放。

5）现场大堆材料的消耗，应与工程形象进度同步，并盘点实物后计算耗用量，不得以收入量报耗或者随意乱放。

6）进入施工现场的材料包括废钢材、周转材料禁止项目部向外出售和转租，如内部项目之间的使用，应办理调拨手续，经上级主管部门或主管领导同意后，方可调拨使用。

7）已领未用或竣工剩余材料应办理退库，用红字填写领料单作退库手续，使用过的残旧材料应单独填报盘存表并备注成色。

（5）材料保管保养制度

1）入库材料要按不同材料的类别、品种、规格、质量、环境和安全管理、生产批号分别存放，并挂牌标识。标识的内容包括供方名称、生产厂家、供货时间、质量及环境安全状况、名称、规格、抽验状态、生产批量等。

2）对甲方提供的材料，还应采取专库专放，并标识清楚，便于识别。若甲供材料发生丢失、损坏或发现不适用的情况，应书面报告甲方代表并洽商处理。

3）材料员要定期检查库存材料，按照技术保管要求及时进行保养，达到"十不"要求：即不锈、不潮、不冻、不腐、不霉、不变、不坏、不混、不漏、不爆。如发现有变质损坏、超贮积压、受潮锈蚀等情况，应及时向主管报告，并采取防损措施。

4）库房、料棚、库区经常保持通风干燥，整齐清洁，不漏雨、不潮湿，无杂草、无垃圾。

5）严格执行有关规定《危险化学品管理办法》，对各种易爆易燃、危险化学品进行专库存放，醒目标识，并采取相应的防爆、防火、防盗、防毒等措施，配备必要的安全防护器材，派专人看守。

6）搬运材料应配备相适应的运输工具和有一定专业知识或有经验的人员，确保材料搬运安全。

（6）材料盘点制度

1）坚持季度盘点制度和有账即查、见物即盘的原则，清点账面与实存物，差异即盈亏数。

2）每季末月 25 日或末月底为盘点基准日，凡是账内账外材料、已领未用材料、在途材料均应盘点。账外材料应盘点成色，已领未用材料可用领料单红字办假退料，如供方的票据未到达应办理暂估入账手续。盘点完后应填制《物资盘点表》，每季末 28 日上报。

3）材料进出库后保管员应及时登账动卡，做到账、卡、物三相符，账册、单据日清月结季盘点。

4）盘点要达到"三清"，即质量、数量、账目清；"三有"即盈亏有原因、事故损坏有报告、调整账卡有根据；"一保证"即保证账、卡、物、资金四对口。

（7）现场材料的标识与防护

1）现场材料大多属于露天临时堆放，因规格品种多量大容易受潮变质、散失浪费和混堆误用，项目部材料员应做好施工现场材料的标识与防护，按照材料性能及规格品种的不同，采取挂牌标识，上盖下垫、防雨防潮等不同的保管措施，并堆码整齐，达到安全文明施工要求。

2）现场材料标识采用材料本身的质量证明书或抽检试验报告，以标牌或记录作为标识。标识必须清晰易辨，不得涂改损坏。抽检状态标识分为合格、待检、不合格三种。标识的内容包括供方名称、生产厂家、供货时间、质量及环境安全状况、名称规格、抽检状态、生产批号等。

3）对 A 类材料使用在重要工程时，应记录每批号的使用部位、使用数量并保存记录。

（8）限额材料管理

1）施工项目应实行限额领料和定额用料考核制度。

2）工程施工前，应与使用班组或使用人员确定限额领料的形式。

3）根据限额领料规定、材料消耗施工定额和施工组织设计要求，编制材料消耗预算量，作为限额领料依据，严格执行。

4）领发料相关方应分别留存领发料凭据，作为材料消耗考核依据。

5）在执行限额领料过程中，因工程量的变更、设计的更改、环境因素等影响材料的使用时，应及时调整材料消耗预算。

6）工程完工后，应及时办理结算手续，认真检查分析限额领料的执行情况，实施节超奖罚。

（9）废旧及剩余材料回收管理

1）工程的剩余材料应尽可能用在后续工程项目上，由上级材料管理部门负责调剂，冲减原项目工程成本。

2）项目竣工后而无后续工程的剩余材料，项目部提出申请报公司总经理批准后，由材料管理部与项目部协商处理，处理后的费用冲减原项目工程成本。

3）在工程接近收尾阶段，严格控制现场进料，尽量减少现场余料积压。

4）对因建设工程的变更，造成材料多余积压的，应积极做好经济损失索赔工作。

5）项目部材料员应做好现场材料的修旧利废工作，对施工余料、废料进行分析、回收和利用，减少材料浪费，节约资源。

（10）材料的索赔

1）施工索赔是由于业主或其他方面的原因，致使施工单位在施工过程中付出了额外的费用或造成损失，施工单位通过合法途径和程序，要求业主偿还其施工中的费用损失。

2）关于材料常见的索赔内容有：由于业主和工程师方面的原因，引起施工临时中断和工效降低导致人工费、材料费、设备费增加而提出的索赔；业主和工程师发布加速指令，要求承包商投入更多资源，加班赶工来完成施工项目，导致工程成本的增加；业主材料质量问题或材料供应不及时引起的索赔。施工企业一定要增强索赔意识，加强索赔管理，做好索赔资料的收集、整理与保存工作。

4.2.6 材料管理考核

从实践看，提高资源能源利用效率关键在于管理，只有大力推进在建筑施工全过程的资源能源节约和综合循环利用，严格执行建筑节能、节地、节水、节材要求，建筑施工方案优化，采用新技术、新工艺、新标准的开发和推广应用以及科技进步。施工现场合理堆置材料，避免和减少二次搬运，严格材料进场验收和领料制度，减少各个环节的损耗，节约采购费用，合理使用材料，这些对提高工程质量、降低材料损耗和节约工程成本都起到事半功倍的作用。

（1）材料管理考核

1）为加强材料管理，降低工程成本，提高企业经济效益，督促项目部及材料人员严格执行材料管理规章制度，公司应结合季度项目成本检查，对项目部材料管理进行检查考核评比。

2）材料管理考核主要指标：一是项目成本检查（材料管理）得分；二是施工项目材料成本降低率。

（2）奖惩

1）考核成绩同经济效益挂钩，奖罚分明。对成绩优秀者给予物质奖励或通报表彰，对成绩落后者给予经济处罚或通报批评。

2）对违纪违规给企业带来重大经济损失者，将与监察部门追究当事人责任，并赔偿损失。

4.3 施 工 机 具 管 理

施工机具是施工生产中使用的机械设备、周转材料及其他工机（器）具。含达到设备标准及属于周转使用的安全环境工机（器）具。

4.3.1 施工机具管理职责

施工企业为达到施工生产要求，对施工机具管理及涉及的相关职能部门和人员，确定相关职责，以使施工机具管理到位。

（1）工程管理部（施工机具管理部门）

1）参与机械装备规划，参加施工组织设计和机械化施工以及大型起重机械安装拆卸方案的编制。

2）负责汇总编制执行施工机械购置、大修、三级定期保养计划；负责组织机械选型、自制、改造方案的编制和审查以及报废机械设备的鉴定。

3）组织编制实施各项机械定额的安全技术规范，制定施工机具管理办法、安全操作规程、保养规程。

4）组织研究并负责解决机械设备使用、维修和机加工中的技术问题，主持机械设备的安装、拆卸、修理、试验、检验和验收工作。

5）监督检查机械设备的使用、保养、修理、保管、租赁、事故管理、环境保护等执行情况。

6）组织做好原始记录、技术资料和技术档案的收集工作，收集和汇总设备运转、保养、修理记录，做好施工机械完好率、利用率统计报表，并建立相应的台账。

7）负责公司调配机械设备，维护好在库设备。

（2）项目部（机具管理员）

1）负责机械设备的进出场、使用、保养等日常管理工作，贯彻执行公司颁发的规章制度及规程、定额等。

2）建立现场设备台账和持证操作人员台账，收缴上报设备原始记录，填报有关报表。

3）制定施工机具管理细则，悬挂设备标识牌、安全操作、规程和保养规程；进行全员的机械设备质量、职业健康安全、环境教育。报告处置机械设备质量安全环境事故。

4）项目部提出机具使用计划，提出机具购置、更新改造项目，提出机具大修项目，提出配件计划和报废申请表。

5）负责上机作业人员的技术培训和考核，推广机具管理、使用、保养及修理等方面的经验。

6）机械设备操作人员必须持证上岗，所操作的设备必须与操作证相符，操作证必须经复检在有效期内；严格按安全操作规程和保养规程进行作业，坚持文明施工，确保人身财产安全并保护环境。

7）机具管理员应熟悉机具的技术性能以及常发生的故障，掌握机具记录，做好年度机具清仓工作，保持账、档、物一致。

8）机具管理员应负责机具的保管、维修、保养，做好机具使用台班、检修、事故处理、机具调度等原始记录；检查机具的合理使用和安全生产，负责机具事故的分析。

9）机具管理员负责机具的领用、清点、登记、保管和维修。

4.3.2 施工机具需用计划及配备

为满足施工需要，不仅要按计划及时提供施工机具，还应合理选择施工机械设备，要考虑到使用费用的高低和综合经济效益，才能有效控制施工机械使用费支出。

（1）提出施工机具需用计划

1）在施工准备过程中，由项目部根据项目管理实施规划或施工组织设计，提出施工机具需用计划。内容包括：施工机具名称、规格、型号、数量、计量单位、技术要求和需用时间等。

2）施工机具需用计划应经项目经理批准后上报。

（2）施工机具配备

1）项目部提交批准的施工机具需用计划，由公司主管部门组织调配。

2）公司机具管理部门在满足施工进度的同时，应从控制台班数量和台班单价上着手，配备施工机具。

3）根据工程项目的工程量和所采用的定额，可计算出各项目所需的机械台班数，见式（4-1）。

$$P = Q/S \tag{4-1}$$

式中　P——工程项目所需的机械台班数（台班）；

　　　Q——工程项目的工程量（m^3，m^2，t）；

　　　S——工程项目所采用的机械台班产量定额（m^3/台班，m^2/台班，t/台班）。

4）如公司内部的施工机具无法满足施工要求时，应根据施工生产实际需要、机械设备和周转材料利用率和购置资金保证等情况，报请公司领导批准，租赁或组织采购。

5）进入施工现场的施工机具，应保持完好状态，附件、专用配件、专用工具、技术资料等应随机转移。

4.3.3 施工机具购置与租赁

（1）施工机具购置

1）主要机具在购置前必须进行技术、经济论证，要讲究经济效益，以安全适用、先进高效、经济方便、机种配套、简化机型为原则，适用流动性大，露天作业特点。

2）由主管经理主持审定年度计划，在审定计划时应根据公司现有的技术装备情况和自有资金情况统一平衡，由机具管理部制定购置计划表。

3）由机具管理部执行年度购置计划，在购置前应了解供方的质量信息，掌握所选用的机具各项技术性能、试验数据，实际使用的效果，做到"货比三家、择优选用"。

4）机具订货时，必须详细注明质量要求；新型机具到货前，应安排好在厂家的技术培训。

5）认真做好新购机具的验收，新购的机具到货后，应立即开箱检验，检查规格、数量、备件应齐全；检查产品合格证、技术资料、使用说明书应齐全。

6）验收合格后，应及时登记、编号、分类立账，填写供方资信及产品质量评估表，将厂家资料入档，建立合格供方名册。

（2）施工机具租赁

1）为了节约资金，提高机具利用率，公司的机具应在公司内部和外部开展租赁业务。对于利用效率较低的机具，应减少购置，采取租赁的办法来解决。

2）租赁机具应签订租赁合同，标明机具名称、台数、租赁时间及费用标准，使双方都信守合同，履行义务。

4.3.4 施工机具使用管理

（1）施工机具现场管理

1）在施工中，项目部应对所有在场的施工机具建立台账，及时办理进退场交接手续。

2）项目施工中，施工机具必须指定专人使用和保养，贯彻"管用结合、人机固定"的原则，实行定人、定机、定岗位的"三定"制度，并悬挂标识牌、安全操作规程和保养规程。

3）机械设备标牌内容包括：设备统一编号、名称、规格、型号、操作人（或责任人）和设备性能状态。

4）机械设备操作、保养、修理人员必须经专门培训并取得合格有效证书，做到持证上岗。大型、复杂、贵重的机械设备必须配备相应的操作保养修理人员。

5）操作人员要严格遵守《施工机械安全操作规程》，保养修理人员要遵照《常用机械设备保养规程》和施工机具管理办法的规定进行维修保养。

6）在施工机具使用、修理、保养过程中，发现不安全行为和因素，以及排放物、废弃物、噪声等污染环境时，应及时采取妥善措施处理，消除不安全和环境污染的行为及因素。

7）操作人员要按规定要求每天填写《机械运转记录》，按施工机具管理办法的规定填写施工机具的保养、修理记录。

8）公司机具管理部及项目部要设专人负责施工机具管理，并根据操作、保养、修理人员的原始记录，填写《设备使用、维修报表》和《施工机械完好率利用率统计报表》，上报公司主管部门。

（2）机具的标识

1）公司所属机械设备、专用工具、配件及文件资料必须做出必要的标识。

2）机具状态标识牌分为"合格"、"在修"、"封存"、和"报废"四个项目，并设置大小两种规格。

3）机具及配件状态标识分为小型机具、配件、多种同类、使用小牌机多台件共挂一牌标识，主要机具一机一牌标识。

4）可挂"合格"标识的是：机具及配件经检验或试验满足使用要求的；经维修后的机具及配件符合使用要求的。

5）需挂"在修"标识的是：机具及配件在待检验、试验过程中；或是在修理过程中；新购机具经检验有缺陷的。

6）需挂"封存"标识的是：完好、合格的机具及配件半年以上时间不使用的。

7）需挂"报废"标识的是：在使用过程中办理鉴定报废手续及已办理报废手续的机具。

8）配件应有厂家的出厂合格证，并做出识别标签，存放在仓库要建账立卡，做到账、卡、物相符合。

9）机具必须按规程定期更换配件，应按具体操作规程规定，明确更换时间标识，本次更换时间，下次更换时间，并在更换过程中更改新的标识。

（3）机具的使用、保养和修理

1）机具应做到合理配置，正确使用，讲究经济效益，严禁超负荷使用。

2）建立健全机具的操作、使用和维护规程及岗位责任制，机具应执行定人、定机、定岗的"三定制度"。

3）制定健全机具检查制度，包括日检、定检、巡检和专检等，应设立现场机具监督检查员，并给予其对违章操作者以必要的惩罚权力。

4）凡新购、自制或重新改装、改造、大修的主要施工机具，在投入生产使用前，必须经过技术试验；未经试验取得合格签证前，不能投入使用。

5）使用中的机具应注重保养，养修并重，不允许只用不养或以修代养，使用单位应编制保养计划，定期进行保养。

6）修理是保证机具技术状况良好，以及保证安全施工生产的重要技术措施，机具修理可分为故障修理、项目修理和大修理。机具发生故障应立即修理，或机具虽可运行，但其精度和性能变劣，必须进行局部修理以恢复机具的精度或性能，这种预防性的项目修理十分重要。

（4）施工机具封存和退库

1）长期不使用的机具，由机具管理部提出报告，经公司主管领导批准可以封存；退库的机具应该技术性能良好，附件齐全；如有问题，退库前应修理完好。

2）封存的机具要进行必要的维护，为防止丢失和锈蚀。长期封存的机具应尽量向外调拨和转售。

（5）施工机具的报废

1）机具主要结构、主要部件磨损严重和损坏，再经大修其性能已不能达到使用和安全要求的机具应申请报废。

2）技术性能落后，耗能高、效率低、经济效益差的机具应申请报废。

3）修理费用高，在经济上不如更新等情况的，应申请报废。

4）凡属国家有关部门规定淘汰机型的机具应申请报废。

5）非标准专用工具，因任务变更，本企业不适用而又无法转售，应申请报废。

（6）建立机具大检查制度

1）公司每年组织一次机具大检查，由总工程师牵头，会同工程管理部、质量安全监督部以及机具管理等部门组成检查小组，在现场安全大检查中同时执行。

2）机具大检查的内容应包括：各使用单位的机具台账、档案、卡片是否正确，账、卡、物是否相符；机具的保管是否堆放有序，是否经常保养维护，在使用中的或库存的机具是否保持完好状态；使用单位是否执行机具管理制度，是否有专人负责，是否建立岗位责任制；机具的使用情况和机具利用率；是否执行安全操作规程，对已发生的机具事故有没有按"三不放过"的原则严肃处理。

3）在大检查中发现的问题，检查小组应提出措施，填写整改意见书，通知使用单位限期整改。

4）使用单位接到整改意见书，应在规定的期限进行整改，并把整改结果上报检查小组。

4.4 案　　例

4.4.1 劳务用工案例

（1）背景

南通某建筑公司承包房地产开发有限公司某小区施工项目，合同约定是 2008 年 3 月 6 日开工，竣工日期为 2009 年 8 月 6 日。该建筑公司将其承建的工程建筑劳务工程分包给某劳务分包有限公司。

工程内容为高层住宅，人工挖孔桩基础，地下二层，地上三十一层框架，建筑总面积约 42700m²，按实际施工建筑面积计算。付款方式约定，施工至主体结构封顶，验收合格后五日内支付完工程量 80％的劳务工程款，装修、装饰工程按月进度完成工作量支付 80％工程款，次月 5 日支付。工程完工施工人员全部撤场后五日内付至总价的 90％，工程竣工验收合格，待南通某建筑公司与建设单位完成结算付款后，支付总价的 97％。余款 3％待工程保修期满二年后，根据保修情况结清。签订合同后，劳务公司将劳务工程内部承包给公司职工张某。

2008 年 5 月，张某作为招聘方（甲方）与受聘方（乙方）刘某签订《建筑劳动用工聘用合同》，约定乙方负责分部分项工程范围内所有模板工程的安装、拆除、制作、脚手架的搭、拆以及与模板工程相关的其他所有分项工程所有劳务。从基础至六层以下所有劳动报酬暂不支付，该款项在主体结构封顶时支付 80％，六层以上在每月底向甲方报送当月工程施工进度表和当月完成量结算书，甲方于次月 15 日前完成审核，并按照审定金额的 75％支付乙方上月工程进度相应劳动报酬款。工程竣工验收合格后，按上述规定审定金额付劳动报酬的 100％；劳动报酬结算约定所有劳动者实行计件工资。

合同签订后，刘某组织程某在内的 10 人进入工地，完成了该项目 A 幢的模板分项工作，2009 年 10 月刘某与程某所在班组进行了工程量的结算，并确认其班组已完的工程量应付劳动报酬 1168148 元，扣除借支款 960663 元后，应支付劳动余款 207485 元。程某与其他班组成员对余款进行了分配，程某还应获劳动报酬 21000 元。

因为 2009 年 4 月封项，工程项目的附属工程未完工，也未验收，该劳务公司于 2009 年 11 月撤出该工程后，未与该建筑公司进行结算。程某作为上诉人将劳务公司及张某上告，状告其未支付余款。

（2）问题

1）张某以个人名义与刘某签订《建筑劳动用工聘用合同》是否有效？

2）程某未与劳务公司以及张某签订合同，系单纯提供劳务的建筑工人，他能否有权上诉追余款？

（3）分析

1) 劳务公司职工张某以个人名义与刘某签订《建筑劳动用工聘用合同》的目的是为了完成劳务公司与建筑公司签订的《建筑工程劳务合同》中所约定的提供建筑劳务的义务，因此，张某与刘某签订的合同行为系职务行为，由此所产生的权利义务应由劳务公司承担。

2) 虽然是张某与刘某签订的《建筑劳动用工聘用合同》，但该合同的实际履行人系包括程某在内的10人，且该10人均按照所签订的合同内容约定履行了提供劳务的义务，劳务公司也认可程某提供劳务的行为，双方形成了事实上的劳务关系，程某作为劳务提供人有权要求劳务公司在劳务款结算清单所确定的应付劳务款的范围内支付其应有的劳动报酬款。因此，程某要求劳务公司及张某给付劳动报酬款的诉讼请求成立。

（4）讨论

从这场官司的诉讼上，总承包企业南通某建筑公司及某劳务公司在劳务用工上，都有管理漏洞，都负有责任，对应以下劳务用工基本规定，严格遵守就会避免事态的发展及事故的发生。

劳务用工基本规定：

1) 对从事建设工程劳务活动的劳务企业、个人实行资质和资格管理制度。

2) 劳务企业必须使用自有劳务工人完成所承接的劳务作业，不得再行分包或将劳务作业转包给无资质、无自有队伍、无施工作业能力的个体劳务队。

3) 建筑劳务企业必须依法与工人签订劳动合同，合同中应明确合同期限、工作内容、工作条件、工资标准、支付方式、支付时间、合同终止条件、双方责任等。

4) 劳务企业必须建立健全培训制度，严禁无证上岗。

5) 总承包企业、专业承包企业项目部应当以劳务班组为单位，建立建筑劳务用工档案。按月归集劳动合同、考勤表、包工作业工作量完成登记表、工资发放表、班组工资结清证明等资料。

6) 总承包企业或专业承包企业支付劳务企业劳务分包款时，应责成专人现场监督劳务企业将工资直接发放给劳务工本人。严禁发放给"包工头"或由其替代多名劳务工领工资，以避免"包工头"携款潜逃，导致劳务工工资拖欠。

4.4.2 有关材料规格品质案例

（1）背景

甲方为上海某房地产有限公司，乙方为某幕墙安装有限公司，甲乙双方在2004年签订了某工程《隐框玻璃幕墙、铝板幕墙等工程供货合同》及此项工程的《玻璃幕墙安装合同》二份。安装合同规定安装内容的名称、数量、单价、工期、双方职责、付款进度、质量保证、售后服务及工程结算按实结算，单价不变等作了约定，合同签订后，双方按约履行合同，工程完工甲方已签署竣工验收证书，并经区质监站验收合格。

由于二份合同是同时履行，双方在履行过程中产生争议。乙方以甲方未给付货款为由，提起诉讼至市人民法院。而甲方也向法院提出了诉讼，甲方认为乙方在安装过程中使用了非钢化玻璃，导致了工程质量不符合设计要求，安装的非钢化玻璃出现自爆现象。甲方发函告知乙方有关工程质量问题，但乙方未予处理。遂甲方委托建筑设计院进行检查，认为非钢化玻璃占百分之三十，据此甲方提出诉讼，要求乙方调换不符合约定的非钢化玻璃，并要求返还部分安装工程款及赔偿违约金，乙方认为安装的玻璃材料经双方认可，发生自爆现象是其他工程队在施工中，地砖与幕墙玻璃间未留缝隙所致，故不同意甲方的诉讼要求。

（2）问题

1）甲乙双方都提出了诉讼要求，那么玻璃材料的品质在合同中有无约定？

2）乙方是否应调换非钢化玻璃，并返还部分安装工程款及赔偿违约金？

（3）分析

1）法院在审理中，确认供货合同甲方按约定应由乙方包干，且在合同中约定为钢化玻璃。实际用于工程的材料与供货合同虽有差异，但已经双方签字认可，应视为对合同内容的变更。

2）同时，工程竣工后并经有关部门验收合格，依据合同中对该幕墙工程的材料品种、数量、单价金额等约定，双方亦进行了结算。决算书中玻璃品质有部分为透明玻璃，因甲方认为乙方提供的品质均为钢化玻璃，在实际使用中发生爆裂，其责任在乙方，但鉴于甲方在结算中对乙方已使用的材料品质未写明全部为钢化玻璃，在供货材料到场后也签字认可，故要求乙方承担调换幕墙玻璃，退还安装工程款及赔偿违约金等责任，依据不充分，对其上诉法院不予支持。

（4）讨论

1）乙方即为施工及供货单位是同属一家，在材料采购中没有按合同约定均采购钢化玻璃，而且在安装了透明玻璃后，出现的质量事故，这是非常错误的，应属责任方，这种事故完全可以在事前避免，尽管在打官司中胜诉，纯属侥幸钻了空子。

2）甲方如果在材料到现场时，就按检验材料的标准严查，没有按合同约定的材质材料应退回去，甲方本可以有多次机会，即在安装过程中、结算过程中避免事故的发生，在从头到尾的过程中签字认可，导致最后在官司中"赔了夫人又折兵"的结果。

4.4.3 施工设备的选择案例

（1）背景

某城市型公路项目，其工程内容：公路长 18m，总宽 30m，其中街心岛宽 3m，每侧汽车道各 9m，路侧石及雨水坡 0.5m，人行道各 4m，即 $[3+(9×2)+(0.5×2)+(4×2)]$ m。公路结构：车行道为压实土上铺大块碎石基础层，再铺碎石次层面，而后浇铺有钢筋网的水泥混凝土。人行道为压实土上铺碎石垫层，再作沥青混凝土面层，公路沿线多系农田丘陵，因此填方较多，除部分挖方可用于道路的填方外，尚需借土填方，所有填方工程须分层压实。

合同规定：合同签订 60 天以内开工，开工后 22 个月竣工，工程材料到达现场并经化验合格可支付该项工程款的 60%，每月按工程进度付款，凭现场工程师审定的支付单在 30 天以内支付。为加速进度，经批准后允许两班制工作。

确定主要施工方案：下达开工令后进入现场，合同签订后两个月内开工。应争取时间在两个月内准备好施工机具。进入现场后用一个月进行临时工程建设，并同时利用已到机具开始推土方和清除填方区表土层。为便于集中使用不同类型设备，先集中处理土方工程，时间约 12 个月，而后集中进行垫层和混凝土面层施工，时间约 8 个月，其他工程如人行道铺砌护坡等可在主路工程后期根据劳动力安排交错完成。

土方挖方，采用88～103kW的推土机推土，能就地回填土直接用推土机来回填，余土用1.5～1.9m³的装载机装入自卸汽车运至填土区用于填方。

（2）问题

1）经计算公路部分的挖方为25万m³，全部填方需40万m³，尚需从别处借土方15万m³，推土机总的推土方量为25＋15＝40万m³，按定额取每台班推土420m³，采用每日两个台班，每月工作25天计，需推土机几台？利用系数是多少？

2）土方运输用8～10t自卸汽车运输，需要运输土方27万m³，运距5km时，运输定额按每台班60m³计，需自卸汽车多少台，使用系数是多少？

（3）答案

1）已知条件为：推土机的总推土量为40万m³，按定额每台班推土420m³，每日两个台班，每月工作25天，工期为12个月，其计算式：

$$\frac{400000m^3}{2(台班/天)\times25(天/月)\times12(月)\times420(m^3/台班)}=1.59 台$$

理论值约为1.6，拟选用2台推土机，其利用系数为1.6/2＝80%

2）已知条件为：运土方27万m³，运输定额每台班60m³，其计算式为：

$$\frac{270000m^3}{2(台班/天)\times25(天/月)\times12(月)\times60(m^3/台班)}=7.5 台$$

理论值为7.5台，拟选用8台自卸机运土方，使用系数8/10＝80%

第5章 施 工 进 度 控 制

进度控制是建设工程项目管理三大目标控制之一，是保证工程项目能按期完成并交付使用的关键。进度控制是一个动态的管理过程，它包括进度目标的分析、论证，进度计划的编制和进度计划的跟踪检查与调整。

5.1 进度控制的基本原理

5.1.1 施工进度控制概述

（1）施工项目进度控制的概念

施工项目进度控制与投资控制和质量控制一样，是项目施工中的重点控制之一。它是保证施工项目按期完成，合理安排资源供应、节约工程成本的重要措施。

施工项目进度控制是指在既定的工期内，针对施工各阶段的工作内容、工作程序、持续时间和衔接关系，编制出最优的施工进度计划，在执行该计划的施工中，经常检查施工实际进度情况，并将其与计划进度相比较，若出现偏差，分析产生的原因和对工期的影响程度，找出必要的调整措施，修改原计划，不断地如此循环，直至工程竣工验收。

施工项目进度控制的总目标是确保施工项目的既定目标工期的实现，或者在保证施工质量和不因此而增加施工实际成本的条件下，适当缩短施工工期。

（2）施工项目进度控制方法

施工项目进度控制方法主要是规划、控制和协调。规划是指确定施工项目总进度控制目标和分进度控制目标，并编制其进度计划。控制是指在施工项目实施的全过程中，进行施工实际进度与施工计划进度的比较，出现偏差及时采取措施调整。协调是指协调与施工进度有关的单位、部门和工作队组之间的进度关系。

（3）施工项目进度控制的任务

施工项目进度控制的主要任务是编制施工总进度计划并控制其执行，按期完成整个施工项目的任务；编制单位工程施工进度计划并控制其执行，按期完成单位工程的施工任务；编制分部分项工程施工进度计划，并控制其执行，按期完成分部分项工程的施工任务；编制季度、月、旬作业计划，并控制其执行，完成规定的目标等。

5.1.2 动态控制原理

在工程项目实施过程中，主客观条件变化是绝对的，不变是相对的；平衡是暂时的，不平衡是永恒的，因此在项目实施过程中必须随着情况的变化进行项目目标的动态控制。项目目标的动态控制是项目管理最基本的方法论。

动态控制是指项目进度控制遵循动态控制理论，进度计划的编制、执行、跟踪检查、比较分析、调整过程形成一个动态的循环系统。项目目标动态控制的核心是,在项目实施的过程中定期地进行项目目标的计划值和实际值的比较,当发现项目目标偏离时,采取纠偏措施(当偏差过大或者工程出现重大变更时甚至需要调整原计划)。在进度动态控制中,进度计划的动态调整是关键,在调整进度计划时应注意各层次的计划协同调整。

5.1.3 主动控制与被动控制

控制有两种类型,即主动控制和被动控制。

主动控制,是在预先分析各种风险因素及其导致目标偏离的可能性和程度的基础上,拟订和采取有针对性的预防措施,从而减少乃至避免目标偏离。

被动控制,是从计划的实际输出中发现偏差,通过对产生偏差原因的分析,研究制定纠偏措施,以使偏差得以纠正,工程实施恢复到原来的计划状态,或虽然不能恢复到计划状态但可以减少偏差的严重程度。

对于施工进度控制来说,主动控制和被动控制两者缺一不可,应将主动控制与被动控制紧密结合起来,并力求加大主动控制在控制过程中的比例。

5.2 流水施工组织原理

5.2.1 流水施工的基本概念

(1) 施工生产的组织方式

通常的施工生产组织有依次施工、平行施工和流水施工三种方式,它们的特点如下。

1) 依次施工组织方式

依次施工组织方式是将拟建工程项目的整个建造过程分解成若干个施工过程,按照一定的施工顺序,前一个施工过程完成后,后一个施工过程才开始施工;或前一个工程完成后,后一个工程才开始施工。它是一种最基本的、最原始的施工组织方式。

2) 平行施工组织方式

在拟建工程任务十分紧迫、工作面允许以及资源保证供应的条件下,可以组织几个相同的工作队,在同一时间、不同的空间上进行施工,这样的施工组织方式称为平行施工组织方式。

3) 流水施工组织方式

流水施工组织方式是将拟建工程项目的整个建造过程分解成若干个施工过程,也就是划分成若干个工作性质相同的分部、分项工程或工序;同时将拟建工程项目在平面上划分成若干个劳动量大致相等的施工段,在竖向上划分成若干个施工层,按照施工过程分别建立相应的专业工作队;各专业工作队按照一定的施工顺序投入施工,完成第一个施工段上的施工任务后,在专业工作队的人数、使用的机具和材料不变的情况下,依次地、连续地投入到第二、第三……直到最后一个施工段的施工,在规定的时间内,完成同样的施工任务;不同的专业工作队在工作时间上最大限度地、合理地搭接起来;当第一施工层各个施工段上的相应施工任务全部完成后,专业工作队依次地、连续地投入到第二、第三,……施工层,保证拟建工程项目的施工全过程在时间上、空间上,有节奏、连续、均衡地进行下去，直到完成全部施工任务。

与依次施工、平行施工相比较，流水施工组织方式具有以下特点：

①科学地利用了工作面，争取了时间，工期比较合理；

②工作队及其工人实现了专业化施工，可使工人的操作技术熟练，更好地保证工程质量，提高劳动生产率；

③专业工作队及其工人能够连续作业，使相邻的专业工作队之间实现了最大限度的、合理的搭接；

④单位时间投入施工的资源量较为均衡，有利于资源供应的组织工作；

⑤为文明施工和进行现场的科学管理创造了有利条件。

（2）流水施工的特点及技术经济效果

流水施工在工艺划分、时间排列和空间布置上都是一种科学、先进和合理的施工组织方式，具有显著的技术经济效果。主要表现在以下几点：

①流水施工的节奏性、均衡性和连续性，减少了时间间歇，使工程项目尽早地竣工，能够更好地发挥其投资效益；

②工人实现了专业化生产，有利于提高技术水平，工程质量有了保障，也减少了工程项目使用过程的维修费用；

③工人实现了连续作业，便于改善劳动组织、提高操作技术和更加合理使用施工机具，有利于提高劳动生产率。劳动生产率提高可以降低工程成本，增加承建单位利润；

④以合理劳动组织和平均先进劳动定额指导施工，能够充分发挥施工机械和操作工人的生产效率；

⑤流水施工高效率，可以减少施工管理费。资源消耗均衡，可以减少物资损失，有利于提高承建单位经济效益。

（3）流水施工的分级

根据流水施工组织的范围不同，流水施工通常可划分为如下的四级：

1）分项工程流水施工

分项工程流水施工也称为细部流水施工，即在一个专业工程内部组织的流水施工。

2）分部工程流水施工

分部工程流水施工也称为专业流水施工，是在一个分部工程内部、各分项工程之间组织的流水施工。

3）单位工程流水施工

单位工程流水施工也称为综合流水施工，是一个单位工程内部、各分部工程之间组织的流水施工。

4）群体工程流水施工

群体工程流水施工亦称为大流水施工。它是在若干单位工程之间组织的流水施工。

（4）流水施工的表达形式

流水施工的表达形式主要有线条图和网络图两种，其中线条图按其绘制方法的不同分为水平图表（又称横道图）及垂直图表（又称斜线图）。

5.2.2 组织流水施工的条件

组织流水施工的条件主要包括以下几个方面：

（1）把工程项目分解为若干个施工过程；

（2）把工程项目尽可能地划分为劳动量大致相等的施工段；

（3）按施工过程组织专业队，并确定各专业队在各施工段内的工作持续时间（流水节拍）；

（4）各专业队连续作业；

（5）不同专业队完成各施工过程的时间适当地搭接起来（确定流水布距）。

5.2.3 流水施工参数

在组织项目流水施工时，用以表达流水施工在施工工艺、空间布置和时间排列方面开展状态的参量，统称为流水参数。它包括：工艺参数、空间参数和时间参数三类。

（1）工艺参数

工艺参数指在组织工程项目流水施工时，用以表达流水施工在施工工艺上的开展顺序及其特性的参数。它包括施工过程数和流水强度。

施工过程数：是指参与一组施工流水的施工过程数目。

流水强度：是指某施工过程在单位时间内完成的工程量。

施工过程数根据工艺性质不同，可分为：制备类、运输类和砌筑安装类三种。

制备类施工过程一般不占有施工项目空间，也不影响总工期，不列入施工进度计划；只在它占有施工对象的空间并影响总工期时，才列入施工进度计划。

运输类施工过程一般不占有施工项目空间，也不影响总工期，通常不列入施工进度计划；只在它占有施工对象空间并影响总工期时，则必须列入施工进度计划。

砌筑安装类施工过程占有施工对象空间并影响总工期，必须列入施工进度计划。

（2）空间参数

空间参数指在组织流水施工时，用于表达流水施工在空间布置上所处状态的参数。它包括工作面、施工段数和施工层数。

工作面：是指某专业工种的工人在从事施工活动时必须具备的活动空间。

施工层：是指垂直方向划分的施工区段。

施工段：是指在平面上划分的若干个劳动量大致相等的施工区段。

流水施工过程中，划分施工段应遵循以下原则：

①同一专业工作队在各个施工段上的劳动量应大致相等，其相差幅度不宜超过10%～15%。

②为充分发挥工人（或机械）生产效率，不仅要满足专业工程对工作面的要求，而且要使施工段所能容纳的劳动力人数（或机械台数），要满足劳动组织优化要求。

③施工段数目多少，要满足合理流水施工组织要求。

④为保证项目结构完整性，施工段分界线应尽可能与结构自然界线相一致。

⑤对于多层建筑物，既要在平面上划分施工段，又要在竖向上划分施工层。保证专业工作队在施工段和施工层之间，有组织有节奏、均衡和连续地流水施工。

（3）时间参数

时间参数是指在组织流水施工时，用以表达流水施工在时间排列上所处状态的参数。它包括：流水节拍、流水步距、技术间歇、组织间歇、平行搭接时间和工期（从略）。

5.3 网络计划技术方法

5.3.1 网络计划技术概述

（1）网络计划技术的起源和发展

网络计划技术是一种科学的计划管理方法，为了适应科学研究和新的生产组织管理的需要，20世纪50年代国外陆续出现了一些计划管理的新方法，包括关键路线法（CPM）和计划评审技术（PERT），这些方法都是建立在网络图的基础上，因此统称为网络计划技术方法。

20世纪60年代著名数学家华罗庚教授首先在我国的生产管理中推广和应用这些新的计划管理方法。改革开放后，网络计划技术在我国的工程建设领域也得到迅速的推广和应用，尤其是在大中型工程项目的建设中，对其资源的合理安排、进度计划的编制、优化和控制等应用效果显著，目前，网络计划技术已成为我国工程建设领域中推行现代化管理的必不可少的方法。

（2）网络计划技术的基本内容

网络计划技术应用网络图形来表达一项计划（工程）中各项工作的开展顺序及其相互之间的关系；然后通过对网络图进行时间参数的计算，找出计划中的关键工作和关键线路；继而通过不断改进网络计划寻求最优方案；在计划执行过程中对计划进行有效的控制和监督，保证合理地使用人力、物力和财力，以最小的消耗取得最大的经济效果。

网络计划技术包括以下基本内容：

1）网络图

网络图是指网络计划技术的图解模型，反映整个工程任务的分解和合成。分解，是指对工程任务的划分；合成，是指解决各项工作的协作与配合。分解和合成是解决各项工作之间，按逻辑关系的有机组成。绘制网络图是网络计划技术的基础工作。

2）时间参数

在实现整个工程任务过程中，包括人、事、物的运动状态。这种运动状态都是通过转化为时间函数来反映的。反映人、事、物运动状态的时间参数包括：各项工作的作业时间、开工与完工的时间、工作之间的衔接时间、完成任务的机动时间及工程范围和总工期等。

3）关键路线

通过计算网络图中的时间参数，求出工程工期并找出关键路径。在关键路线上的作业称为关键作业，这些作业完成的快慢直接影响着整个计划的工期。在计划执行过程中关键作业是管理的重点，在时间和费用方面则要严格控制。

4）网络优化

网络优化，是指根据关键路线法，通过利用时差，不断改善网络计划的初始方案，在满足一定的约束条件下，寻求管理目标达到最优化的计划方案。网络优化是网络计划技术的主要内容之一，也是较之其他计划方法优越的主要方面。

（3）网络计划技术的特点

网络计划技术作为现代管理的方法和传统的计划管理方法相比较，具有明显优点，主要表现为：

1）利用网络图模型，明确表达各项工作的逻辑关系。按照网络计划方法，在制订工程计划时，首先必须理清楚该项目内的全部工作和它们之间的相互关系，然后才能绘制网络图模型。它可以帮助计划编制者理顺那些杂乱无章的、无逻辑关系的想法，形成完整合理的项目总体思路。

2）通过网络图时间参数计算，确定关键工作和关键线路。经过网络图时间参数计算，可以知道各项工作的起止时间，知道整个计划的完成时间，还可以确定关键工作和关键线路，便于抓住主要矛盾，集中资源，确保进度。

3）掌握机动时间，进行资源合理分配。资源在任何工程项目中都是重要因素。网络计划可以反映各项工作的机动时间，制定出最经济的资源使用方案，避免资源冲突，均衡利用资源，达到降低成本的目的。

4）运用计算机辅助手段，方便网络计划的调整与控制。在项目计划实施过程中，由于各种影响因素的干扰，目标的计划值与实际值之间往往会产生一定的偏差，运用网络图模型和计算机辅助手段，能够比较方便、灵活、迅速地进行跟踪检查和调整项目施工计划，控制目标偏差。

5.3.2 网络计划技术的分类

网络计划技术可以从不同的角度进行分类。

（1）按工作之间逻辑关系和持续时间的确定程度分类

网络计划技术首先分为肯定型网络计划和非肯定型网络计划，如图 5-1 所示。肯定型网络计划，即工作、工作之间的逻辑关系以及工作持续时间都肯定的网络计划，如关键线路法（CPM）。非肯定型网络计划，即工作、工作之间的逻辑关系和工作持续时间三者中任一项或多项不肯定的网络计划，如计划评审技术（PERT）、图示评审技术（GERT）等。本章只讨论肯定型网络计划。

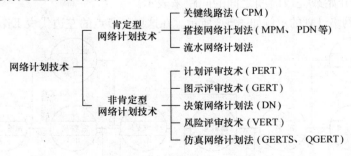

图 5-1 网络计划技术的分类

（2）按网络计划的基本元素——节点和箭线所表示的含义分类

按网络计划的基本元素——节点和箭线所表示的含义不同，网络计划的基本形式有三种，如表 5-1 所示。在欧美发达国家中，网络计划技术有关的标准均定义了这三种形式的网络计划形式，如德国国家工业标准（DIN）。

网络元素表示形式 表 5-1

	工 作
箭线	双代号网络（也可称之为工作箭线网络） 工作表示为箭线。节点表示为工作的开始事件和完成事件，但这些事件不定义为联系。如CPM（关键线路法）。
节点	单代号网络、单代号搭接网络（也可称之为工作节点网络） 工作表示为节点。箭线表示工作之间的逻辑关系，即为工作的确定时间点之间的顺序关系。如 PDN（搭接网络计划法）。

1）双代号网络计划（工作箭线网络计划）

双代号网络计划的示例如图 5-2 所示。在这里，箭线及其两端节点的编号表示工作，在箭线上标注工作持续时间。为了正确地反映逻辑关系，在网络图中添加了虚工作。

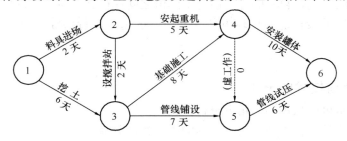

图 5-2 双代号网络计划示例

2）单代号搭接网络计划、单代号网络计划（工作节点网络计划）

单代号搭接网络计划中，节点表示工作，在节点内标注工作持续时间，箭线及其上面的时距符号表示相邻工作间的逻辑关系，工作间的逻辑关系用前项工作的开始或完成时间与其紧后工作的开始或完成时间之间的间距来表示。

单代号搭接网络计划的示例如图 5-3 所示。在这里，节点的左边代表工作的开始，节点的

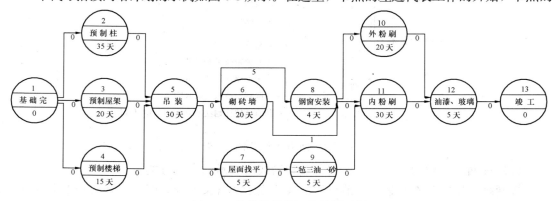

图 5-3 单代号搭接网络计划示例

右边代表工作的完成。可惜的是，在我国行业标准中没有规定这种单代号搭接网络的画法。

关于单代号网络计划，国家标准和行业标准的含义有些不同。在国家标准《网络计划技术 第1部分：常用术语》GB/T 13400.1—2012中，确认了双代号网络和单代号网络，没有再明确单代号搭接网络。在行业标准《工程网络计划技术规程》JGJ/T 121—1999中，确认了双代号网络计划、单代号网络计划和单代号搭接网络计划。应该说，单代号网络是单代号搭接网络的一个特例，它的前后工作之间的逻辑关系是完成到开始关系等于零。

在实际应用中，由于单代号网络和单代号搭接网络中工作之间的逻辑关系表示方法的简易性和没有虚工作，以至于该种网络计划运用得越来越普遍，诸多网络计划软件也广泛采用了这种形式的网络计划。

（3）按目标分类

可以分为单目标网络计划和多目标网络计划。只有一个终点节点的网络计划是单目标网络计划。终点节点不止一个的网络计划是多目标网络计划。

（4）按层次分类

根据不同管理层次的需要而编制的范围大小不同、详略程度不同的网络计划，称未分级网络计划。以整个计划任务为对象编制的网络计划，称为总网络计划。以计划任务的某一部分为对象编制的网络计划，称为局部网络计划。

（5）按表达方式分类

以时间坐标为尺度绘制的网络计划，称为时标网络计划。不按时间坐标绘制的网络计划，称为非时标网络计划。

（6）按反映工程项目的详细程度分类

概要地描述项目进展的网络，称为概要网络。详细地描述项目进展的网络，称为详细网络。

5.4　进度计划的类型和编制方法

5.4.1　进度计划的类型

在工程建设中，为了控制工程项目的进度，合理安排各项工作，建设单位、设计单位、施工单位、材料和设备供应单位、项目管理咨询单位均要编制进度计划。按照不同的标准，对进度计划进行归类，如图5-4所示。

5.4.2　进度计划的编制方法

在建设行业，编制项目进度计划运用的方法有横道图、垂直图表（或称线条图）、流水作业图、网络计划技术等。

（1）项目结构图

项目结构图反映的是项目概要，按不同的着眼点可绘制不同的项目结构图。在编制进度计划之前，有必要从进度规划的角度绘制项目结构图，它反映项目进展过程中的全部必要的工作和事件。在项目前期或设计阶段，一旦项目内容基本清晰，就应绘制项目结构图，以使项目参与各方对项目有个完整的把握。

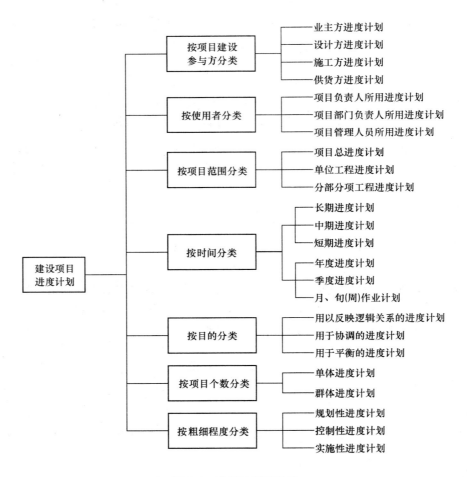

图 5-4　进度计划的种类

项目可分解为若干个第一层面的子项目，并可按图 5-5 继续分解。分解的深度，在进度规划时，取决于进度规划者的判断与估计。最底一层面的子项目一般称为"任务包"。

较大或较深的项目结构图，无法用图 5-5 类似的图形表示，而采用"项目结构表"表示，从而必须对各层子项目或任务包进行编号和编码。

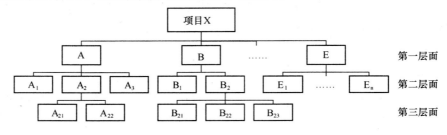

图 5-5　项目结构图

项目分解一般按照项目对象或项目阶段进行。项目分解原则一般由项目领导决定。第一层面一般按照项目阶段（设计、施工等）划分。以下各层按照项目对象分解，项目对象具有的特点可能是：类似的技术特点、子项目间的协调工作量最小、与管理组织相一致、与业主构成相一致、与经验数据的应用相一致。按对象的项目分解不总是与投资或成本的分解相一致，只有当它们分解到同样的详细程度才有可能一致。

（2）工作表

工作是反映任务包顺利进行的一系列的步骤，它是定义了开始和完成的需要花费时间的事。任务包的全部工作可列表，如表 5-2 所示。

工作表示例　　　　　　　　　　　　　　　　表 5-2

项目名称：　　　　　　　　　　　　　　　　　　　　日期：　　　页号：

任务包编号	任务包说明	工作编号	工作说明	工作范围（数量）	资源（机具、人）	责任部门	持续时间	备注（其他工作说明，如：成本）
1	2	3	4	5	6	7	8	9

工作可根据项目结构图或任务包、管理流程（规划、执行、控制等）、影响因素（管理组织、明了程度或风险、成本、持续时间和日期、资源等）等确定，其粗细取决于对格式化信息的要求。从项目领导角度，各项工作应明确规划、执行、控制等的管理责任，并应反映质量、进度、成本等数据，使得在产生偏差时能采取纠偏措施。

成为工作应具备以下条件：任务定义明确，责任唯一，承担成本并不超过总成本的一个确定的百分数，在考虑项目周期下能计算和估计持续时间，尽可能保证只有一种资源在施工中是必需的，任务应均匀地进行。

（3）横道图

横道图，也称甘特图，是由亨利·甘特（Henry Gatt）发明的，20 世纪初从美国引入。横道图是一种最简单并运用最广的计划方法，尽管有新的计划技术的采用，横道图在建设行业仍占统治地位。

通常横道图的表头为工作及其简要说明，项目进展表示在时间表格上，如图 5-16 所示。按照所表示工作的详细程度，时间单位可以为小时、天、周、月等。经常这些时间单位用日历表示，此时可表示非工作时间，如：停工时间、公众假日、假期等。根据此横道图使用者的要求，工作可按照时间先后、责任、项目对象、同类资源等进行排序。

横道图的另一种可能的形式是将工作简要说明直接放在横道上，这样，一行上可容纳多项工作，这一般运用在重复性的任务上。横道图也可将最重要的逻辑关系标注在内，如果将所有逻辑关系均标注在图上，则横道图的简洁性的最大优点将丧失。

横道图用于小型项目或大型项目子项目上，或用于计算资源需要量、概要预示进度，也可用于其他计划技术的表示结果。

（4）流水作业图

流水作业图是空间—时间图表的一种形式，如图 5-7 所示，其目的在于优化重复性工作的时间和资源。

流水作业图首先使用在结构工程施工计划上，因为在结构工程施工中只有很少的、总是重复的工作，如：支模、扎筋、浇混凝土，并且对模板等周转材料的投入有优化的要求。

	工作名称	持续时间	开始时间	完成时间	紧前工作	十二月	一月	二月	三月	四月	五月	六月
1	基础完	0d	1993-12-28	1993-12-28		◆12-28						
2	预制柱	35d	1993-12-28	1994-2-14	1							
3	预制屋架	20d	1993-12-28	1994-1-24	1							
4	预制楼梯	15d	1993-12-28	1994-1-17	1							
5	吊装	30d	1994-2-15	1994-3-28	2,3,4							
6	砌砖墙	20d	1994-3-29	1994-4-25	5							
7	屋面找平	5d	1994-3-29	1994-4-4	5							
8	钢窗安装	4d	1994-4-19	1994-4-22	6SS+15d							
9	二毡三油一砂	5d	1994-4-5	1994-4-11	7							
10	外粉刷	20d	1994-4-25	1994-5-20	8							
11	内粉刷	30d	1994-4-25	1994-6-3	8,9							
12	油漆、玻璃	5d	1994-6-6	1994-6-10	10,11							
13	竣工	0d	1994-6-10	1994-6-10	12							◆

图 5-6　横道图

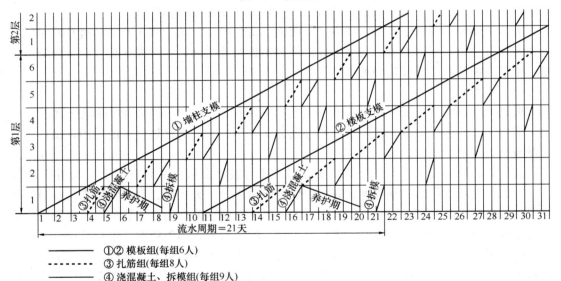

图 5-7　多层办公楼结构工程施工的流水图

（5）网络计划技术

网络计划技术有诸多形式。由于它的简单、有效，在近几十年内得到广泛应用。这是本章的重点。

与横道图计划相比，网络计划的缺点是它不像横道图那么直观明了。因此，在工程实践中，应该将网络计划技术和横道图计划结合起来使用，以充分发挥网络计划技术和横道图计划各自的优点。

114

（6）单位工程施工进度计划的编制步骤

1）划分工作项

工作项是包括一定工作内容的施工过程，它是施工进度计划的基本组成单元。工作项内容的多少，划分的粗细程度，应该根据计划的需要来决定。对于大型建设工程，经常需要编制控制性施工进度计划，此时工作项可以划分得粗一些，一般只明确到分部工程即可。如果编制实施性施工进度计划，工作项就应划分得细一些。在一般情况下，单位工程施工进度计划中的工作项目应明确到分项工程或更具体，以满足指导施工作业、控制施工进度的要求。

由于单位工程中的工作项目较多，应在熟悉施工图纸的基础上，根据建筑结构特点及已确定的施工方案，按施工顺序逐项列出，以防止漏项或重项。凡是与工程对象施工直接有关的内容均应列入计划，而不属于直接施工的辅助性项目和服务性项目则不必列入。

另外，有些分项工程在施工顺序上和时间安排上是相互穿插进行的，或者是由同一专业施工队完成的，为了简化进度计划的内容，应尽量将这些项目合并，以突出重点。

2）确定施工顺序

确定施工顺序是为了按照施工的技术规律和合理的组织关系，解决各工作项目之间在时间上的先后和搭接问题，以达到保证质量、安全施工、充分利用空间、争取时间、实现合理安排工期的目的。

3）计算工程量

工程量的计算应根据施工图和工程量计算规则，针对所划分的每一个工作项目进行。计算工程量时应注意以下问题：

工程量的计算单位应与现行定额手册中所规定的计量单位相一致，以便计算劳动力、材料和机械数量时直接套用定额，而不必进行换算。

要结合具体的施工方法和安全技术要求计算工程量。

应结合施工组织的要求，按已划分的施工段分层分段进行计算。

4）计算劳动量和机械台班数

当某工作项是由若干个分项工程合并而成时，则应分别根据各分项工程的时间定额（或产量定额）及工程量，按式（5-1）计算出合并后的综合时间定额（或综合产量定额）。

$$H = (Q_1 H_1 + Q_2 H_2 + \cdots + Q_n H_n)/(Q_1 + Q_2 + \cdots Q_n) \qquad (5\text{-}1)$$

式中　H——综合时间定额，工日/m³，工日/m²；工日/t…；

　　　Q_i——工作项第 i 个分项工程的工程量；

　　　H_i——工作项中第 i 个分项工程的时间定额。

根据工作项的工程量和所采用的定额，即可按式（5-2）或式（5-3）计算出各工作项目所需要的劳动量和机械台班数。

$$P = QH \qquad (5\text{-}2)$$

$$P = Q/S \qquad (5\text{-}3)$$

零星项目所需要的劳动量可结合实际情况，根据施工单位的经验进行估算。

由于水暖电等工程通常由专业施工单位施工，因此，在编制施工进度计划时，不计算其劳动量和机械台班数，仅安排其与土建施工相配合的进度。

5）确定工作项的持续时间

工作项的持续时间计算公式为式（5-4）。

$$D = P/RB \tag{5-4}$$

式中　D——完成工作项所需要的时间，即持续时间；

　　　P——工作项所需要的工作量；

　　　R——每班安排的工人数或施工机械台数；

　　　B——每天工作班数。

6）绘制施工进度计划图

横道图和网络图的绘制方法详见上述的相关内容。

7）检查与调整

施工顺序、平行搭接和技术间歇是否合理，总工期是否满足合同规定，主要工种的工人能否满足连续、均衡施工的要求，主要机具、材料等的利用能否满足均衡施工的要求。

5.5　进度控制的过程和措施

5.5.1　进度控制的过程

进度控制应遵循动态控制的原理，定期进行，进度控制的过程包括以下步骤：

采用各种控制手段保证项目及各个工程活动按计划及时开始，并在实施过程中监督项目以及各个工程活动的进展状况。在工程过程中记录各工程活动的开始和结束时间及完成程度。

在各控制期末（如旬末、月末、季末，一个工程阶段结束等）将各活动的完成程度与计划对比，确定各工程活动、里程碑计划以及这个项目的完成程度，并结合工期、生产成果的数量和质量、劳动效率、资源消耗、预算等指标，综合评定项目进度状况，并对重大的偏差做出解释，分析其中的问题和原因，找出需要采取纠正措施的地方。

评定偏差对项目目标的影响。应结合后续工作，分析项目进展趋势，预测后期进度状况、风险及机会。

提出调整进度的措施，根据已完成状况，对下期工作做出详细安排和计划，对一些已开始但尚未结束的项目单元的剩余时间做出估算，调整网络计划（如变更逻辑关系、延长或缩短后续活动持续时间、增加新的活动等），重新进行网络分析，预测新的工期状况。通常对下期的工作要做出详细安排，提出下期详细的进度执行计划。

对调整措施和新计划做出评审，分析调整措施的效果，分析新的工期是否符号总进度目标的要求。应将对进度计划提出的任何变更通知用户和相关各方。如果进度调整对其他方面有影响时，应让其参与进度调整决策。应确定进度计划变更对项目成本预算、资源使用、产品质量的可能影响，在采取调整措施时，也要考虑对项目的目标和相关方的影响。

5.5.2　进度控制的任务

施工进度控制的任务是针对建设项目的进度目标进行工期计算，是施工单位工程师根据工程建设项目的规模、工程量与工程复杂程度，建设单位对工期和项目投产时间的要求，资金到位计划和实现的可能性，主要进场计划，国家颁布的"建筑安装工程工期定额"，工程地质、水文地质、建设地区气候等因素，进行科学分析后，设计出的工程建设项目的最佳工期。合同工期确定后，工程施工进度控制的任务，就是根据进度目标确定实施方案，在施工过程中进行控制和调整，以实现进度控制的目标。具体的讲，要完成好进度控制任务，应做好以下工作：

（1）进度计划的编制

施工进度计划是施工进度控制的依据。因此编制施工进度计划以提高进度控制的质量成为进度控制的关键问题。进度计划的编制，涉及建设工程投资、设备材料供应、施工场地布置、主要施工机械、劳动组合、各附属设施的施工、各施工安装单位的配合及建设项目投产的时间要求。对这些综合因素要全面考虑、科学组织、合理安排、统筹兼顾，才能有一个很好的进度计划。

（2）进度计划的实施与监测

常用的施工进度计划实施监测的方法有：横道计划比较法、网络计划法、实际进度前锋线法、S形曲线法等。

施工进度计划的监测包括以下内容：

1）随着项目的进展，不断观测记录每一项工作的实施开始时间、实际完成时间、实际持续时间、目前状况等内容。

2）定期观测关键工作的进展和关键线路的变化，并相应采取措施进行调整。

3）观测非关键工作的进度，以便更好的发掘潜力，调整或优化资源，以保证关键工作按计划实施。

4）定期检查工作之间的逻辑关系变化情况，以便适时进行调整。

5）记录项目范围、进度目标、保障措施等变更的信息。

项目进度计划监测，应定期形成书面的进度报告。进度报告的内容主要包括：进度执行情况的综合描述；实际施工进度；资源供应进度；工程变更、价格调整、索赔及工程款收支情况；进度偏差状况及导致偏差的原因分析；解决问题的措施；计划调整意见等。

（3）进度计划的调整

进度计划的调整根据进度计划检查结果进行，调整的内容包括：施工内容、工程量、起止时间、持续时间、工作关系、资源供应等。进度计划的调整一般有以下几种方式：

1）关键工作的调整。本方法是进度计划调整的重点，也是最常用的方法之一。

2）改变某系工作间的关系。此种方法效果明显，但应在允许改变关系的前提下才能进行。

3）剩余的工作重新编制进度计划。当采用其他方式不能解决时，应根据工期要求，将剩余工作重新编制进度计划。

4）非关键工作调整。为了更充分地利用资源，降低成本，必要时可对非关键工作的时差做适当调整。

5）资源调整。如资源供应发生异常，或某些工作只能由某些特殊资源来完成时，应进行资源调整，在条件允许的前提下将优势资源用于关键工作的实施，资源调整的方法实际上就是进行资源优化。

5.5.3 进度控制的措施

施工方进度控制的措施主要包括组织措施、管理措施、经济措施和技术措施。

（1）施工方进度控制的组织措施

施工方进度控制的组织措施如下。

1）组织是目标能否实现的决定性因素，因此，为实现项目的进度目标，应充分重视健全项目管理的组织体系。

2）在项目组织结构中应有专门的工作部门和符合进度控制岗位资格的专人负责进度控制工作。

3）进度控制的主要工作环节包括进度目标的分析和论证、编制进度计划、定期跟踪进度计划的执行情况、采取纠偏措施以及调整进度计划。这些工作任务和相应的管理职能应在项目管理组织设计的任务分工表和管理职能分工表中标示并落实。

4）应编制施工进度控制的工作流程。

5）进度控制工作包含了大量的组织和协调工作，而会议是组织和协调的重要手段，应进行有关进度控制会议的组织设计。

（2）施工方进度控制的管理措施

施工进度控制在管理观念方面存在的主要问题是：

1）缺乏进度计划系统的观念。

2）缺乏动态控制的观念。

3）缺乏进度计划多方案比较和选优的观念。

施工方进度控制的管理措施如下。

1）施工进度控制的管理措施涉及管理的思想、管理的方法、管理的手段、承发包模式、合同管理和风险管理等。在理顺组织的前提下，科学和严谨的管理十分重要。

2）用工程网络计划的方法编制进度计划时，必须很严谨地分析和考虑工作之间的逻辑关系，通过工程网络的计算可发现关键工作和关键路线，也可知道非关键工作可使用的时差，工程网络计划的方法有利于实现进度控制的科学化。

3）承发包模式的选择直接关系到工程实施的组织和协调。为了实现进度目标，应选择合理的合同结构，以避免过多的合同交界面而影响工程的进展。工程物资的采购模式对进度也有直接的影响，对此应作比较分析。

4）为实现进度目标，不但应进行进度控制，还应注意分析影响工程进度的风险，并在分析的基础上采取风险管理措施，以减少进度失控的风险量。常见的影响工程进度的风险，如：

①组织风险；

②管理风险；

③合同风险；

④资源（人力、物力和财力）风险；

⑤技术风险等。

5）应重视信息技术（包括相应的软件、局域网、互联网以及数据处理设备等）在进度控制中的应用。虽然信息技术对进度控制而言只是一种管理手段，但它的应用有利于提高进度信息处理的效率、有利于提高进度信息的透明度、有利于促进进度信息的交流和项目各参与方的协同工作。

（3）施工方进度控制的经济措施

施工方进度控制的经济措施涉及工程资金需求计划和加快施工进度的经济激励措施等。

1）为确保进度目标的实现，应编制与进度计划相适应的资源需求计划（资源进度计划），包括资金需求计划和其他资源（人力和物力资源）需求计划，以反映工程施工的各时段所需要的资源。通过资源需求的分析，可发现所编制的进度计划实现的可能性，若资源条件不具备，则应调整进度计划。

2）在编制工程成本计划时，应考虑加快工程进度所需要的资金，其中包括为实现施工进度目标将要采取的经济激励措施所需要的费用。

（4）施工方进度控制的技术措施

施工进度控制的技术措施涉及对实现施工进度目标有利的设计技术和施工技术的选用。

1）不同的设计理念、设计技术路线、设计方案对工程进度会产生不同的影响，在工程进度受阻时，应分析是否存在设计技术的影响因素，为实现进度目标有无设计变更的必要和是否可能变更。

2）施工方案对工程进度有直接的影响，在决策其选用时，不仅应分析技术的先进性和经济合理性，还应考虑其对进度的影响。在工程进度受阻时，应分析是否存在施工技术的影响因素，为实现进度目标有无改变施工技术、施工方法和施工机械的可能性。

【**案例 5-1**】　某单项工程，按图 5-8 所示的双代号网络计划组织施工。

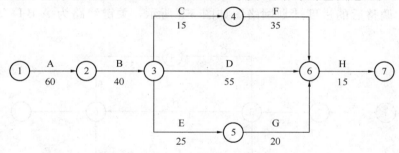

图 5-8　双代号网络计划图

原计划总工期是 170 天，在第 75 天进行的进度检查中发现：A 工作已经全部完成，B 工作刚刚开工。由于 B 工作是关键工作，所以它拖后 15 天，将导致总工期延长 15 天完成。本工程各工作相关参数见表 5-3。

各工作相关参数表　　　　　　　　　　　　　　　　　　　表 5-3

序号	工作	最多可压缩时间（天）	赶工费用（元/天）
1	A	10	200
2	B	5	200
3	C	3	100
4	D	10	300
5	E	5	200
6	F	10	150
7	G	10	120
8	H	5	420

问题 1：为使本工程仍按原工期完成，必须赶工，调整原计划，问应如何调整原计划，既经济又保证整修工作能在计划的 170 天内完成。

问题 2：计算经调整后，所需投入的总赶工费用。

问题 3：重新绘制调整后的网络图，并列出关键线路

回答 1：目前工期拖后 15 天，总工期为 185 天，此时的关键线路：B-D-H

1）工作 B 赶工费用最低，先对 B 持续时间进行压缩：工作 B 压缩 5 天，增加的赶工费用为 1000 元，总工期为 185－5＝180 天，关键线路为 B-D-H。

2）剩余关键工作中，工作 D 赶工费用最低，对 D 持续时间进行压缩。在压缩工作 D 时，应考虑与之平等的各线路，以各线路工作正常进展均不影响总工期为限。工作 D 压缩 5 天，增加的赶工费用为 1500 元，总工期为 175 天，关键线路为 B-D-H 和 B-C-F-H。

3）剩余关键工作中，存在三种压缩方式：同时压缩工作 C 和工作 D；同时压缩工作 F 和工作 D；压缩工作 H。由于同时压缩工作 C、D 的赶工费率最低，故应采取此种压缩方式。工作 C 和工作 D 各压缩 3 天，增加的赶工费用为 1200 元，总工期为 172 天，关键线路为 B-D-H 和 B-C-F-H。

4）剩余关键工作中，工作 H 赶工费用最低，对 H 持续时间进行压缩。工作 H 压缩 2 天，增加的赶工费用为 840 元，总工期为 170 天。

5）经过以上调整，工作仍能按原计划的 170 天完成。

回答 2：所需投入的总赶工费用为：1000＋1500＋1200＋840＝4540 元。

回答 3：调整后的进度计划网络图如图 5-9 所示，关键线路为 A-B-D-H 和 A-B-C-F-H。

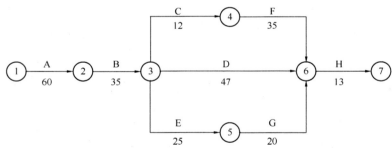

图 5-9　双代号网络计划图

第6章 施工质量控制

施工质量控制是施工项目负责人的主要任务之一。施工项目负责人必须有效地应用质量管理和质量控制的基本原理和方法，通过施工过程中各个环节的质量控制活动，确保施工质量达到国家规定的合格标准，有效地预防和正确处理可能发生的工程质量事故，在政府的监督下实现施工项目的质量目标。

6.1 施工质量管理和质量控制的基础知识

6.1.1 质量管理和质量控制

（1）质量和质量管理

根据国家标准《质量管理体系　基础和术语》GB/T 19000—2008/ISO 9000：2005的定义，质量是指一组固有特性满足要求的程度。就工程项目来说，使用者对该项目的使用功能、寿命以及可靠性、安全性、经济性等都有一定的要求，这里所列举的"使用功能、寿命以及可靠性、安全性、经济性等"就是工程固有的"特性"，这些特性满足要求的程度越高，质量就越好。

质量管理是在质量方面指挥和控制组织的协调的活动。这些活动通常包括制定质量方针和质量目标，以及质量策划、质量控制、质量保证和质量改进等一系列工作。"组织"是指从事这些活动的企业、单位或者指挥部、项目部等。组织必须通过建立质量管理体系实施质量管理：其中，质量方针是组织最高管理者的质量宗旨、经营理念和价值观的反映；在质量方针的指导下，制定组织的质量手册、程序性管理文件和质量记录；进而落实组织制度，合理配置各种资源，明确各级管理人员在质量活动中的责任分工与权限界定等，形成组织质量管理体系的运行机制，保证整个体系的有效运行，从而实现质量目标。

（2）质量控制

同样根据上述国家标准的定义，质量控制是质量管理的一部分，是致力于满足质量要求的一系列相关活动。这些活动主要包括：

1）设定标准：即明确要求，确定需要控制的范围、区域和控制的标准；

2）检查结果：检查、测量活动的结果满足所设定标准的程度；

3）评价：即评价控制活动的能力和效果；

4）纠偏：对不满足设定标准的偏差，及时采取措施进行纠正。

建设工程项目的质量要求是由业主（或投资者、建设单位）提出的，建设工程项目的质量总目标，是业主建设意图的体现。业主通过项目策划和目标决策，确定项目的建设规模、系统构成、使用功能和价值，以及决定项目建设的规格、档次、标准等。因此，建设工程项目质量控制，在工程勘察设计、招标采购、施工安装、竣工验收等各个阶段，项目参与各方均应围绕着满足业主要求的质量总目标而努力。

施工质量控制活动包括作业技术活动和管理活动。建筑产品或服务的质量，归根结底是由施工作业过程形成的。因此，正确选择作业技术方法和充分发挥作业技术能力，是质量控制的着力点；而组织或人员具备相应的作业技术能力，则是产出合格产品或提供优质服务的前提。施工生产必须通过科学的管理，对作业技术活动过程进行科学的组织和协调，才能使作业技术能力得到充分发挥，实现预期的质量目标。

质量控制是质量管理的一部分而不是全部。质量控制是在明确的质量目标和具体的条件下，通过计划、实施、检查和监督，进行质量目标的事前预控、事中控制和事后控制，实现预期质量目标的系统过程。

6.1.2 全面质量管理

（1）全面质量管理（TQC）的基本原理

TQC 即全面质量管理。这种方法的基本原理就是强调在组织最高管理者的质量方针指引下，实行全面、全过程和全员参与的质量管理。

TQC 的主要特点是以顾客满意为宗旨；领导参与质量方针和目标的制定；提倡预防为主、科学管理、用数据说话等。在当今世界标准化组织颁布的 ISO9000－2005 质量管理体系标准中，处处都体现了这些重要特点和思想。建设工程质量管理同样应贯彻"三全"管理的思想和方法：

1）全面质量管理

建设工程项目的全面质量管理，是指建设工程项目参与各方所进行的工程项目质量管理活动的总称，其中包括工程（产品）质量和工作质量的全面管理。工作质量是产品质量的保证，工作质量直接影响产品质量的形成。业主、监理单位、勘察单位、设计单位、施工总包单位、施工分包单位、材料设备供应商等，任何一方任何一环节的怠慢疏忽或质量责任不到位，都会对建设工程质量造成不利影响。

2）全过程质量管理

全过程质量管理，是指根据工程质量的形成规律，从源头抓起，全过程推进。GB/T 19000 等国家标准强调质量管理的"过程方法"管理原则，要求应用"过程方法"进行全过程质量控制。要控制的主要过程有：项目策划与决策过程；勘察设计过程；施工采购过程；施工组织与准备过程；检测设备控制与计量过程；施工生产的检验试验过程；工程质量的评定过程；工程竣工验收与交付过程；工程回访维修服务过程等。

3）全员参与质量管理

按照全面质量管理的思想，组织内部的每个部门和工作岗位都承担相应的质量职能。组织的最高管理者确定了质量方针和目标，就应动员和组织全体员工参与到实施质量方针的系统活动中去，发挥自己的作用。开展全员参与质量管理的重要手段就是运用目标管理方法，将组织的质量总目标逐级进行分解，使之形成自上而下的质量目标分解体系和自下而上的质量目标保证体系，发挥组织系统内部每个工作岗位、部门或团队在实现质量总目标过程中的作用。

（2）质量管理的 PDCA 循环

PDCA 循环是建立质量管理体系和进行质量管理的基本方法。PDCA 循环如图 6-1 所示。从某种意义上说，管理就是确定任务目标，并通过 PDCA 循环来实现预期目标。每

一循环都围绕着实现预期的目标，进行计
划、实施、检查和处置活动，随着对存在
问题的解决和改进，在一次一次的滚动循
环中逐步上升，不断增强质量能力，不断
提高质量水平。每一个循环的四大职能活
动相互联系，共同构成了质量管理的系统
过程。

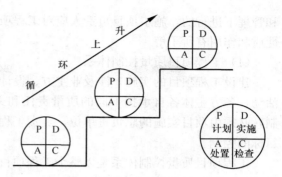

图 6-1　PDCA 循环示意图

1）计划 P（Plan）

计划由目标和实现目标的手段组成，
所以说计划是一条"目标－手段链"。质量
管理的计划职能，包括确定质量目标和制定实现质量目标的行动方案两方面。

建设工程项目的质量计划，是由项目参与各方根据其在项目实施中所承担的任务、责
任范围和质量目标，分别制定质量计划而形成的质量计划体系。其中，建设单位的工程项
目质量计划，包括确定和论证项目总体的质量目标，提出项目质量管理的组织、制度、工
作程序、方法和要求。项目其他各参与方，则根据工程合同规定的质量标准和责任，在明
确各自质量目标的基础上，制定相应范围质量管理的行动方案，包括技术方法、业务流
程、资源配置、检验试验要求、质量记录方式、不合格处理、管理措施等具体内容和做法
的质量管理文件，经过论证和审批后执行。

2）实施 D（Do）

实施职能在于将质量的目标值，转化为质量的实际值。对于建筑施工来说，就是通过
施工作业活动，去实现计划目标。为保证施工质量能够达到预期的结果，在各项质量活动
实施前，要根据质量管理计划进行行动方案的部署和交底，使具体的作业者和管理者明确
计划的意图和要求，掌握质量标准及其实现的程序与方法。在质量计划的实施过程中，则
要求严格执行计划的行动方案，规范行为，把质量管理计划的各项规定和安排落实到具体
的资源配置和作业技术活动中去。

3）检查 C（Check）

指对计划实施过程进行检查，包括作业者的自检、互检和专职管理者专检。各类检查
也都包含两大方面：一是检查是否严格执行了计划的行动方案，实际条件是否发生了变
化，未严格执行计划的原因；二是检查计划执行的结果，即产出的质量是否达到标准的要
求，对此进行确认和评价。

4）处置 A（Action）

对于质量检查所发现的质量问题或质量不合格，及时进行原因分析，采取必要的措施
予以纠正，保持施工质量形成过程的受控状态。处置包括纠偏和预防改进两个方面。前者
是采取有效措施，解决当前的质量偏差、问题或事故；后者是将目前质量状况信息反馈到
管理部门，反思计划和实施过程中存在的问题，改进目标和措施，为今后类似质量问题的
预防提供借鉴。

6.1.3　建设工程项目质量控制体系和施工企业质量管理体系

施工质量控制活动是在整个工程项目的质量控制体系和施工企业的质量管理体系控制

和管理下进行的，施工项目负责人应对工程项目质量控制体系和施工企业质量管理体系的性质和作用有所了解。

（1）工程项目质量控制体系

建设工程项目的实施，涉及业主方、设计方、施工方、监理方、供应方等多方主体的活动，各方主体各自承担不同的质量责任和义务。为了有效地进行系统、全面的质量控制，必须由项目实施的总负责单位，负责工程项目质量控制体系的建立和运行，实施质量目标的控制。

工程项目质量控制体系是以整个工程项目为对象的质量控制工作系统，其作用是：

1）形成系统质量控制网络

通过建立工程项目质量控制体系，明确整个项目管理系统各个层面的工程质量控制责任人，包括承担项目实施任务的项目经理（或工程负责人）、总工程师及技术人员，项目监理机构的总监理工程师、专业监理工程师等，形成明确的项目质量控制责任人的关系网络。

2）制定质量控制制度

建立质量控制体系的重要内容是制定质量控制制度，包括质量控制例会制度、协调制度、报告审批制度、质量验收制度和质量信息管理制度等，形成工程项目质量控制体系的管理文件或手册，作为承担建设工程项目实施任务各方主体共同遵循的管理依据。

3）明确质量控制界面

通过建设工程项目质量控制体系，明确项目各参与方的质量责任划分和相互衔接配合关系，即明确质量责任界面。质量责任界面包括静态界面和动态界面：一般说静态界面根据法律法规、合同条件、组织内部职能分工来确定；动态界面主要是指项目实施过程中各单位之间的衔接配合关系，通过分析研究，明确管理原则与协调方式。

4）编制质量控制计划

建设工程项目管理总组织者，负责主持编制建设工程项目总质量计划；并根据质量控制体系的要求，布置各质量责任主体编制与其承担任务范围相符合的质量计划，按规定程序审批后，作为各自质量控制的依据。

（2）施工企业质量管理体系

建筑施工企业质量管理体系是企业为实施质量管理而建立的管理体系，通过第三方质量认证机构的认证，为该企业的工程承包经营和质量管理奠定基础。企业质量管理体系按照我国《质量管理体系　基础和术语》GB/T 19000—2008进行建立和认证。

1）质量管理八项原则

质量管理八项原则是质量管理体系标准的编制基础。贯彻执行这些原则能促进企业管理水平的提高，提高顾客对其产品或服务的满意程度，帮助企业达到持续成功的目的。

质量管理的八项原则如下：

①以顾客为关注焦点；

②领导起决定作用；

③全员参与；

④过程控制方法；

⑤管理的系统方法；

⑥持续改进；

⑦基于事实的决策方法；

⑧与供方互利的关系。

2）企业质量管理体系文件构成

质量管理标准所要求的质量管理体系文件由下列内容构成：

①质量方针和质量目标；

②质量手册；

③程序性文件；

④质量记录。

3）企业质量管理体系的建立

企业质量管理体系的建立，是在确定市场及顾客需求的前提下，按照八项质量管理原则制定企业的质量方针、质量目标、质量手册、程序文件及质量记录等体系文件，并将质量目标分解落实到相关层次、相关岗位的职能和职责中，形成企业质量管理体系的执行系统。

企业质量管理体系的建立还包括组织企业不同层次的员工进行培训，使体系的工作内容和执行要求为员工所了解，为形成全员参与的企业质量管理体系的运行创造条件。

4）企业质量管理体系的运行

企业质量管理体系的运行是在生产及服务的全过程，按质量管理体系文件所制定的程序、标准、工作要求及目标分解的岗位职责进行运作：

①按各类体系文件的要求，监视、测量和分析过程的有效性和效率，做好文件规定的质量记录，持续收集、记录并分析过程的数据和信息，全面反映产品质量和过程符合要求，并具有可追溯的效能。

②按文件规定的办法进行质量管理评审和考核，针对发现的主要问题，采取必要的改进措施，使这些过程达到所策划的结果并实现对过程的持续改进。

③落实质量体系的内部审核程序，有组织有计划开展内部质量审核活动。

5）企业质量管理体系的认证与监督

质量认证制度是由公正的第三方认证机构对企业的产品及质量体系做出正确可靠的评价，从而使社会对企业的产品建立信心。

企业质量管理体系认证要按照申请和受理、审核、审批与注册发证的程序进行。体系获准认证的有效期为 3 年。获准认证后，企业应通过经常性的内部审核，维持质量管理体系的有效性，并接受认证机构对企业质量管理体系实施监督管理。

（3）工程项目质量控制体系与施工企业质量管理体系的比较

如前所述，建设工程项目质量控制系统是面向项目对象而建立的质量控制工作体系，施工企业质量管理体系是按照 GB/T 19000 族标准建立的企业质量管理体系，两者相比较，有如下的不同点：

1）建立的目的不同——前者只用于特定的建设工程项目质量控制，后者是用于建筑企业的质量管理；

2）服务的范围不同——前者涉及建设工程项目实施过程所有的质量责任主体，后者只服务于某一个施工企业；

3）控制的目标不同——前者的控制目标是某一建设工程项目的质量目标，后者的控制目标是某一具体建筑企业的质量管理目标；

4）作用的时效不同——前者与建设工程项目管理组织系统相融合，是一次性的质量工作体系，后者是永久性的质量管理体系；

5）评价的方式不同——前者的有效性一般由建设工程项目管理的总组织者进行自我评价与诊断，后者需进行第三方认证。

6.2 施工质量控制的内容和方法

建设工程项目的施工质量控制，有两个方面的含义。一是指建设工程项目施工单位的施工质量控制，包括总包、分包单位，综合的和专业的施工质量控制；二是指广义的施工阶段建设工程项目质量控制，即除了施工单位的施工质量控制外，还包括业主、设计单位、监理单位以及政府质量监督机构，在施工阶段对建设工程项目施工质量所实施的监督管理和控制职能。

6.2.1 施工质量控制的目标、依据与基本环节

（1）施工质量控制的目标

工程施工是实现工程设计意图形成工程实体的阶段，是最终形成工程产品质量和项目使用价值的重要阶段。建设工程项目施工阶段的质量控制是整个工程项目质量控制的关键环节，是从原材料的质量控制开始，直到完成工程竣工验收和交工后服务的系统过程，分施工准备、施工、竣工验收和回访服务四个阶段。

建设工程项目施工质量控制的总目标，是实现由建设工程项目决策、设计文件和施工合同所决定的预期使用功能和质量标准。建设单位、设计单位、施工单位、供货单位和监理单位等，在施工阶段质量控制的地位和任务、目标虽然有所不同，但从建设工程项目管理的角度来看，都是致力于实现建设工程项目的质量总目标。

施工单位包括施工总包和分包单位，作为建设工程产品的生产者，应根据施工合同的任务范围和质量要求，通过全过程、全面的施工质量自控，保证最终交付满足施工合同及设计文件所规定质量标准的建设工程产品。我国建设工程质量管理条例规定，施工单位对建设工程的施工质量负责；分包单位应当按照分包合同的约定对其分包工程的质量向总承包单位负责，总承包单位与分包单位对分包工程的质量承担连带责任。

（2）施工质量控制的依据

1）共同性依据。指适用于施工阶段与质量管理有关的通用的、具有普遍指导意义和必须遵守的规定和要求。主要包括：国家和政府有关部门颁布的与质量管理有关的法律和法规性文件，如《建筑法》、《招标投标法》和《质量管理条例》等。

2）专业性依据。指针对不同的行业、不同质量控制对象制定的专业技术法规文件。包括规范、规程、标准、规定等，如：工程建设项目质量检验评定标准；有关建筑材料、半成品和构配件的质量方面的专门技术法规性文件；有关材料验收、包装和标志等方面的技术标准和规定；施工工艺质量等方面的技术法规性文件；有关新工艺、新技术、新材料、新设备的质量规定和鉴定意见等。

3）专用性依据。指本工程项目专用的工程建设合同，设计文件、设计交底及图纸会审记录，设计修改和技术变更等。

（3）施工质量控制的基本环节

施工质量控制应贯彻全面、全过程质量管理的思想，运用动态控制原理，进行质量的事前控制、事中控制和事后控制。

1）事前质量控制

即在正式施工前进行的事前主动质量控制，通过编制施工质量计划，明确质量目标，制定施工方案，设置质量管理点，落实质量责任，分析可能导致质量目标偏离的各种影响因素，针对这些影响因素制定有效的预防措施，防患于未然。

2）事中质量控制

事中质量控制也称作业活动过程质量控制，包括质量活动主体的自我控制和他人监控。自我控制是第一位的，即作业者在作业过程中对自己质量活动行为的约束和技术能力的发挥，完成符合预定质量目标的作业任务；他人监控是指作业者的质量活动过程和结果，接受来自企业内部管理者和来自企业外部有关方面的检查检验，如工程监理机构、政府质量监督部门等的监控。

事中质量控制的目标是确保工序质量合格，杜绝质量事故发生；事中控制的关键是坚持质量标准；控制的重点是工序质量、工作质量和质量控制点的控制。

3）事后质量控制

事后质量控制也称为事后质量把关，使不合格的工序或最终产品（包括单位工程或整个工程项目）不流入下道工序、不进入市场。事后控制包括对质量活动结果的评价、认定；对工序质量偏差的纠正；对不合格产品进行整改和处理。控制的重点是发现施工质量方面的缺陷，并通过分析提出施工质量改进的措施，保持质量处于受控状态。

以上三大环节互相联系，共同构成有机的系统控制过程，实质上就是质量管理PDCA循环的具体化，在每一次滚动循环中不断提高，达到质量管理和质量控制的持续改进。

6.2.2 施工质量计划的编制

（1）施工质量计划的形式和内容

以施工项目为对象的质量计划称为施工质量计划。施工质量计划可以采取"单行本"的形式，也可以包含在该项目的施工组织设计或项目管理实施规划中。

施工组织设计或施工项目管理实施规划之所以能发挥施工质量计划的作用，是因为根据建筑生产的技术经济特点，每个工程项目都需要进行施工生产过程的组织与计划，包括施工质量、进度、成本、安全等目标的设定、实现目标的计划和控制措施的安排等。因此，施工质量计划所要求的内容，理所当然地被包含于施工组织设计或项目管理实施规划中，而且能够充分体现施工项目管理目标（质量、工期、成本、安全）的关联性、制约性和整体性，这也和全面质量管理的思想方法相一致。

施工质量计划的基本内容一般应包括：

1）工程特点及施工条件（合同条件、法规条件和现场条件等）分析；

2）质量总目标及其分解目标；

3）质量管理组织机构和职责，人员及资源配置计划；

4）确定施工工艺与操作方法的技术方案和施工组织方案；

5）施工材料、设备等物资的质量管理及控制措施；

6）施工质量检验、检测、试验工作的计划安排及其实施方法与接收准则；

7）施工质量控制点及其跟踪控制的方式与要求；

8）质量记录的要求等。

（2）施工质量计划的编制与审批

施工质量计划应由施工承包企业编制。在平行发包方式下，各承包单位应分别编制施工质量计划。在总分包模式下，施工总承包单位应编制总承包工程范围的施工质量计划；各分包单位编制相应分包范围的施工质量计划，作为施工总承包方质量计划的深化和组成部分。施工总承包方有责任对各分包方施工质量计划的编制进行指导和审核，并承担相应施工质量的连带责任。

施工质量计划涵盖的范围，应与建筑安装工程施工任务的实施范围相一致，以此保证整个项目建筑安装工程的施工质量总体受控。

施工单位的项目施工质量计划或施工组织设计文件编成后，应按照工程施工管理程序进行审批，包括施工企业内部的审批和项目监理机构的审查。

1）企业内部的审批

施工单位的项目施工质量计划或施工组织设计的编制与内部审批，应根据企业质量管理程序性文件规定的权限和流程进行。通常是由项目经理主持编制，报企业组织管理层批准。这个内部审批过程，是施工企业自主技术决策和管理决策的过程，也是发挥企业职能部门与施工项目管理团队的智慧和经验的过程。

2）监理工程师的审查

实施工程监理的施工项目，按照我国建设工程监理规范的规定，施工承包单位必须填写《施工组织设计（方案）报审表》并附施工组织设计（方案），报送项目监理机构审查。规范规定项目监理机构"在工程开工前，总监理工程师应组织专业监理工程师审查承包单位报送的施工组织设计（方案）报审表，提出意见，并经总监理工程师审核、签认后报建设单位。"

3）审批关系的处理原则

正确执行施工质量计划的审批程序，是正确理解工程质量目标和要求，保证施工部署、技术工艺方案和组织管理措施的合理性、先进性和经济性的重要环节，也是进行施工质量事前预控的重要方法。因此，在执行审批程序时，必须正确处理施工企业内部审批和监理工程师审查的关系：

①施工企业内部的审批首先应从履行工程承包合同的角度，审查实现合同质量目标的合理性和可行性，以项目质量计划向发包方提供可信任的依据；

②对监理工程师审查所提出的建议、希望、要求等意见是否采纳以及采纳的程度，应由负责质量计划编制的施工单位自主决策。在满足合同和相关法规要求的情况下，确定质量计划的调整、修改和优化，并对相应执行结果承担责任。

③经过按规定程序审查批准的施工质量计划，在实施过程如因条件变化需要对某些重要决定进行修改时，其修改内容仍应按照相应程序经过审批后执行。

（3）施工质量控制点的设置与管理

施工质量控制点的设置是施工质量计划的重要组成内容。施工质量控制的重点对象。

1）质量控制点的设置

质量控制点应选择那些技术要求高、施工难度大、对工程质量影响大或是发生质量问题时危害大的对象进行设置。一般选择下列部位或环节作为质量控制点：

①对工程质量形成过程产生直接影响的关键部位、工序、环节及隐蔽工程；

②施工过程中的薄弱环节，或者质量不稳定的工序、部位或对象；

③对下道工序有较大影响的上道工序；

④采用新技术、新工艺、新材料的部位或环节；

⑤施工质量没有把握的、施工条件困难的或技术难度大的工序或环节；

⑥用户反馈指出的和过去有过返工的不良工序。

一般建筑工程质量控制点的设置可参考表 6-1。

质量控制点的设置　　　　　　　　　　　　　　　　　　　　　　表 6-1

分项工程	质　量　控　制　点
工程测量定位	标准轴线桩、水平桩、龙门板、定位轴线、标高
地基、基础（含设备基础）	基坑（槽）尺寸、标高、土质、地基承载力，基础垫层标高，基础位置、尺寸、标高，预埋件、预留洞孔的位置、标高、规格、数量，基础杯口弹线
砌体	砌体轴线，皮数杆，砂浆配合比，预留洞孔、预埋件的位置、数量，砌块排列
模板	位置、标高、尺寸，预留洞孔位置、尺寸，预埋件的位置，模板的强度、刚度和稳定性，模板内部清理及润湿情况
钢筋混凝土	水泥品种、强度等级，砂石质量，混凝土配合比，外加剂比例，混凝土振捣，钢筋品种、规格、尺寸、搭接长度，钢筋焊接、机械连接，预留洞、孔及预埋件规格、位置、尺寸、数量，预制构件吊装或出厂（脱模）强度，吊装位置、标高、支承长度、焊缝长度
吊装	吊装设备的起重能力、吊具、索具、地锚
钢结构	翻样图、放大样
焊接	焊接条件、焊接工艺
装修	视具体情况而定

2）质量控制点的重点控制对象

质量控制点的选择要准确，还要根据对重要质量特性进行重点控制的要求，选择质量控制点的重点部位、重点工序和重点的质量因素作为质量控制点的控制对象，进行重点预控和监控，从而有效地控制和保证施工质量。质量控制点的重点控制对象主要包括以下几个方面：

①人的行为。某些操作或工序，应以人为重点的控制对象，比如：高空、高温、水下、易燃易爆、重型构件吊装作业以及操作要求高的工序和技术难度大的工序等，都应从人的生理、心理、技术能力等方面进行控制。

②材料的质量与性能。这是直接影响工程质量的重要因素，在某些工程中应作为控制的重点。例如：钢结构工程中使用的高强度螺栓、某些特殊焊接使用的焊条，都应作为重点控制其材质与性能；又如水泥的质量是直接影响混凝土工程质量的关键因素，施工中就

应对进场的水泥质量进行重点控制，必须检查核对其出厂合格证，并按要求进行强度和安定性的复验等。

③施工方法与关键操作。某些直接影响工程质量的关键操作应作为控制的重点，如预应力钢筋的张拉工艺操作过程及张拉力的控制，是可靠地建立预应力值和保证预应力构件质量的关键过程。同时，那些易对工程质量产生重大影响的施工方法，也应列为控制的重点，如大模板施工中模板的稳定和组装问题、液压滑模施工时支承杆稳定问题、升板法施工中提升量的控制等。

④施工技术参数。如混凝土的外加剂掺量、水灰比，回填土的含水量，砌体的砂浆饱满度，防水混凝土的抗渗等级、建筑物沉降与基坑边坡稳定监测数据，大体积混凝土内外温差及混凝土冬期施工受冻临界强度等技术参数都是应重点控制的质量参数与指标。

⑤技术间歇。有些工序之间必须留有必要的技术间歇时间，例如砌筑与抹灰之间，应在墙体砌筑后留 6～10 天时间，让墙体充分沉陷、稳定、干燥，再抹灰，抹灰层干燥后，才能喷白、刷浆；混凝土浇筑与模板拆除之间，应保证混凝土有一定的硬化时间，达到规定拆模强度后方可拆除等。

⑥施工顺序。对于某些工序之间必须严格控制先后的施工顺序，比如对冷拉的钢筋应当先焊接后冷拉，否则会失去冷拉强度；屋架的安装固定，应采取对角同时施焊方法，否则会由于焊接应力导致校正好的屋架发生倾斜。

⑦易发生或常见的质量通病。例如：混凝土工程的蜂窝、麻面、空洞，墙、地面、屋面工程渗水、漏水、空鼓、起砂、裂缝等，都与工序操作有关，均应事先研究对策，提出预防措施。

⑧新技术和新材料及新工艺的应用。由于缺乏经验，施工时应将其作为重点进行控制。

⑨产品质量不稳定和不合格率较高的工序应列为重点，认真分析、严格控制。

⑩特殊地基或特种结构。对于湿陷性黄土、膨胀土、红黏土等特殊土地基的处理，以及大跨度结构、高耸结构等技术难度较大的施工环节和重要部位，均应予以特别的重视。

特殊过程质量控制的管理，除按一般过程质量控制的规定执行外，还应由专业技术人员编制作业指导书，经项目技术负责人审批后执行。作业前施工员、技术员做好交底和记录，使操作人员在明确工艺标准、质量要求的基础上进行作业。为保证质量控制点的目标实现，应严格按照三级检查制度进行检查控制。在施工中发现质量控制点有异常时，应立即停止施工，召开分析会，查找原因采取对策予以解决。

3）质量控制点的管理

设定了质量控制点，质量控制的目标及工作重点就更加明晰。首先，要做好施工质量控制点的事前质量预控工作，包括：明确质量控制的目标与控制参数；编制作业指导书和质量控制措施；确定质量检查检验方式及抽样的数量与方法；明确检查结果的判断标准及质量记录与信息反馈要求等。

其次，要向施工作业班组进行认真交底，使每一个控制点上的作业人员明白施工作业规程及质量检验评定标准，掌握施工操作要领；在施工过程中，相关技术管理和质量控制人员要在现场进行重点指导和检查验收。

在施工过程中，要做好施工质量控制点的动态设置和动态跟踪管理。所谓动态设置，是指在工程开工前、设计交底和图纸会审时，可确定项目的一批质量控制点，随着工程的展开、施工条件的变化，随时或定期进行控制点的调整和更新。动态跟踪是应用动态控制原理，落实专人负责跟踪和记录控制点质量控制的状态和效果，并及时向项目管理组织的高层管理者反馈质量控制信息，保持施工质量控制点的受控状态。

施工单位应积极主动地支持、配合监理工程师的工作，应根据现场工程监理机构的要求，对施工作业质量控制点，按照不同的性质和管理要求，细分为"见证点"和"待检点"进行施工质量的监督和检查。凡属"见证点"的施工作业，如重要部位、特种作业、专门工艺等，施工方必须在该项作业开始前 24 小时，书面通知现场监理机构到位旁站，见证施工作业过程；凡属"待检点"的施工作业，如隐蔽工程等，施工方必须在完成施工质量自检的基础上，提前 24 小时通知项目监理机构进行检查验收，然后才能进行工程隐蔽或下道工序的施工。未经过项目监理机构检查验收合格，不得进行工程隐蔽或下道工序的施工。

6.2.3　施工生产要素的质量控制

（1）施工人员的质量控制

施工人员的质量包括参与工程施工各类人员的施工技能、文化素养、生理体能、心理行为等方面的个体素质，以及经过合理组织和激励发挥个体潜能综合形成的群体素质。因此，企业应通过择优录用、加强思想教育及技能方面的教育培训，合理组织、严格考核、并辅以必要的激励机制，使企业员工的潜在能力得到充分的发挥和最好的组合，使施工人员在质量控制系统中发挥主体自控作用。

施工企业必须坚持执业资格注册制度和作业人员持证上岗制度；对所选派的施工项目领导者、组织者进行教育和培训，使其质量意识和组织管理能力能满足施工质量控制的要求；对所属施工队伍进行全员培训，加强质量意识的教育和技术训练，提高每个作业者的质量活动能力和自控能力；对分包单位进行严格的资质考核和施工人员的资格考核，其资质资格必须符合相关法规的规定，与其分包的工程相适应。

（2）材料设备的质量控制

原材料、半成品及工程设备是工程实体的构成部分，其质量是工程项目实体质量的基础。加强原材料、半成品及工程设备的质量控制，不仅是提高工程质量的必要条件，也是实现工程项目投资目标和进度目标的前提。

对原材料、半成品及工程设备进行质量控制的主要内容为：控制材料设备的性能、标准、技术参数与设计文件的相符性；控制材料、设备各项技术性能指标、检验测试指标与标准规范要求的相符性；控制材料、设备进场验收程序的正确性及质量文件资料的完备性；控制优先采用节能低碳的新型建筑材料和设备，禁止使用国家明令禁用或淘汰的建筑材料和设备等。

施工单位应在施工过程中贯彻执行企业质量程序文件中关于材料、设备封样、采购、进场检验、抽样检测及质保资料提交等方面明确规定的一系列控制标准。

（3）工艺方案的质量控制

施工工艺是直接影响工程质量、工程进度及工程造价的关键因素，施工工艺的是否合理可靠也直接影响到工程施工是否安全。因此在工程项目质量控制系统中，制定和采用技术先进、经济合理、安全可靠的施工技术工艺方案，是工程质量控制的重要环节。对施工工艺方案的质量控制主要包括以下内容：

1）深入正确地分析工程特征、技术关键及环境条件等资料，明确质量目标、验收标准、控制的重点和难点。

2）制定合理有效的有针对性的施工技术方案和组织方案，前者包括施工工艺、施工方法，后者包括施工区段划分、施工流向及劳动组织等。

3）合理选用施工机械设备和施工临时设施，合理布置施工总平面图和各阶段施工平面图。

4）选用和设计保证质量和安全的模具、脚手架等施工设备。

5）编制工程所采用的新材料、新技术、新工艺的专项技术方案和质量管理方案。

6）针对工程具体情况，分析气象、地质等环境因素对施工的影响，制定应对措施。

（4）施工机械的质量控制

施工机械是指施工过程中使用的各类机械设备，包括起重运输设备、人货两用电梯、加工机械、操作工具、测量仪器、计量器具以及专用工具和施工安全设施等。施工机械设备是所有施工方案和工法得以实施的重要物质基础，合理选择和正确使用施工机械设备是保证施工质量的重要措施。

1）对施工所用的机械设备，应根据工程需要从设备选型、主要性能参数及使用操作要求等方面加以控制，符合安全、适用、经济、可靠和节能、环保等方面的要求。

2）对施工中使用的模具、脚手架等施工设备，除按适用的标准定型选用外，一般需按设计及施工要求进行专项设计，对其设计方案及制作质量的控制及验收应作为重点进行控制。

3）按现行施工管理制度要求，工程所用的施工机械、模板、脚手架，特别是危险性较大的现场安装的起重机械设备，不仅要对其设计安装方案进行审批，而且安装完毕交付使用前必须经专业管理部门的验收，合格后方可使用。同时，在使用过程中尚需落实相应的管理制度，以确保其安全正常使用。

（5）施工环境因素的控制

环境的因素主要包括施工现场自然环境因素、施工质量管理环境因素和施工作业环境因素。环境因素对工程质量的影响，具有复杂多变和不确定性的特点。要消除其对施工质量的不利影响，主要是采取预测预防的控制方法。

1）对施工现场自然环境因素的控制

对地质水文等方面影响因素，应根据设计要求，分析工程岩土地质资料，预测不利因素，并会同设计等方面制定相应的措施，采取如基坑降水、排水、加固围护等技术控制方案。

对天气气象方面的影响因素，应在施工方案中制定专项预案，明确在不利条件下的施工措施，落实人员、器材等方面的准备以紧急应对，从而控制其对施工质量的不利影响。

2）对施工质量管理环境因素的控制

施工质量管理环境因素主要指施工单位质量保证体系、质量管理制度和各参建施工单位之间的协调等因素。要根据工程承发包的合同结构，理顺管理关系，建立统一的现场施工组织系统和质量管理的综合运行机制，确保质量保证体系处于良好的状态，创造良好的质量管理环境和氛围，使施工顺利进行，保证施工质量。

3）对施工作业环境因素的控制

施工作业环境因素主要是指施工现场的给水排水条件，各种能源介质供应，施工照明、通风、安全防护设施，施工场地空间条件和通道，以及交通运输和道路条件等因素。要认真实施经过审批的施工组织设计和施工方案，落实保证措施，严格执行相关管理制度和施工纪律，保证上述环境条件良好，使施工顺利进行以及施工质量得到保证。

6.2.4 施工过程的作业质量控制

施工过程的作业质量控制，是在工程项目质量实际形成过程中的事中质量控制。

建设工程项目施工是由一系列相互关联、相互制约的作业过程（工序）构成，因此施工质量控制，必须对全部作业过程，即各道工序的作业质量进行控制。从项目管理的立场看，工序作业质量的控制，首先是质量生产者即作业者的自控，在施工生产要素合格的条件下，作业者能力及其发挥的状况是决定作业质量的关键。其次，是来自作业者外部的各种作业质量检查、验收和对质量行为的监督，也是不可缺少的设防和把关的管理措施。

（1）工序施工质量控制

工序是人、材料、机械设备、施工方法和环境因素对工程质量综合起作用的过程，所以对施工过程的质量控制，必须以工序作业质量控制为核心。只有严格控制工序质量，才能确保施工项目的实体质量。工序施工质量控制包括施工条件质量控制和施工效果质量控制。

1）工序施工条件控制。工序施工条件是指从事工序活动的各生产要素质量及生产环境条件。工序施工条件控制就是控制工序活动的各种投入要素质量和环境条件质量。控制的手段主要有：检查、测试、试验、跟踪监督等。控制的依据主要是：设计质量标准、材料质量标准、机械设备技术性能标准、施工工艺标准以及操作规程等。

2）工序施工效果控制。工序施工效果主要反映在工序产品的质量特征和特性指标。对工序施工效果的控制就是控制工序产品的质量特征和特性指标能否达到设计质量标准以及施工质量验收标准的要求。工序施工效果控制属于事后质量控制，其控制的主要途径是：实测获取数据、统计分析所获取的数据、判断认定质量等级和纠正质量偏差。

例如，在房屋建筑工程中，按施工验收规范规定，下列工序质量必须进行现场质量检测，合格后才能进行下道工序。

①地基基础工程

（a）地基及复合地基承载力静载检测

对于地基基础设计等级为甲级或地质条件复杂、成桩质量可靠性低的灌注桩，应采用静载荷试验的方法进行检验，检验桩数不应少于总数的1%，且不应少于3根。

（b）桩的承载力检测

设计等级为甲级、乙级的桩基或地质条件复杂，桩施工质量可靠性低，本地区采用的新桩型或新工艺的桩基应进行桩的承载力检测。检测数量在同一条件下不应少于3根，且不宜少于总桩数的1%。

（c）桩身完整性检测

根据设计要求，检测桩身缺陷及其位置，判定桩身完整性类别，采用低应变法。判定单桩竖向抗压承载力是否满足设计要求，分析桩侧和桩端阻力，采用高应变法。

②主体结构工程

（a）混凝土、砂浆、砌体强度现场检测

检测同一强度等级同条件养护的试块强度，以此检测结果代表工程实体的结构强度。

混凝土：按统计方法评定混凝土强度的基本条件是，同一强度等级的同条件养护试件的留置数量不宜少于 10 组，按非统计方法评定混凝土强度时，留置数量不应少于 3 组。

砂浆抽检数量：每一检验批且不超过 250m³ 砌体的各种类型及强度等级的砌筑砂浆，每台搅拌机应至少抽检一次。

砌体：普通砖 15 万块、多孔砖 5 万块、灰砂砖及粉灰砖 10 万块各为一检验批，抽检数量为一组。

（b）钢筋保护层厚度检测

钢筋保护层厚度检测的结构部位，应由监理（建设）、施工等各方根据结构构件的重要性共同选定。对梁类、板类构件，应各抽取构件数量的 2% 且不少于 5 个构件进行检验。

（c）混凝土预制构件结构性能检测

对成批生产的构件，应按同一工艺正常生产的不超过 1000 件且不超过 3 个月的同类型产品为一批。在每批中应随机抽取一个构件作为试件进行检验。

③建筑幕墙工程

（a）铝塑复合板的剥离强度检测；

（b）石材的弯曲强度及室内用花岗石的放射性检测；

（c）玻璃幕墙用结构胶的邵氏硬度、标准条件拉伸粘结强度、相容性试验；石材用结构胶胶结强度及石材用密封胶的污染性检测；

（d）建筑幕墙的气密性、水密性、风压变形性能、层间变位性能检测；

（e）硅酮结构胶相容性检测。

④钢结构及管道工程

（a）钢结构及钢管焊接质量无损检测

对有无损检验要求的焊缝，竣工图上应标明焊缝编号、无损检验方法、局部无损检验焊缝的位置、底片编号、热处理焊缝位置及编号、焊缝补焊位置及施焊焊工代号。焊缝施焊记录及检查、检验记录应符合相关标准的规定。

（b）钢结构、钢管防腐及防火涂装检测

（c）钢结构节点、机械连接用紧固标准件及高强度螺栓力学性能检测

（2）施工作业质量的自控

我国建筑法和建设工程质量管理条例规定：建筑施工企业对工程的施工质量负责；建筑施工企业必须按照工程设计要求、施工技术标准和合同的约定，对建筑材料、建筑构配件和设备进行检验，不合格的不得使用。施工作业质量的自控，强调施工作业者的岗位质量责任，向后道工序提供合格的作业成果（中间产品）。供货厂商也必须按照供货合同约定的质量标准和要求，对施工材料物资的供应过程实施产品质量自控。施工承包方和供应方在施工阶段是质量自控主体，他们不能因为监控主体的存在和监控责任的实施而减轻或免除其质量责任。

施工作业质量的自控是由施工作业组织的成员进行的，其基本的控制程序包括作业技术交底、作业活动的实施和作业质量检查，并作完整的记录。

1）施工作业技术的交底

施工作业质量自控要以预防为主，事先要根据施工作业的内容、范围和特点，制定施工作业计划，明确作业质量目标和作业技术要领。

技术交底是施工组织设计和施工方案的落实过程。从建设工程项目的施工组织设计到分部分项工程的作业计划，在实施之前都必须对下逐级交底，其目的是使管理者的计划和决策意图为实施人员所理解，将各项作业技术组织措施落实到人头。施工作业交底是最基层的技术和管理交底活动，施工总承包方和工程监理机构都要对施工作业交底进行监督。作业交底的内容必须具有可行性和可操作性，包括作业范围、施工依据、作业程序、技术标准和要领、质量目标以及其他与安全、进度、成本、环境等目标管理有关的要求和注意事项等。

2）施工作业活动的实施

施工作业活动是由一系列工序所组成的，为了保证工序质量的受控，首先要对作业条件进行再确认，即按照作业计划检查作业准备状态是否落实到位，其中包括对施工程序和作业工艺顺序的检查确认，在此基础上，严格按作业计划的程序、步骤和质量要求展开工序作业活动。

3）施工作业质量的自检

施工作业质量的自检，是贯穿整个施工过程的最基本的质量控制活动，包括施工单位内部的工序作业质量自检、互检、专检和交接检查。施工作业质量自检应严格坚持质量标准，对已完检验批及分部分项工程的施工质量，必须在施工单位完成质量自检并确认合格之后，才能报请现场监理机构进行检查验收。

前道工序作业质量经验收合格后，才可进入下道工序施工。未经验收或验收不合格的工序，不得进入下道工序施工。对不合格的施工作业质量，不得进行验收，必须按照规定的程序进行处理。

4）施工作业质量的记录

施工图纸、质量计划、作业指导书、材料质保书、检验试验及检测报告、质量验收记录等，是形成可追溯性的质量保证依据，也是工程竣工验收所不可缺少的质量控制资料。因此，对施工作业质量的记录，应有计划、有步骤地按照施工管理规范的要求进行填写记录，做到及时、准确、完整、有效，并具有可追溯性。

（3）施工作业质量的监控

1）施工作业质量的监控主体

我国《建筑法》和《建设工程质量管理条例》规定，国家实行建设工程质量监督管理制度。建设单位、监理单位、设计单位及政府的工程质量监督部门，在施工阶段依据法律法规和工程施工承包合同，对施工单位的质量行为和质量状况实施监督控制。

政府质量监督的性质属于行政执法行为，是政府为了保证建设工程质量，保护人民群众生命和财产安全，维护公众利益，依据国家法律、法规和工程建设强制性标准，对责任主体和有关机构履行质量责任的行为以及工程实体质量进行的监督检查。建设单位在领取施工许可证或者开工报告前，应当按照有关规定向政府工程质量监督机构办理工程质量监督申报手续。政府建设行政主管部门及其工程质量监督机构的监督职能是：监督检查施工现场工程建设参与各方主体的质量行为；监督检查工程实体的施工质量，特别是基础、主体结构、主要设备安装等涉及结构安全和使用功能的施工质量；监督工程质量验收。

设计单位应当就审查合格的施工图纸设计文件向施工单位做出详细说明；应当参与建设工程质量事故分析，并对因设计造成的质量事故，提出相应的技术处理方案。

作为监控主体之一的项目监理机构，受建设单位委托，在施工作业实施过程中，采取现场旁站、巡视、平行检验等形式，对施工作业质量进行监督检查，如发现工程施工不符合工程设计要求、施工技术标准和合同约定的，有权要求建筑施工企业改正。监理机构应进行检查而没有检查或没有按规定进行检查的，给建设单位造成损失时应承担赔偿责任。

必须强调，施工质量的自控主体和监控主体，在施工全过程相互依存、各负其责，共同推动着施工质量控制过程的展开和最终实现工程项目的质量总目标。

2）现场质量检查

现场质量检查是施工作业质量监控的主要手段。现场质量检查的内容包括：

①开工前的检查，主要检查是否具备开工条件，开工后是否能够保持连续正常施工，能否保证工程质量。

②工序交接检查，对于重要的工序或对工程质量有重大影响的工序，应严格执行"三检"制度，即自检、互检、专检。未经监理工程师（或建设单位技术负责人）检查认可，不得进行下道工序施工。

③隐蔽工程的检查，施工中凡是隐蔽工程必须检查认证后方可进行隐蔽掩盖。

④停工后复工的检查，因客观因素停工或处理质量事故等停工复工时，经检查认可后方能复工。

⑤分项、分部工程完工后的检查，应经检查认可，并签署验收记录后，才能进行下一工程项目的施工。

⑥成品保护的检查，检查成品有无保护措施以及保护措施是否有效可靠。

现场质量检查的方法主要有目测法、实测法和试验法等：

①目测法。即凭借感官进行检查，也称观感质量检验。其手段可概括为"看、摸、敲、照"四个字：

看——就是根据质量标准要求进行外观检查。例如，清水墙面是否洁净，喷涂的密实度和颜色是否良好、均匀，工人的操作是否正常，内墙抹灰的大面及口角是否平直，混凝土外观是否符合要求等。

摸——就是通过触摸手感进行检查、鉴别。例如油漆的光滑度，浆活是否牢固、不掉粉等。

敲——就是运用敲击工具进行音感检查。例如，对地面工程、装饰工程中的水磨石、面砖、石材饰面等，均应进行敲击检查。

照——就是通过人工光源或反射光照射，检查难以看到或光线较暗的部位。例如管道井、电梯井等内的管线、设备安装质量，装饰吊顶内连接及设备安装质量等。

②实测法。就是通过实测数据与施工规范、质量标准的要求及允许偏差值进行对照，以此判断质量是否符合要求。其手段可概括为"靠、量、吊、套"四个字：

靠——就是用直尺、塞尺检查诸如墙面、地面、路面等的平整度。

量——就是指用测量工具和计量仪表等检查断面尺寸、轴线、标高、湿度、温度等的偏差。例如，大理石板拼缝尺寸与超差数量，摊铺沥青拌合料的温度，混凝土坍落度的检测等。

吊——就是利用托线板及线坠吊线检查垂直度。例如，砌体垂直度检查、门窗的安装等。

套——是以方尺套方，辅以塞尺检查。例如，对阴阳角的方正、踢脚线的垂直度、预制构件的方正、门窗口及构件的对角线检查等。

③试验法。是指通过必要的试验手段对质量进行判断的检查方法。主要包括：

理化试验。工程中常用的理化试验包括物理力学性能方面的检验和化学成分及化学性能的测定两个方面。物理力学性能的检验，包括各种力学指标的测定，如抗拉强度、抗压强度、抗弯强度、抗折强度、冲击韧性、硬度、承载力等，以及各种物理性能方面的测定，如密度、含水量、凝结时间、安定性及抗渗、耐磨、耐热性能等。化学成分及化学性质的测定，如钢筋中的磷、硫含量，混凝土中粗骨料中的活性氧化硅成分，以及耐酸、耐碱、抗腐蚀性等。此外，根据规定有时还需进行现场试验，例如，对桩或地基的静载试验、下水管道的通水试验、压力管道的耐压试验、防水层的蓄水或淋水试验等。

无损检测。利用专门的仪器仪表从表面探测结构物、材料、设备的内部组织结构或损伤情况。常用的无损检测方法有超声波探伤、X射线探伤、γ射线探伤等。

3）技术核定与见证取样送检

①技术核定。在建设工程项目施工过程中，因施工方对施工图纸的某些要求不甚明白，或图纸内部存在某些矛盾，或工程材料调整与代用，改变建筑节点构造、管线位置或走向等，需要通过设计单位明确或确认的，施工方必须以技术核定单的方式向监理工程师提出，报送设计单位核准确认。

②见证取样送检。为了保证建设工程质量，我国规定对工程所使用的主要材料、半成品、构配件以及施工过程留置的试块、试件等应实行现场见证取样送检。见证人员由建设单位及工程监理机构中有相关专业知识的人员担任；送检的试验室应具备国家或地方工程检验检测主管部门核准的相关资质；见证取样送检必须严格执行规定的程序，包括取样见证并记录、样本编号、填单、封箱、送试验室、核对、交接、试验检测、报告等。

检测机构应当建立档案管理制度。检测合同、委托单、原始记录、检测报告应当按年度统一编号，编号应当连续，不得随意抽撤、涂改。

（4）隐蔽工程验收与成品质量保护

1）隐蔽工程验收

凡被后续施工所覆盖的施工内容，如地基基础工程、钢筋工程、预埋管线等均属隐蔽工程。加强隐蔽工程质量验收，是施工质量控制的重要环节，其程序要求施工方首先应完成自检并合格；然后填写专用的《隐蔽工程验收单》，验收单所列的验收内容应与已完的隐蔽工程实物相一致；并事先通知监理机构及有关方面，按约定时间进行验收；验收合格的隐蔽工程由各方共同签署验收记录；验收不合格的隐蔽工程，应按验收整改意见进行整改后重新验收。严格隐蔽工程验收的程序和记录，对于预防工程质量隐患，提供可追溯质量记录具有重要作用。

2）施工成品质量保护

建设工程项目对已完施工工序的成品保护，目的是避免已完施工成品受到来自后续施工以及其他方面的污染或损坏。已完施工的成品保护问题和相应措施，在工程施工组织设计与计划阶段就应该从施工顺序上进行考虑，防止施工顺序不当或交叉作业造成相互干扰、污染和损坏；成品形成后可采取防护、覆盖、封闭、包裹等相应措施进行保护。

6.2.5 施工质量验收

施工质量验收应按照有关标准进行。以下以建筑工程为例说明。

建筑工程的施工质量验收应按《建筑工程施工质量验收统一标准》进行。该标准是建筑工程各专业工程施工质量验收规范编制的统一准则。各专业工程施工质量验收规范应与该标准配合使用。

根据《建筑工程施工质量验收统一标准》，所谓"验收"，是指建筑工程在施工单位自行质量检查评定合格的基础上，由工程质量验收责任方组织，参与建设活动的有关单位共同对检验批、分项、分部、单位工程的质量进行抽样复验，对技术文件进行审核，并根据设计文件和相关标准以书面形式对工程质量达到合格与否做出确认。

正确地进行工程项目质量的检查评定和验收，是施工质量控制的重要手段。施工质量验收包括施工过程的质量验收及工程项目竣工质量验收两个部分。

（1）施工过程质量验收

进行建筑工程质量验收，应根据《建筑工程施工质量验收统一标准》，将工程项目划分为单位（子单位）工程、分部（子分部）工程、分项工程和检验批。施工过程质量验收主要是指检验批和分项、分部工程的质量验收。

《建筑工程施工质量验收统一标准》与各个专业工程施工质量验收规范，明确规定了各分项工程的施工质量的基本要求，规定了分项工程检验批的抽查办法和抽查数量，规定了检验批主控项目、一般项目的检查内容和允许偏差，规定了对主控项目、一般项目的检验方法，规定了各分部工程验收的方法和需要的技术资料等，同时对涉及人民生命财产安全、人身健康、环境保护和公共利益的内容以强制性条文作出规定，要求必须坚决、严格遵照执行。

检验批和分项工程是质量验收的基本单元；分部工程是在所含全部分项工程验收的基础上进行验收的，在施工过程中随完工随验收，并留下完整的质量验收记录和资料；单位工程作为具有独立使用功能的完整的建筑产品，进行竣工质量验收。

施工过程的质量验收包括以下验收环节，通过验收后要留下完整的质量验收记录和资料，为工程项目竣工质量验收提供依据：

1）检验批质量验收

所谓检验批是指"按同一的生产条件或按规定的方式汇总起来供检验用的，由一定数量样本组成的检验体"，"检验批可根据施工及质量控制和专业验收需要按楼层、施工段、变形缝等进行划分"。检验批是工程验收的最小单位，是分项工程乃至整个建筑工程质量验收的基础。《建筑工程施工质量验收统一标准》规定：

①检验批应由监理工程师（建设单位项目技术负责人）组织施工单位项目专业质量（技术）负责人等进行验收；

②检验批质量验收合格应符合下列规定：

（a）主控项目和一般项目的质量经抽样检验合格；

（b）具有完整的施工操作依据、质量检查记录。

主控项目是指是对检验批的基本质量起决定性作用的检验项目。因此，主控项目的验收必须从严要求，不允许有不符合要求的检验结果，主控项目的检查具有否决权。除主控项目以外的检验项目称为一般项目。

2）分项工程质量验收

分项工程的质量验收在检验批验收的基础上进行。一般情况下，两者具有相同或相近的性质，只是批量的大小不同而已。分项工程可由一个或若干检验批组成。

《建筑工程施工质量验收统一标准》规定：

①分项工程应由监理工程师（建设单位项目技术负责人）组织施工单位项目专业质量（技术）负责人进行验收。

②分项工程质量验收合格应符合下列规定：

（a）分项工程所含的检验批均应符合合格质量的规定；

（b）分项工程所含的检验批的质量验收记录应完整。

3）分部工程质量验收

分部工程的验收在其所含各分项工程验收的基础上进行。《建筑工程施工质量验收统一标准》规定：

①分部工程应由总监理工程师（建设单位项目负责人）组织施工单位项目负责人和技术、质量负责人等进行验收；地基与基础、主体结构分部工程的勘察、设计单位工程项目负责人和施工单位技术、质量部门负责人也应参加相关分部工程验收（桩基、地基及主体分部工程验收需报质监站验收）。

②分部（子分部）工程质量验收合格应符合下列规定：

（a）所含分项工程的质量均应验收合格；

（b）质量控制资料应完整；

（c）地基与基础、主体结构和设备安装等分部工程有关安全、使用功能、节能、环境保护的检验和抽样检验结果应符合有关规定；

（d）观感质量验收应符合要求。

必须注意的是，由于分部工程所含的各分项工程性质不同，因此它并不是在所含分项验收基础上的简单相加，即所含分项验收合格且质量控制资料完整，只是分部工程质量验收的基本条件，还必须在此基础上对涉及安全和使用功能的地基基础、主体结构、有关安全及重要使用功能的安装分部工程进行见证取样试验或抽样检测；而且还需要对其观感质量进行验收，并综合给出质量评价，对于评价为"差"的检查点应通过返修处理等补救。

（2）竣工质量验收

施工项目竣工质量验收是施工质量控制的最后一个环节，是对施工过程质量控制成果的全面检验，是从终端把关方面进行质量控制。未经验收或验收不合格的工程，不得交付使用。

1）竣工质量验收的依据

①国家相关法律法规和建设主管部门颁布的管理条例和办法；

②工程施工质量验收统一标准；

③专业工程施工质量验收规范；

④批准的设计文件、施工图纸及说明书；

⑤工程施工承包合同；

⑥其他相关文件。

2）竣工质量验收的要求

工程项目竣工质量验收应按下列要求进行：

①检验批的质量应按主控项目和一般项目验收。

②工程质量的验收均应在施工单位自检合格的基础上进行。

③隐蔽工程在隐蔽前应由施工单位通知监理工程师或建设单位专业技术负责人进行验收，并应形成验收文件，验收合格后方可继续施工。

④参加工程施工质量验收的各方人员应具备规定的资格。单位工程的验收人员应具备工程建设相关专业的中级以上技术职称并具有 5 年以上从事工程建设相关专业的工作经历，参加单位工程验收的签字人员应为各方项目负责人。

⑤涉及结构安全的试块、试件以及有关材料，应按规定进行见证取样检测；对涉及结构安全、使用功能、节能、环境保护等重要分部工程应进行抽样检测。

⑥承担见证取样检测及有关结构安全、使用功能等项目的检测单位应具备相应资质。

⑦工程的观感质量应由验收人员现场检查，并应共同确认。

建筑工程施工质量验收合格应符合下列要求：

①符合《建筑工程施工质量验收统一标准》和相关专业验收规范的规定。

②符合工程勘察、设计文件的要求。

③符合合同约定。

3）竣工质量验收的标准

单位工程是工程项目竣工质量验收的基本对象。按照《建筑工程施工质量验收统一标准》，建设项目单位（子单位）工程质量验收合格应符合下列规定：

①单位（子单位）工程所含分部（子分部）工程质量验收均应合格；

②质量控制资料应完整；

③单位（子单位）工程所含分部工程有关安全和功能的检验资料应完整；

④主要功能项目的抽查结果应符合相关专业质量验收规范的规定；

⑤观感质量验收应符合规定。

4）竣工质量验收的程序

建设工程项目竣工验收，可分为验收准备、竣工预验收和正式验收三个环节进行。整个验收过程涉及建设单位、设计单位、监理单位及施工总分包各方的工作，必须按照工程项目质量控制系统的职能分工，以监理工程师为核心进行竣工验收的组织协调。

①竣工验收准备

施工单位按照合同规定的施工范围和质量标准完成施工任务后，应自行组织有关人员进行质量检查评定，自检合格后，向现场监理机构提交工程竣工预验收申请报告，要求组织工程竣工预验收。施工单位的竣工验收准备，包括工程实体的验收准备和相关工程档案资料的验收准备，使之达到竣工验收的要求，其中设备及管道安装工程等，应经过试压、试车和系统联动试运行检查记录。

②竣工预验收

监理机构收到施工单位的工程竣工预验收申请报告后，应就验收的准备情况和验收条件进行检查，对工程质量进行竣工预验收。对工程实体质量及档案资料存在的缺陷，及时提出整改意见，并与施工单位协商整改方案，确定整改要求和完成时间。具备下列条件时，由施工单位向建设单位提交工程竣工验收报告，申请工程竣工验收。

（a）完成建设工程设计和合同约定的各项内容；

（b）有完整的技术档案和施工管理资料；

（c）有工程使用的主要建筑材料、构配件和设备的进场试验报告；

（d）有工程勘察、设计、施工、工程监理等单位分别签署的质量合格文件；

（e）有施工单位签署的工程保修书。

③正式竣工验收

建设单位收到工程竣工验收报告后，应由建设单位（项目）负责人组织施工（含分包单位）、设计、勘察、监理等单位（项目）负责人进行单位工程验收。

建设单位应组织勘察、设计、施工、监理等单位和其他方面的专家组成竣工验收小组，负责检查验收的具体工作，并制定验收方案。

建设单位应在工程竣工验收前7个工作日前将验收时间、地点、验收组名单书面通知该工程的工程质量监督机构，建设单位组织竣工验收会议。正式验收的主要工作有：

（a）建设、勘察、设计、施工、监理单位分别汇报工程合同履约情况及工程施工各环节施工满足设计要求，质量符合法律、法规和强制性标准的情况；

（b）检查审核设计、勘察、施工、监理单位的工程档案资料及质量验收资料；

（c）实地检查工程外观质量，对工程的使用功能进行抽查；

（d）对工程施工质量管理各环节工作、对工程实体质量及质保资料情况进行全面评价，形成经验收组人员共同确认签署的工程竣工验收意见。

（e）竣工验收合格，建设单位应及时提出工程竣工验收报告。验收报告应附有工程施工许可证、设计文件审查意见、质量检测功能性试验资料、工程质量保修书等法规所规定的其他文件；

（f）政府工程质量监督机构应对工程竣工验收工作进行监督。

6.3 施工质量不合格和质量事故的处理

6.3.1 施工质量不合格的分类

（1）工程质量不合格

1）质量不合格和质量缺陷

根据我国 GB/T 19000 质量管理体系标准的规定，凡产品没有满足要求（即明示的、通常隐含的或必须履行的需求或期望），就称之为质量不合格；而未满足某个与预期或规定用途有关的要求，称为质量缺陷。

2）质量问题和质量事故

凡是工程质量不合格，影响使用功能或工程结构安全，造成永久质量缺陷或存在重大质量隐患，甚至直接导致工程倒塌或人身伤亡，必须进行返修、加固或报废处理，按照由此造成直接经济损失的大小分为质量问题和质量事故。

（2）工程质量事故的等级划分

工程质量事故具有成因复杂、后果严重、种类繁多、往往与安全事故共生的特点，建设工程质量事故的分类有多种方法；不同专业工程类别对工程质量事故的等级划分也不尽相同。

按事故造成损失的程度分级如下：

按照住房和城乡建设部《关于做好房屋建筑和市政基础设施工程质量事故报告和调查处理工作的通知》（建质〔2010〕111 号），根据工程质量事故造成的人员伤亡或者直接经济损失，工程质量事故分为 4 个等级：

①特别重大事故，是指造成 30 人以上死亡，或者 100 人以上重伤，或者 1 亿元以上直接经济损失的事故；

②重大事故，是指造成 10 人以上 30 人以下死亡，或者 50 人以上 100 人以下重伤，或者 5000 万元以上 1 亿元以下直接经济损失的事故；

③较大事故，是指造成 3 人以上 10 人以下死亡，或者 10 人以上 50 人以下重伤，或者 1000 万元以上 5000 万元以下直接经济损失的事故；

④一般事故，是指造成 3 人以下死亡，或者 10 人以下重伤，或者 100 万元以上 1000 万元以下直接经济损失的事故。

该等级划分所称的"以上"包括本数，所称的"以下"不包括本数。

6.3.2 施工质量事故的预防

建立健全施工质量管理体系，加强施工质量控制，就是为了预防施工质量问题和质量事故，在保证工程质量合格的基础上，不断提高工程质量。所以，所有施工质量控制的措施和方法，都是预防施工质量问题和质量事故的手段。具体来说，施工质量事故的预防，要从寻找和分析可能导致施工质量事故发生的原因入手，抓住影响施工质量的各种因素和施工质量形成过程的各个环节，采取针对性的有效预防措施。

（1）施工质量事故发生的原因

施工质量事故发生的原因大致有如下四类：

1）技术原因。指引发质量事故的原因是由于工程项目设计、施工技术上失误。例如，结构设计计算错误，对水文地质情况判断错误，以及采用了不适合的施工方法或施工工艺等。

2）管理原因。指引发的质量事故的原因是由于管理上不完善或失误。例如，施工单位或监理单位的质量管理体系不完善，检验制度不严密，质量控制不严格，质量管理措施落实不力，检测仪器设备管理不善而失准，以及材料检验不严等原因引起质量事故。

3）社会、经济原因。指引发的质量事故的原因是由于经济因素及社会上存在的弊端和不正之风，造成建设中的错误行为。例如，某些施工企业盲目追求利润而不顾工程质量；在投标报价中随意压低标价，中标后则依靠违法的手段或修改方案追加工程款，甚至偷工减料等，这些因素往往会导致出现重大工程质量事故，必须予以重视。

4）人为事故和自然灾害原因。指由于人为的设备事故、安全事故，以及严重的自然灾害等不可抗力的原因，导致质量事故连带发生。

（2）施工质量事故预防的具体措施

1）严格按照基本建设程序办事

建设项目立项首先要做好可行性论证，不可未经深入的调查分析和严格论证就盲目拍板定案；要彻底搞清工程地质水文条件方可开工；杜绝无证设计、无图施工；禁止任意修改设计和不按图纸施工；工程竣工不进行试车运转、不经验收不得交付使用。

2）认真做好工程地质勘察

地质勘察时要适当布置钻孔位置和设定钻孔深度。钻孔间距过大，不能全面反映地基实际情况；钻孔深度不够，难以查清地下软土层、滑坡、墓穴、孔洞等有害地质构造。地质勘察报告必须详细、准确，防止因根据不符合实际情况的地质资料而采用错误的基础方案，导致地基不均匀沉降、失稳，使上部结构及墙体开裂、破坏、倒塌。

3）科学地加固处理好地基

对软弱土、冲填土、杂填土、湿陷性黄土、膨胀土、岩层出露、溶岩、土洞等不均匀地基要作科学的加固处理。要根据不同地基的工程特性，按照地基处理与上部结构相结合使其共同工作的原则，从地基处理与设计措施、结构措施、防水措施、施工措施等方面综合考虑处理。

4）进行必要的设计审查复核

要请具有合格专业资质的审图机构对施工图进行审查复核，防止因设计考虑不周、结构构造不合理、设计计算错误、沉降缝及伸缩缝设置不当、悬挑结构未通过抗倾覆验算等原因，导致质量事故的发生。

5）严格把好建筑材料及制品的质量关

要从采购订货、进场验收、质量复验、存储和使用等几个环节，严格控制建筑材料及制品的质量，防止不合格或是变质、损坏的材料和制品用到工程上。

6）对施工人员进行必要的技术培训

通过技术培训使施工人员掌握基本的建筑结构和建筑材料知识，理解并认同遵守施工验收规范对保证工程质量的重要性，从而在施工中自觉遵守操作规程，不蛮干，不违章操作，不偷工减料。

7）加强施工过程的管理

施工人员首先要熟悉图纸，对工程的难点和关键工序、关键部位应编制专项施工方案并严格执行；施工中必须按照图纸和施工验收规范、操作规程进行；技术组织措施要正确，施工顺序不可搞错，脚手架和楼面不可超载堆放构件和材料；要严格按照制度进行质量检查和验收。

8）做好应对不利施工条件和各种灾害的预案

要根据当地气象资料的分析和预测，事先针对可能出现的风、雨、高温、严寒、雷电等不利施工条件，制定相应的施工技术措施；还要对不可预见的人为事故和严重自然灾害做好应急预案，并有相应的人力、物力贮备。

9）加强施工安全与环境管理

许多施工安全和环境事故都会连带发生质量事故，加强施工安全与环境管理，也是预防施工质量事故的重要措施。

6.3.3 施工质量事故的处理

（1）施工质量事故处理的依据

1）质量事故的实况资料。包括质量事故发生的时间、地点；质量事故状况的描述；质量事故发展变化的情况；有关质量事故的观测记录、事故现场状态的照片或录像；事故调查组调查研究所获得的第一手资料。

2）有关合同及合同文件。包括工程承包合同、设计委托合同、设备与器材购销合同、监理合同及分包合同等。

3）有关的技术文件和档案。主要是有关的设计文件（如施工图纸和技术说明）、与施工有关的技术文件、档案和资料（如施工方案、施工计划、施工记录、施工日志、有关建筑材料的质量证明资料、现场制备材料的质量证明资料、质量事故发生后对事故状况的观测记录、试验记录或试验报告等）。

4）相关的建设法规。主要包括《中华人民共和国建筑法》和与工程质量及质量事故处理有关的法规，以及勘察、设计、施工、监理等单位资质管理方面的法规，从业者资格管理方面的法规，建筑市场方面的法规，建筑施工方面的法规，关于标准化管理方面的法规等。

（2）施工质量事故的处理程序

施工质量事故处理的一般程序如图 6-2 所示。

1）事故调查。事故发生后，施工项目负责人应按法定的时间和程序，及时向本企业领导和监理工程师报告事故的状况，在上级质量管理部门和监理工程师的参与和监督下，积极组织事故调查。事故调查应力求及时、客观、全面，以便为事故的分析与处理提供正确的依据。调查结果，要整理撰写成事故调查报告，其主要内容包括：工程概况；事故情况；事故发生后所采取的临时防护措施；事故调查中的有关数据、资料；事故原因分析与初步判断；事故处理的建议方案与措施；事故涉及人员与主要责任者的情况等。

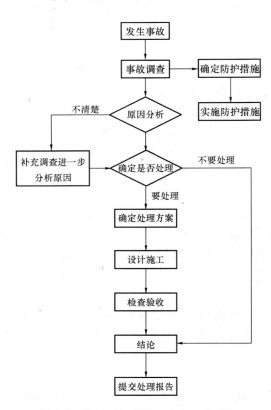

图 6-2 施工质量事故处理的一般程序

2）事故的原因分析。要建立在事故情况调查的基础上，避免情况不明就主观推断事故的原因。特别是对涉及勘察、设计、施工、材料和管理等方面的质量事故，往往事故的原因错综复杂，因此，必须对调查所得到的数据、资料进行仔细的分析，去伪存真，找出造成事故的主要原因。

3）制订事故处理的方案。事故的处理要建立在原因分析的基础上，并广泛地听取专家及有关方面的意见，经科学论证，决定事故是否进行处理和怎样处理。在制订事故处理方案时，应做到安全可靠，技术可行，不留隐患，经济合理，具有可操作性，满足建筑功能和使用要求。

4）事故处理。根据制订的质量事故处理的方案，对质量事故进行认真的处理。处理的内容主要包括：事故的技术处理，以解决施工质量不合格和缺陷问题；事故的责任处罚，根据事故的性质、损失大小、情节轻重对事故的责任单位和责任人做出相应的行政处分直至追究刑事责任。

5）事故处理的鉴定验收。质量事故的处理是否达到预期的目的，是否依然存在隐患，应当通过检查鉴定和验收做出确认。事故处理的质量检查鉴定，应严格按施工验收规范和相关的质量标准的规定进行，必要时还应通过实际量测、试验和仪器检测等方法获取必要的数据，以便准确地对事故处理的结果做出鉴定。事故处理后，必须尽快提交完整的事故处理报告，其内容包括：事故调查的原始资料、测试的数据；事故原因分析、论证；事故处理的依据；事故处理的方案及技术措施；实施质量处理中有关的数据、记录、资料；检查验收记录；事故处理的结论等。

（3）施工质量事故处理的基本要求

1）质量事故的处理应达到安全可靠、不留隐患、满足生产和使用要求、施工方便、经济合理的目的；

2）重视消除造成事故的原因，注意综合治理；

3）正确确定处理的范围和正确选择处理的时间和方法；

4）加强事故处理的检查验收工作，认真复查事故处理的实际情况；

5）确保事故处理期间的安全。

（4）施工质量事故处理的基本方法

1）修补处理。工程的某些部分的质量虽未达到规定的规范、标准或设计的要求，存在一定的缺陷，但经过修补后可以达到要求的质量标准，又不影响使用功能或外观的要求，可采取修补处理的方法。例如，某些混凝土结构表面出现蜂窝、麻面，经调查分析，该部位经修补处理后，不会影响其使用及外观；对混凝土结构局部出现的损伤，如结构受撞击、局部未振实、冻害、火灾、酸类腐蚀、碱骨料反应等，当这些损伤仅仅在结构的表面或局部，不影响其使用和外观，可进行修补处理。再比如对混凝土结构出现的裂缝，经分析研究后如果不影响结构的安全和使用时，也可采取修补处理。

2）加固处理。主要是针对危及承载力的质量缺陷的处理。通过对缺陷的加固处理，使建筑结构恢复或提高承载力，重新满足结构安全性可靠性的要求，使结构能继续使用或改作其他用途。例如，对混凝土结构常用加固的方法主要有：增大截面加固法、外包角钢加固法、粘钢加固法、增设支点加固法、增设剪力墙加固法、预应力加固法等。

3）返工处理。当工程质量缺陷经过修补处理后仍不能满足规定的质量标准要求，或不具备补救可能性则必须返工处理。例如，某公路桥梁工程预应力按规定张拉系数为1.3，而实际仅为0.8，属严重的质量缺陷，也无法修补，只能返工处理。再比如某轧钢厂设备基础的混凝土浇筑时掺入木质素磺酸钙减水剂，因施工管理不善，掺量多于规定7倍，导致混凝土坍落度大于180mm，石子下沉，混凝土结构不均匀，浇筑后5天仍然不凝固硬化，28d的混凝土实际强度不到规定强度的32%，不得不返工重浇。

4）限制使用。当工程质量缺陷按修补方法处理后无法保证达到规定的使用要求和安全要求，而又无法返工处理的情况下，不得已时可做出诸如结构卸荷或减荷以及限制使用的决定。

5）不作处理。某些工程质量问题虽然达不到规定的要求或标准，但其情况不严重，对工程或结构的使用及安全影响很小，经过分析、论证、法定检测单位鉴定和设计单位等认可后可不专门作处理。可不作专门处理的情况有以下几种：

①不影响结构安全、生产工艺和使用要求的。例如，有的工业建筑物出现放线定位的偏差，且严重超过规范标准规定，若要纠正会造成重大经济损失，但经过分析、论证其偏差不影响生产工艺和正常使用，在外观上也无明显影响，可不做处理。又如，某些部位的混凝土表面的裂缝，经检查分析，属于表面养护不够的干缩微裂，不影响使用和外观，也可不做处理。

②后道工序可以弥补的质量缺陷。例如，混凝土结构表面的轻微麻面，可通过后续的抹灰、刮涂、喷涂等弥补，也可不做处理。再比如，混凝土现浇楼面的平整度偏差达到10mm，但由于后续垫层和面层的施工可以弥补，所以也可不做处理。

③法定检测单位鉴定合格的。例如，某检验批混凝土试块强度值不满足规范要求，强度不足，但经法定检测单位对混凝土实体强度进行实际检测后，其实际强度达到规范允许和设计要求值时，可不做处理。对经检测未达到要求值，但相差不多，经分析论证，只要使用前经再次检测达到设计强度，也可不做处理，但应严格控制施工荷载。

④出现的质量缺陷，经检测鉴定达不到设计要求，但经原设计单位核算，仍能满足结构安全和使用功能的。例如，某一结构构件截面尺寸不足，或材料强度不足，影响结构承载力，但按实际情况进行复核验算后仍能满足设计要求的承载力时，可不进行专门处理。这种做法实际上是挖掘设计潜力或降低设计的安全系数，应谨慎处理。

6）报废处理。出现质量事故的工程，通过分析或实践，采取上述处理方法后仍不能满足规定的质量要求或标准，则必须予以报废处理。

6.4 应 用 案 例

6.4.1 施工质量计划案例

【案例 6-1】 某住宅小区工程施工质量计划

（1）工程概况

××新城位于××市××区 5 号地块，北临××路，南至××路，由住宅、地库、会所等工程组成，建设用地面积约 41102m²，总建筑面积 100695m²，其中地上建筑面积 86777m²，地下建筑面积 13918m²。地基采用挖孔灌注桩，住宅为剪力墙结构，会所为现浇钢筋混凝土框架结构。

（2）质量目标

按照国家和地方质量验收标准，一次验收合格率 100%。

（3）质量保证体系

为保证本工程质量目标的实现，建立科学、合理、严密的项目质量管理组织体系，确保工程质量目标的实现。

（4）施工技术方案（本书略）

（5）材料、构件质量控制

1）在材料、构件外出采购前，应向采购部门或专业施工单位提出质量要求。在公司审定的合格分供方名册内择优选择供应厂商。

2）材料、构件的质量保证贯穿于组织货源，采购、运输、进库、发放及施工使用的全过程。要求严格手续，把好质量关，对材料和成品进库前要核实产品合格证和数量、规格，加强保管和储存管理工作。

3）做好材料复检的抽检取样工作，指定专人送至业主及监理工程师所认可的检验部门进行试验，合格后方可使用。

（6）保证工序质量的管理措施

1）设置工序质量控制点

①关键部位的分项工程；

②对下道工序质量有较大影响的工序；

③质量不稳定的分项工程；

④返修率高的分项工程；

⑤采用新技术、新工艺的工序。

2）质量控制点的实施

专业施工单位的施工人员必须在技术人员交底并做好交底记录、明确工艺要求、质量要求和操作要求的基础上方能上岗和施工。施工过程中发现问题，应及时向技术人员反馈，经项目工程师同意后，方可继续施工。

3）质量控制点的检查流程

施工中严格执行"三检制"，认真开展"工序质量"活动。班组自检、互检时，要在受检实体上做好标记，注明偏差数据，填好自检表，并附上应有的保证资料交专检人员检查。专检人员要跟班检查，发现问题及时监督整改。自、专检必须严格分工序进行，上道工序未通过自、专检，下道工序不得施工。真正做到"监督上工序，做好本工序，服务下工序"。工序交接要有交接记录，混凝土浇灌必须有会签。如果发现工序质量控制点异常，必须停止施工，召开分析会，找出异常原因。然后用因果图等方法进行分析，找出主要原因，用对策表制定对策。

4）隐蔽工程检查验收

严格按照有关规定做好隐蔽工程检查验收工作。先由作业层自查，再经专职质检工程师检查合格后，按规定通知业主和监理到现场检查确认合格后进入下道工序施工。

（7）保证工序质量的技术措施

1）机械挖土时，保留 30cm 以上土体采用人工开挖，防止超深开挖和破坏原状土。

2）基坑开挖后，应会同设计单位和甲方共同进行验槽，凡有异常部位，应进行地基处理后方可施工。

3）施工中的测量定位任务单必须经过技术部门审批，测量放线抄平后必须经过检查，确认无误后方可施工。

4）在浇灌混凝土之前，钢筋隐蔽工程必须经业主及工程师检查验收合格，否则不得浇筑混凝土。

5）尽量避开雨天浇灌混凝土，雨期施工时要搭设雨布遮盖。

6）混凝土浇灌要严格控制坍落度，浇灌过程中严禁任意加水。要保证混凝土的均匀密实，不发生离析现象，混凝土自高处倾落的自由高度不得大于2m，超过2m时，应设置串筒和溜槽。混凝土浇灌必须连续分层进行，如遇特殊情况必须间歇时，其间歇时间不应超过规范规定的间歇时间，否则应按施工缝进行处理。浇灌完后，要做好后期养护工作，及时覆盖塑料薄膜、麻袋和浇水养护，养护期不得少于规范要求的时间。

7）混凝土面、顶棚抹灰前，要求认真对基层凿毛或涂刷界面剂，确保抹灰的质量。

8）竣工技术资料必须严格按甲方的要求进行归类、整理、装订。施工时及时评定分项、分部工程质量。基础和主体工程施工完后，要及时进行检验。工程资料必须与工程实体同步。

9）技术资料填写要规范、准确，工程名称要清楚、统一，分项工程评定表填写要真实可靠。

10）在现场设置工地试验室，配备足够的人员和器具，试验人员必须有上级主管部门考核颁发的上岗证，持证上岗。

（8）预防施工质量通病的措施

1）高层建筑外墙面防渗漏措施

外墙防渗漏部位主要集中于混凝土墙体与砖墙交接部位、对拉螺杆孔洞、穿墙钢管孔洞、爬架预留孔洞以及外墙配电箱薄弱部位。外墙防渗漏是一个系统工程，从主体施工阶段就必须采取措施，形成多点设防。

①主体施工阶段的重点控制措施

（a）保证混凝土结构的设计强度，钢筋的保护层厚度，混凝土配合比及坍落度满足设计及规范要求。施工中保证混凝土本身结构振捣密实，避免出现冷缝。对主体结构外墙的养护，均按时间挂麻带袋养护，确保混凝土表面无裂缝。

（b）不在外围竖向结构（如栏板）上留置施工缝。竖向结构施工前，必须将底部残渣清扫干净。

（c）在外墙混凝土结构上预留的孔洞，要求按施工组织设计留置，且要求内高外低，高差尽量大于10mm.

②外墙砖砌体防渗漏措施

（a）外墙砌筑黏土砖分二次完成，砌筑至梁或底板时，砌体充分沉降后用斜砖楔紧，斜砖上下两端砂浆应饱满、密实。

（b）砖砌体要求双面勾缝，水平及竖向缝控制在15mm，不形成盲缝，隔断渗水通道。

（c）各层构造柱位置的砖砌体留马牙槎，保证砖砌体与混凝土的咬合力。在浇筑构造柱混凝土时，采用三道丁字螺栓加固，混凝土必须振捣密实。

③装修阶段防渗漏措施

（a）在混凝土墙面与砖墙交界处（内外两侧）加钉300mm宽、网眼10~12mm的钢丝网一道，沿缝居中，用间距150mm射钉射紧。

（b）混凝土墙面清洗干净后，用1∶1∶1水泥基聚合物砂浆（水泥、108胶、细砂）机械喷浆作为结合层。

（c）墙面抹灰是墙面防漏的关键工序，要通过对第一层砂浆的抹平、压实来实现切断抹灰层的毛细管,并通过砂浆中掺加适量的聚合物来提高砂浆的拒水、防渗、防漏性能。找平层及底层应做到接合平整,色泽一致,无明显接合缝隙。检查中如有空鼓、干缩裂缝、明显砂眼、干浆脱离等必须立即凿除,冲淋干净后用同强度砂浆补抹。完工并验收合格的底层面上做防水涂层,涂层要求平整干净,刷层均匀,光泽一致。

(d)外砖墙内侧的配电箱、线盒安装时必须检查到位,凡墙体伤裂形成盲缝的,必须将伤裂的砖体拆除清洗干净,另外砌筑密实。对已安装的线盒、箱体、单向管路的空隙孔洞,必须用1:2水泥砂浆填塞捣实。严禁用碎砖、余渣填塞,大于200mm×200mm的孔洞要求用细石混凝土填堵,检查使用小棒敲击发出哑声,则撬开返工,另补密实。

(e)外墙面的爬架孔洞、对拉螺栓孔洞、临时用脚手架穿墙孔洞,在挂网、抹灰之前,用大于孔洞1~2mm的冲击钻对准孔洞钻拉,清除孔洞内塑料管及杂物,再于孔洞外侧凿出大于孔洞直径1倍以上,深度20mm的喇叭口,水冲洗干净后以1:2防水砂浆加入膨胀剂填塞全孔洞至浆溢出抹平,迎水面做成凸圆形,涂抹大黑豹防水涂膜。

(f)对于露出墙面的铁件、预埋件,割平后靠外墙面位置用1:1的水泥砂浆掺入防水粉抹平。

(g)外墙穿墙管道的套管焊100mm高止水环。主管与套管的填塞使用防水砂浆加膨胀剂,迎水中位置用大黑豹涂料涂抹密实。

(h)外墙施工完成后,采用高压喷淋方式进行试验,如发现渗水现象,应查明原因采取措施及时处理。

④外墙门窗防渗漏措施

(a)外墙门窗必须符合国家标准及图纸要求技术参数,制安、搬运中不使半成品扭曲、变形、损坏,杜绝半成品变形后人工修整。配件应符合标准,安装应坚固,开启紧密。安装完成后,于室内密闭状态迎面无感觉吹入微风。

(b)窗框安装后四周进行塞缝处理,采用干硬性1:2聚合物防水砂浆分层填实,然后由外侧涂刷改性防水砂浆两道。确保塞缝不空鼓。塞缝必须专人逐一检查,如发现不密实或空鼓,则扒掉重做或用压力灌浆处理。

(c)外窗台比内窗台低不少于20mm。并做出向外排水坡度,上窗眉必须做成鹰嘴形。坡度均为≥20%。在不便做鹰嘴的雨篷挑板下做20mm的滴水线,并把板底的普通乳胶漆改为具有防水性能的外墙涂料代替。

2)厨房、卫生间防渗漏措施

①厨卫地面高度低于客厅卧室地面50mm,在结构施工时应做出高差,并按规定起坡(1%),地漏口低于相邻地平面不少于10mm。

②厨卫墙体1.8m以下内抹灰加入适量防水粉。

③烟道及穿楼板管道封堵均采用细石混凝土加微膨胀剂,周边先凿毛并清洗干净,再支撑模板,用细石混凝土封堵,管道四周200mm范围内由管边向外适当找坡。

④厨卫地面防水施工前应对结构进行试水,如有渗漏须找出源头,进行处理。直至不渗水才可进行下道工序。

⑤按设计要求精心施工防水涂膜。厨房在墙根部上翻300mm,楼板卫生间上翻到顶。

⑥厨卫完工后再做闭水试验。

3)屋面防渗漏措施

①屋面楼板混凝土结构施工时，要保证混凝土强度，钢筋间距，保护层厚度，混凝土整体浇筑不留施工缝，加强养护。

②对完成浇筑后的屋面，做闭水试验，如发现渗漏、自约束裂缝等现象，必须认真处理至不渗漏为止。

③天沟防水层翻500mm，并在该处做滴水线，女儿墙与屋面之间交角按规范做成圆弧形。

④屋面排气管、烟道等根部也做成圆弧角，防水层上翻500mm。

⑤水落口周围直径500mm范围内坡度不小于5%。水落口与基层接触处应每宽20mm布深50mm的凹槽，嵌填密封材料。

4）现浇混凝土楼板裂缝控制措施

现浇混凝土楼板出现裂缝有多方面的原因，如设计构造缺陷、地基处理不当导致不均匀沉陷、混凝土自身收缩和温度变化导致的裂缝以及施工不当方面的原因等。作为施工单位，我们应重点控制由于施工不当而产生的裂缝。

①楼板钢筋方面的要求

要严格控制钢筋的位置，控制保护层厚度。在施工中应注意对钢筋的成品保护，预埋在楼板中的线管，应固定在板的中间位置，线管直径应小于板厚的三分之一，在线管的上方应设一层钢丝网。施工浇筑混凝土时应铺设架板，施工人员在钢筋上踩踏，致使上层钢筋的保护层厚度偏大，引起板面开裂。特别是负弯矩钢筋没有通长配置时，裂缝往往会出现在负弯矩钢筋的端部，沿板边缘近似成直线发展。

板配筋间距偏大，特别是板面抵抗负弯矩的钢筋未通长设置，致使在靠近板边缘处沿负弯矩筋端部出现裂缝。而在房屋角部的板角处，双向板由于收缩是双向的，由于没有配置足够的构造钢筋，因此产生45°斜裂缝。

②原材料方面的要求

严格控制粗细骨料的含泥量。选用中砂，砂的含泥量：当混凝土强度等级在C30～C60时，宜小于3.0%，当低于C30时，宜小于5.0%；选用具有良好连续级配的石子，石子含泥量：当混凝土强度等级在C30～C60时，宜小于1.0%，当低于C30时，宜小于1.5%。对曝晒的砂石料使用前先浇水降温，浇筑前应对模板、模板内的钢筋骨架等与混凝土接触的表面浇水湿润降温。

掺加外加剂。掺加具有减水、增塑、缓凝、引气、膨胀的外加剂，可以改善混凝土拌合物的流动性、黏聚性和保水性，在降低用水量和提高强度的同时，还可以降低水化热，推迟放热峰值出现时间，减少温度裂缝和收缩裂缝。外加剂的使用应经试验确定，不能盲目使用。

控制混凝土配合比、水灰比。炎热干燥气候条件下，做配合比设计时，在满足混凝土强度条件下掺加掺合料，适当减小水灰比，以增强混凝土拌合物的保水性，满足施工操作要求，达到无初始裂缝的目标。由于混凝土配合比不当，造成混凝土分层离析，特别是梁板结构的板，由于混凝土的离析，上部出现富水泥浆层，收缩大，引起楼板面的不规则裂缝。目前采用的商品混凝土，为了保证商品混凝土的流动性能，坍落度较大，因此水灰比也较大。而混凝土中参与水化反应的水量仅为游离水的20%～25%，而大部分水是为了保证混凝土和易性的要求，这些游离水在蒸发后会在混凝土中产生大量毛细孔，增加了混凝土的收缩。

③严格按照施工方案进行施工

根据现场的实际状况认真编制浇筑方案，按规范要求留置施工缝，对施工缝的处理要符合要求。加强支模方案设计，保证模板的刚度和整体稳定性。模板支撑的选用必须经过计算，除满足强度要求外，还必须有足够的刚度和稳定性。钢管支撑的间距一般不大于90cm，并在纵横向双向分别设水平支撑2～3道和剪刀撑1道。

④混凝土的运输与浇筑

严格掌握混凝土从搅拌机中卸出后到浇筑的延续时间，不得超出规范的要求和试配的初凝时间。尽量避开在太阳辐射较高的时间浇筑，若由于工程需要在夏季施工，则尽量避开正午高温时段，浇筑尽量安排在夜间进行。

对商品混凝土应就近选择搅拌站，并向搅拌站提出具体的技术要求（包括：施工部位、强度等级、坍落度及允许偏差、是否早强及缓凝要求、初凝终凝时间、浇筑速度等）。

严格控制混凝土的坍落度和配合比，严禁浇筑混凝土时任意加水（包括商品混凝土）。在混凝土拌制过程中，要严格控制原材料计量准确，同时严格控制混凝土出机坍落度。

⑤混凝土的养护

混凝土浇筑完毕后，应及时洒水养护以保持混凝土表面经常湿润，这样既减少外界高温倒灌，又防止干缩裂缝的发生，促进混凝土强度的稳定增长。一般在浇筑完毕后12～18h内立即开始养护。采用保湿养护法，混凝土表面经过二次抹压后，立即覆盖塑料薄膜防止表面水分蒸发。对已浇筑混凝土强度未达到1.2MPa或浇筑后24h内，不得在楼板上踩踏、安装模板和堆放材料。在楼板浇捣过程中要派专人护筋，避免踩弯板面负筋的现象发生。

⑥混凝土拆模时间控制

（9）成品保护措施

成品保护是指在施工过程中，有些分项工程和分部工程已经完成，其他尚在施工，或单位工程已接近扫尾或竣工的单项工程。尚未正式竣工验收之前，均属成品保护之列。

针对施工项目的特点和环境，要采取有效的护、包、盖、封等保护措施。措施由施工员制订，并报质量员同意。

保护措施要因地制宜，切实可行，要落实到人，并和经济奖惩挂勾。

成品保护的重点是装饰的表面污染，楼梯踏步、柱、梁的碰撞掉棱缺角，楼地面的污染和磨损，建筑的装修防火，水电安装方面的电气开关、灯具灯头、卫生洁具水龙头等的损失、损坏。

项目施工员和质量员要根据制订的成品保护措施，随时检查落实，并严格奖惩。

6.4.2　工程质量保证措施案例

【案例6-2】　某施工单位制定的钢筋混凝土结构工程质量通病防治控制措施

（1）施工前控制

1）组织设计图纸会审，重点审查混凝土结构断面突变导致应力集中部位，设计是否采取相应的构造措施，构造筋配置不可过粗过稀、间距过大，墙、板等薄壁结构配筋是否合理；后浇带、伸缩缝位置是否合理。

2）审查施工组织设计，重点是支模系统的刚度、强度和稳定性，施工缝留置位置是否合理；分层施工和后浇带间隔时间，大体积混凝土的温控措施，养护方法及时间。凡最小截面尺寸大于 1m，而且一次浇灌混凝土量达 $500m^3$ 的混凝土浇筑必须有作业设计，明确混凝土浇筑顺序、运输路线、停泵位置、分层厚度，人员分工岗位职责，组织指挥，机具设备完好和备用，防雨措施、养护措施，并在浇筑前向作业人员详细交底。

3）浇筑混凝土前，必须对钢筋、模板、支撑系统、预埋件、螺栓、止水板、止水带、施工缝处理、截面尺寸、标高、轴线等进行自检、专检，并经监理检验确认合格后方可浇筑混凝土。

4）混凝土的配合比，水泥、砂、碎石、外加剂的品种、规格，应根据不同部位对混凝土要求进行配置，应事先与搅拌站联系，提前要求并审查配合比报告单。

5）浇混凝土前先清除施工缝、顶模、垫层、伸缩处的杂物，先将模板和基层润湿，但不留积水。

（2）浇筑过程中控制

1）工程管理人员和质量检查员应在场，监理旁站检验。

2）混凝土进入现场审查出厂合格证、配合比，核对混凝土强度，抗渗等级及坍落度是否符合设计，防止错浇混凝土。

3）浇筑混凝土前先用清水润湿输送管，将水排净并排出正常混凝土才准入模，混凝土浇筑结束用清水冲洗输送泵和输送管时，严禁使润管水进入模内。

4）施工缝的留置与处理，所有施工缝表面应凿去表面浮浆，及松散石子，用清水冲洗干净，水平施工缝在浇混凝土前应先浇一层厚 50～100mm 与混凝土成分相同的水泥砂浆，进行接浆处理。地下墙体结构施工缝应在施工处设置 300mm 宽的钢止水板。施工缝严禁留斜缝，垂直施工缝可采用"快易收口网"隔离。

5）浇筑现场随机见证取样，制作混凝土抗压抗渗试块，抗压每 $100m^3$ 取一组，超过 $1000m^3$ 大体积可 $200m^3$ 取一组；抗渗每 $500m^3$ 取一组，根据拆模安装需要相应做同条件养护试块。

6）观察坍落度、和易性。泵送混凝土坍落度为 120mm，允许偏差±20mm。根据实际需要，可做适当的调整。留置组数应根据实际需要确定。坍落度抽检随时进行，每班不少于 2 次，坍落度超过 140mm，不允许浇筑。坍落度过小，浇筑困难时，不准往混凝土中直接加水，可加入适量与混凝土成分相同的水泥浆并充分搅拌。

7）混凝土运输、浇筑及间歇的全部时间不应超过混凝土的初凝时间，现场检查混凝土出厂单的出厂时间，至混凝土入模时间一般不应超过 2 小时，超过的禁止浇筑。同一施工段的混凝土应连续浇筑，并应在底层混凝土初凝之前将上一层混凝土浇筑完毕。

8）混凝土浇筑应按作业设计分层厚度和顺序进行分层，厚度为振捣棒作用范围的 1.25 倍，一般为 300～400mm。在浇筑标高不等结构时，应先浇低处后浇高处，逐层进行，尽可能使顶面保持水平，不允许集中一点浇筑、用振捣棒推混凝土。

9）混凝土浇筑自高处落下时，自由下落高度不得超过 2m，超过时应用串桶或溜槽，严禁从高处顺斜面溜灰，钢筋较密的柱、墙体，可留浇筑孔，以免混凝土离析。

10）混凝土振捣是关键工序，因此要求混凝土工必须经过培训考核合格，并由各单位项目部发证，将各单位报监理备案，严禁无证上岗。混凝土振捣应明确分工和责任，防止漏振、过振，应按"快插慢拔"方法进行，快插是为了防止表面混凝土先振实而下面混凝土发生分层、离析现象。慢拔是为了使混凝土能填满振捣棒抽出时造成的穴洞。振捣器插入混凝土后应上下抽动，以保证混凝土密实。每个插点的振捣时间一般为 30 秒，以混凝土表面呈水平，混凝土不显著下沉，表面泛浆和不出现气泡为准。振捣棒移动间距为振捣棒作用半径的 1.5 倍，一般为 400～500mm，插点均匀排列，可按行列式或交错式的次序移动并相互搭接，防止漏振。在振捣上一层混凝土时，要将振捣棒插入下一层混凝土中约 50mm，使上下层混凝土结合成一整体。振捣棒避免碰撞模板、预埋件、螺栓、套管、止水板、止水带等，防止位移，并在这些部位仔细振捣密实，防止漏振。

11）当柱与梁顶板一次浇筑时，应在浇筑柱混凝土后停歇 1～1.5 小时，使柱混凝土初步收缩沉实后再继续浇筑梁板混凝土，防止"脱颈"，柱混凝土单独浇筑施工缝应留在基础表面和梁底下部 20～30mm 处。

12）尽量避免雨、雪天气浇筑，浇筑过程中如遇雨、雪天气应采取覆盖等防护措施，夏季高温应尽量避开高温时间浇筑，可采取夜间浇筑。

13）混凝土浇筑后及时组织足够的抹灰工进行机械压光、抹面，人工配合。

14）混凝土养护。在混凝土浇筑后 12 小时内立即加以覆盖和浇水润湿，炎热夏天可缩短 2～3 小时进行养护。在日平均温度 5℃以上时可用草袋麻袋覆盖浇水养护，并保持润湿。采用塑料薄膜覆盖养护时应用砂土将薄膜压严实，使薄膜内表面结露，保持混凝土湿度，不宜浇水养护的可用喷膜养护。一般混凝土养护时间不得小于 7 天，防水混凝土不得少于 14 天。平均气温低于 5℃时，不得浇水养护。

（3）混凝土浇筑后控制

1）控制拆模时间，对防水混凝土拆模必须达到规范要求的混凝土强度。

2）混凝土强度小于 $1.2N/mm^2$ 时，不宜损坏混凝土表面结构，不得上人踩踏或在表面进行绑筋支模等下道工序施工，严禁在混凝土梁、板上堆载。

3）回填时应对称分层，防止机械碰撞混凝土或单侧回填挤压，避免混凝土结构变形、位移、开裂。

4）在已完工混凝土结构附近开挖深基坑时，应对成品采取保护措施。

5）混凝土拆模后，对混凝土结构断面尺寸、平整度、垂直度及外观按混凝土验收规范进行自检、专检和监理检查验收。

6）对混凝土质量缺陷应在监理检查后处理，孔洞、漏筋等严重缺陷应有处理方案，报监理批准后实施。

6.4.3 施工质量控制案例

【案例 6-3】

（1）背景

某教学楼工程，建筑面积 6400m²，8 层现浇框架-剪力墙结构，钢筋混凝土条形基础，当年 4 月 1 日开工。施工过程中发生下列事件：

事件一：基坑开挖后发现局部暗滨，项目经理决定挖除淤泥后，以黄土回填至基础底部标高继续施工；

事件二：5月28日，项目经理安排项目工程部长主持编制工程项目质量计划，以迎接公司工程质量大检查。

事件三：三层楼面施工时，模板、钢筋施工完毕，自检合格，因天气预报将要下雨，为抢工期，项目经理决定抓紧时间开始混凝土浇筑，一边浇筑一边请监理工程师检查；

事件四：前述楼面浇筑完成后，尚未终凝，下阵雨，造成混凝土表面起沙、麻面；

（2）问题

事件一、二、三的做法是否正确，为什么？事件四造成的质量问题应如何处理？

（3）分析

事件一的做法不正确。基坑开挖发现局部暗浜后，项目经理不可擅自处理，应报告监理工程师，由总监理工程师组织施工、设计、勘察等单位现场勘查后提出处理方案，施工单位按方案进行处理；处理完毕还要由上述人员现场验槽并做好记录后，方可继续施工。

事件二的做法不正确。工程项目质量计划应在开工之前由项目经理主持编制。

事件三的做法不正确。在监理工程师检查签字之前不可浇筑混凝土。

事件四造成的质量问题经监理工程师检查确认楼面结构混凝土强度合格的情况下，可作表面修补处理。

【案例 6-4】

（1）背景

某单层轻工业厂房工程，建筑面积 $4200m^2$，钢筋混凝土条形基础，上部为轻钢结构，柱与屋架由高强度螺栓连接。施工中发生下列事件：

事件一：钢结构安装前，发现 A 列柱基础部分混凝土试块强度达不到设计要求，但对实体强度测试论证，符合设计要求。

事件二：钢结构安装时，发现个别构件螺栓孔位置有偏差，高强度螺栓不能穿过，施工员决定采用现场气割处理，扩孔量为 1.3～1.4 倍螺栓直径。

（2）问题

事件一如何处理？

事件二的做法是否正确？

（3）分析

事件一的质量问题可不作处理。因为混凝土试块强度达不到设计要求，而实体强度测试论证符合设计要求，说明是试块制作、养护或检验中的质量问题，不影响实体质量。

事件一的做法不正确。高强度螺栓应自由穿过螺栓孔，不许采用气割扩孔；个别情况经允许，最大扩孔量也不得超过 1.2 倍螺栓直径。

第7章 施工安全与环境管理

保证施工安全，是施工项目负责人的基本职责之一。随着社会进步和科技发展，安全与环境的问题越来越受到关注。为了保证在施工生产过程中相关人员的安全和减少对周围环境的影响，施工项目负责人必须掌握施工安全生产管理、安全事故处理，以及文明施工和现场环境保护的知识，加强施工安全与环境管理。

7.1 施工安全生产管理

7.1.1 施工单位的安全责任与安全生产许可证制度

从中央到地方，项目各级政府部门都非常重视安全生产；从工程项目业主到各施工参与单位，都有责任保证施工安全。熟悉安全生产的相关法规，遵守施工安全生产管理的各项规章制度，是搞好施工安全生产管理的基础。

（1）施工单位的安全责任

国务院颁发的《建设工程安全生产管理条例》对施工单位的安全责任有如下规定：

1）施工单位从事建设工程的新建、扩建、改建和拆除等活动，应当具备国家规定的注册资本、专业技术人员、技术装备和安全生产等条件，依法取得相应等级的资质证书，并在其资质等级许可的范围内承揽工程。

2）施工单位主要负责人依法对本单位的安全生产工作全面负责。施工单位的项目负责人应当由取得相应执业资格的人员担任，对建设工程项目的安全施工负责，落实安全生产责任制度、安全生产规章制度和操作规程，确保安全生产费用的有效使用，并根据工程的特点组织制定安全施工措施，消除安全事故隐患。如发生安全事故，应及时、如实报告生产安全事故。

3）施工单位对列入建设工程概算的安全作业环境及安全施工措施所需费用，应当用于施工安全防护用具及设施的采购和更新、安全施工措施的落实、安全生产条件的改善，不得挪作他用。

4）施工单位应当设立安全生产管理机构，配备专职安全生产管理人员。专职安全生产管理人员负责对安全生产进行现场监督检查。发现安全事故隐患，应当及时向项目负责人和安全生产管理机构报告；对违章指挥、违章操作的，应当立即制止。

5）建设工程实行施工总承包的，由总承包单位对施工现场的安全生产负总责。总承包单位依法将建设工程分包给其他单位的，分包合同中应当明确各自的安全生产方面的权利、义务。总承包单位和分包单位对分包工程的安全生产承担连带责任。分包单位应当服从总承包单位的安全生产管理，分包单位不服从管理导致生产安全事故的，由分包单位承担主要责任。

6）垂直运输机械作业人员、安装拆卸工、电焊工、爆破作业人员、起重信号工、登高架设作业人员等特种作业人员，必须按照国家有关规定经过专门的安全作业培训，并取得特种作业操作资格证书后，方可上岗作业。

7）施工单位应当在施工组织设计中编制安全技术措施和施工现场临时用电方案，对下列达到一定规模的危险性较大的分部分项工程编制专项施工方案，并附安全验算结果，经施工单位技术负责人、总监理工程师签字后实施，由专职安全生产管理人员进行现场监督：

①基坑支护与降水工程；

②土方开挖工程；

③模板工程；

④起重吊装工程；

⑤脚手架工程；

⑥拆除、爆破工程；

⑦国务院建设行政主管部门或者其他有关部门规定的其他危险性较大的工程。

⑧对上列工程中涉及深基坑、地下暗挖工程、高大模板工程的专项施工方案，施工单位还应当组织专家进行论证、审查。

8）建设工程施工前，施工单位负责项目管理的技术人员应当对有关安全施工的技术要求向施工作业班组、作业人员进行安全交底，并由双方签字确认。

9）施工单位应当在施工现场入口处、施工起重机械、临时用电设施、脚手架、出入通道口、楼梯口、电梯井口、孔洞口、桥梁口、隧道口、基坑边沿、爆破物及有害危险气体和液体存放处等危险部位，设置明显的安全警示标志。安全警示标志必须符合国家标准。

10）施工单位应当在施工现场建立消防安全责任制度，确定消防安全责任人，制定用火、用电、使用易燃易爆材料等各项消防安全管理制度和操作规程，设置消防通道、消防水源，配备消防设施和灭火器材，并在施工现场入口处设置明显标志。

11）施工单位应当向作业人员提供安全防护用具和安全防护服装，并书面告知危险岗位的操作规程和违章操作的危害。作业人员有权对施工现场的作业条件、作业程序和作业方式中存在的安全问题提出批评、检举和控告，有权拒绝违章指挥和强令冒险作业。在施工中发生危及人身安全的紧急情况时，作业人员有权立即停止作业或者在采取必要的应急措施后撤离危险区域。

12）施工单位的主要负责人、项目负责人、专职安全生产管理人员应当经建设行政主管部门或者其他有关部门考核合格后方可任职。

13）作业人员进入新的岗位或者新的施工现场前，应当接受安全生产教育培训。未经教育培训或者教育培训考核不合格的人员，不得上岗作业。施工单位在采用新技术、新工艺、新设备、新材料时，应当对作业人员进行相应的安全生产教育培训。

14）施工单位应当为施工现场从事危险作业的人员办理意外伤害保险。意外伤害保险费由施工单位支付。实行施工总承包的，由总承包单位支付意外伤害保险费。意外伤害保险期限自建设工程开工之日起至竣工验收合格止。

（2）安全生产许可证制度

为了严格规范安全生产条件，进一步加强安全生产监督管理，防止和减少生产安全事故。国务院 2004 年颁发《安全生产许可证条例》，规定国家对建筑施工企业实施安全生产许可证制度。

企业要取得安全生产许可证，应当具备下列安全生产条件：

1）建立、健全安全生产责任制，制定完备的安全生产规章制度和操作规程；

2）安全投入符合安全生产要求；

3）设置安全生产管理机构，配备专职安全生产管理人员；

4）主要负责人和安全生产管理人员经考核合格；

5）特种作业人员经有关业务主管部门考核合格，取得特种作业操作资格证书；

6）从业人员经安全生产教育和培训合格；

7）依法参加工伤保险，为从业人员缴纳保险费；

8）厂房、作业场所和安全设施、设备、工艺符合有关安全生产法律、法规、标准和规程的要求；

9）有职业危害防治措施，并为从业人员配备符合国家标准或者行业标准的劳动防护用品；

10）依法进行安全评价；

11）有重大危险源检测、评估、监控措施和应急预案；

12）有生产安全事故应急救援预案、应急救援组织或者应急救援人员，配备必要的应急救援器材、设备；

13）法律、法规规定的其他条件。

企业进行生产前，应当依照该条例的规定向安全生产许可证颁发管理机关申请领取安全生产许可证，提供条例规定的相关文件、资料。安全生产许可证颁发管理机关应当自收到申请之日起 4～5 日内审查完毕，经审查符合本条例规定的安全生产条件的，颁发安全生产许可证；不符合本条例规定的安全生产条件的，不予颁发安全生产许可证，书面通知企业并说明理由。

安全生产许可证的有效期为 3 年。安全生产许可证有效期满需要延期的，企业应当于期满前 3 个月向原安全生产许可证颁发管理机关办理延期手续。

企业在安全生产许可证有效期内，严格遵守有关安全生产的法律法规，未发生死亡事故的，安全生产许可证有效期届满时，经原安全生产许可证颁发管理机关同意，不再审查，安全生产许可证有效期延期 3 年。

企业不得转让、冒用安全生产许可证或者使用伪造的安全生产许可证。

7.1.2　施工安全技术措施和安全技术交底

（1）施工安全技术措施

施工安全技术措施又叫施工安全技术措施方案，是针对施工生产过程中的不安全因素，用技术手段加以消除和控制的文件，是落实"预防为主"方针的具体体现，是进行施工安全生产管理的指导性文件。

制定施工安全技术措施的一般要求是：

1）施工安全技术措施必须在工程开工前制定

施工安全技术措施是施工组织设计的重要组成部分，应在工程开工前与施工组织设计一同编制。为保证安全技术措施的落实，在工程图纸会审时，就应特别注意考虑安全施工的问题，针对工程特点在开工前制定好安全技术措施，使得用于该工程的各种安全设施有较充分的时间进行采购、制作和安装、维护等准备工作。

2）施工安全技术措施要有针对性

按照有关法律法规的要求，在编制工程施工组织设计时，应当根据工程特点和对危险源的识别、分析制定相应的施工安全技术措施。对于大中型工程项目、结构复杂的重点工程，除必须在施工组织总设计中编制施工安全技术措施外，还应编制重点单位工程或分部分项工程的专项工程施工安全技术措施，详细说明该专项工程有关安全防护方面的要求和应采取的技术措施，确保各单位工程或分部分项工程的施工安全。对爆破、拆除、起重吊装、水下、基坑支护和降水、土方开挖、脚手架、模板等危险性较大的作业，还必须编制专项安全施工技术方案。

3）施工安全技术措施应力求全面、具体、可靠

施工安全技术措施应把可能出现的各种不安全因素考虑周全，制定的对策措施方案应力求全面、具体、可靠，这样才能真正起到预防事故的作用。但是全面具体不等于反复罗列通常的操作工艺、施工方法以及日常安全工作制度、安全纪律等制度性规定，在安全技术措施文件中不需要再作抄录，但必须强调要严格执行相关制度。

4）施工安全技术措施必须包括应急预案

由于施工安全技术措施是在相应的工程施工实施之前制定的，所涉及的施工条件和危险情况大都是建立在预测的基础上，而建设工程施工过程是开放的过程，在施工期间情况变化是经常发生的，还可能出现预测不到的突发事件或灾害（如地震、火灾、台风、洪水等）。所以，施工技术措施计划必须包括面对突发事件或紧急状态的各种应急措施、安全事故发生时人员逃生和救援预案，以便在紧急情况下，能及时启动应急预案，减少损失，保护人员安全。

5）施工安全技术措施要有可行性和可操作性

施工安全技术措施应能够在每个施工工序之中得到贯彻实施，既要考虑保证安全要求，又要考虑现场环境条件和施工技术条件能够做得到。

（2）施工安全技术措施的主要内容

施工安全技术措施应该包括但不限于以下内容：

1）施工现场的安全规定；

2）深槽作业的防护；

3）高处及立体交叉作业的防护；

4）施工用电安全；

5）施工机械设备的安全使用；

6）在采取"四新"技术时，有针对性的专项安全技术措施；

7）针对自然灾害预防的安全措施；

8）预防有毒、有害、易燃、易爆等作业造成危害的安全技术措施；

9）现场消防措施；

10）突发事件应急预案。

安全技术措施中应包含施工总平面图，在图中必须对施工用油库、易燃材料库、变电

设备、材料和构配件堆场的布置，塔式起重机、物料提升机（井架、龙门架）、施工用电梯等垂直运输设备的设置，搅拌台、现场加工厂的安排等按照施工需求和安全规程的要求明确定位，并提出具体安全要求。

结构复杂、危险性大、特性较多的分部分项工程，应编制专项施工方案和安全技术措施。如基坑支护与降水工程、土方开挖工程、模板工程、起重吊装工程、脚手架工程、拆除工程、爆破工程等，必须编制专项施工安全技术方案，内容要有设计依据、计算书、详图、文字说明等。

季节性施工安全技术措施，就是考虑夏季、雨季、冬季等不同季节的气候对施工生产带来的不安全因素可能造成的各种突发性事故，而从技术上、管理上采取的防护措施。一般工程可在施工组织设计或施工方案的安全技术措施中编制季节性施工安全措施；危险性大、高温期长的工程，应单独编制季节性的施工安全措施。

（3）安全技术交底

安全技术交底是落实施工安全技术措施的重要环节。这是一项技术性很强的工作，对于贯彻设计意图、严格实施技术方案、按图施工、循规操作、保证施工质量和施工安全都至关重要。

1）安全技术交底的内容

安全技术交底的依据是预先制订的施工安全技术措施方案。交底的主要内容如下：

①工程概况及施工作业特点和危险点分析；

②相应的安全操作规程和技术标准；

③针对危险工序和危险点的具体安全措施；

④需要特别强调的安全注意事项；

⑤万一事故发生后应及时采取的避险和急救措施。

2）安全技术交底的要求

①安全技术交底由施工项目负责人或项目技术负责人亲自负责。

②实行逐级安全技术交底制度，逐级向工长、班组长、一直延伸到施工班组全体作业人员进行详细交底。

③安全技术交底必须适应施工作业人员的文化水平和领会能力，力求通俗、具体、明确。

④交底的内容要有书面记录，并由交底人和接受交底的人员签字确认。

7.1.3 施工安全检查

工程施工安全检查的目的是为了清除隐患、防止事故、改善劳动条件及提高员工安全生产意识，是施工安全管理的一项重要工作内容。通过安全检查可以发现施工中的危险因素，以便有计划地采取相应对策，保证安全生产。施工项目的安全检查应由项目负责人组织，定期进行。

（1）安全检查的主要类型

1）全面安全检查

全面安全检查是针对一个施工企业或一个施工项目的全面检查，检查内容应包括企业及项目部的安全管理方针、管理组织机构及其安全管理的职责、安全设施、操作环境、防护用品、卫生条件、运输管理、危险品管理、火灾预防、安全教育和安全检查制度等各项内容。对全面检查的结果必须进行汇总分析，详细探讨所出现的问题及相应对策。

2）经常性安全检查

工程项目和班组应开展经常性安全检查，及时排除事故隐患。工作人员必须在工作前，对所用的机械设备和工具进行仔细的检查，发现问题立即上报。下班前，还必须进行班后检查，做好设备的维修保养和清整场地等工作，保证交接安全。

3）专业或专职安全管理人员的专业安全检查

由于操作人员在进行设备的检查时，往往是根据其自身的安全知识和经验进行主观判断，因而有很大的局限性，不能全面反映出客观情况。而专业或专职安全管理人员则有较丰富的安全知识和经验，通过其认真检查就能够取得较为理想的效果。专业或专职安全管理人员在进行安全检查时，必须不徇私情，按章检查，发现违章操作情况要立即纠正，发现隐患及时指出并提出相应防护措施，并及时上报检查结果。

4）季节性安全检查

要对防风防沙、防涝抗旱、防雷电、防暑防害等工作进行季节性的检查，根据各个季节自然灾害的发生规律，及时采取相应的防护措施。

5）节假日检查

在节假日，坚持上班的人员较少，往往放松思想警惕，容易发生意外，而且一旦发生意外事故，也难以进行有效的救援和控制。因此，节假日必须安排专业安全管理人员进行安全检查，对重点部位要进行巡视。同时配备一定数量的安全保卫人员，搞好安全保卫工作，绝不能麻痹大意。

6）要害部门重点安全检查

对于企业要害部门和重要设备必须进行重点检查。由于其重要性和特殊性，一旦发生意外，会造成很大的伤害，给企业的经济效益和社会效益带来不良影响。为了确保安全，对设备的运转和零件的状况要定时进行检查，发现损伤立刻更换，决不能"带病"作业；一到有效年限即使没有故障，也应该予以更新，不能因小失大。

（2）安全检查的主要内容

1）查思想

检查企业领导和员工对安全生产方针的认识程度，对建立健全安全生产管理和安全生产规章制度的重视程度，对安全检查中发现的安全问题或安全隐患的处理态度等。

2）查制度

为了保证施工安全，施工企业和每个施工项目部都应结合本身的实际情况，建立健全一整套安全生产规章制度，并落实到项目施工过程中。在安全检查时，应对企业和项目的施工安全生产规章制度进行检查。施工安全生产规章制度一般应包括以下内容：

①安全生产责任制度；

②安全生产许可证制度；

③安全生产教育培训制度；

④安全措施计划制度；

⑤特种作业人员持证上岗制度；

⑥专项施工方案专家论证制度；

⑦危及施工安全工艺、设备、材料淘汰制度；

⑧施工起重机械使用登记制度；

⑨生产安全事故报告和调查处理制度；

⑩各种安全技术操作规程；

⑪危险作业管理审批制度；

⑫易燃、易爆、剧毒、放射性、腐蚀性等危险物品生产、储运、使用的安全管理制度；

⑬防护物品的发放和使用制度；

⑭安全用电制度；

⑮危险场所动火作业审批制度；

⑯防火、防爆、防雷、防静电制度；

⑰危险岗位巡回检查制度；

⑱安全标志管理制度。

3）查管理

主要检查安全生产管理是否有效，安全生产管理和规章制度是否真正得到落实。

4）查隐患

主要检查生产作业现场是否存在不符合安全生产要求的隐患。检查人员应深入作业现场，检查工人的劳动条件、卫生设施、安全通道，零部件的存放，防护设施状况，电气设备、压力容器、化学用品的储存，粉尘及有毒有害作业部位点的达标情况，车间内的通风照明设施设置、个人劳动防护用品的使用是否符合规定等。要特别注意对一些要害部位和设备加强检查，如锅炉房、变电所和各种剧毒、易燃、易爆等场所。

5）查整改

主要检查过去发现的安全问题和安全隐患是否采取了安全技术和管理措施，是否进行了整改，以及整改的效果如何。

6）查事故处理

检查曾经发生的伤亡事故是否及时报告，对事故的处理是否符合法规规定，对责任人是否已经做出严肃处理。

（3）安全检查的注意事项

①要加强安全检查的组织领导，成立适应检查工作需要的检查组，配备适当的检查力量，挑选具有较高技术业务水平的专业人员参加。

②安全检查要深入基层，依靠群众，坚持领导与群众相结合的原则，组织好检查工作。

③检查前应做好各项准备工作，包括思想认识、业务知识、法规政策和物资、资金准备等。

④检查中要明确检查的目的和要求。既要严格要求，又要从实际出发，分清主、次矛盾，力求实效。

⑤把自查与互查有机结合起来。基层以自检为主，企业内相应部门间互相检查，取长补短，相互学习和借鉴。

⑥坚持查改结合。检查不是目的，只是一种手段，整改才是最终目的。发现问题，要

及时采取切实有效的整改和防范措施。

⑦检查结束后应编写安全检查报告，说明已达标项目、未达标项目、存在问题、原因分析，提出纠正和预防措施的建议。

⑧实施安全检查表制度，逐步建立健全检查档案，收集基本的数据，掌握基本安全状况，为加强安全管理提供数据，同时也为以后的安全检查奠定基础。

7.1.4 施工安全隐患的处理

（1）施工安全的隐患

施工安全隐患包括三个方面：人的不安全因素、物的不安全状态和组织管理上的不安全因素。

1）人的不安全因素

人的不安全因素是指会使系统发生故障或发生性能不良事件的个人的不安全因素和违背安全要求的错误行为。

①个人的不安全因素

个人的不安全因素包括人员的心理、生理、能力中所具有不能适应某项工作或作业岗位要求的影响安全的因素。

心理上的不安全因素有影响安全的性格、气质和情绪（如急躁、懒散、粗心等）。

生理上的不安全因素大致有5个方面：

（a）视觉、听觉等感觉器官不能适应作业岗位要求的因素；

（b）体能不能适应作业岗位要求的因素；

（c）年龄不能适应作业岗位要求的因素；

（d）有不适合作业岗位要求的疾病；

（e）疲劳和酒醉或感觉朦胧。

能力上的不安全因素包括知识技能、应变能力、资格等不能适应工作和作业岗位要求的影响因素。

②人的不安全行为

人的不安全行为是指可能造成事故的人为错误，是人为地使系统发生故障或发生性能不良事件，是违背设计和操作规程的错误行为。

不安全行为的类型有：

（a）操作失误，忽视安全警告；

（b）造成安全装置失效的行为；

（c）使用不安全设备；

（d）以手代替工具操作；

（e）物体存放不当；

（f）冒险进入危险场所；

（g）攀坐不安全位置；

（h）在起吊物下作业、停留；

（i）在机器运转时进行检查、维修、保养；

（j）分散注意的行为；

（k）未正确使用个人防护用品、用具；

（l）不安全装束；

（m）对易燃易爆等危险物品处理错误。

2）物的不安全状态

物的不安全状态是指能导致事故发生的物质条件，包括机械设备或环境所存在的不安全因素。如：

（a）设备、设施本身存在的缺陷；

（b）防护保险装置的缺陷；

（c）物的放置方法的缺陷；

（d）作业场地环境的缺陷；

（e）外部的和自然界的不安全状态；

（f）作业方法导致的物的不安全状态；

（g）保护器具信号、标志和个体防护用品的缺陷；等等。

3）组织管理上的不安全因素

组织管理上的缺陷，也是潜在的不安全因素，是导致事故发生的间接的原因，如：

（a）组织机构上的缺陷；

（b）管理制度上的缺陷；

（c）职能分工上的缺陷；

（d）管理技术上的缺陷；

（e）安全教育上的缺陷；

（f）社会、历史上的原因造成的缺陷；等等。

（2）施工安全隐患的处理

在工程施工过程中，安全事故隐患是难于避免的，但要尽可能预防和消除这些隐患的发生。首先需要项目参与各方加强安全意识，做好事前控制，建立健全各项安全生产管理制度，落实安全生产责任制，注重安全生产教育培训，保证安全生产条件所需资金的投入，将安全隐患消除在萌芽之中；其次是根据工程的特点确保各项施工生产安全技术措施的落实，加强对工程安全生产的检查监督，及时发现安全事故隐患；再者是对发现的安全事故隐患及时进行处理，查找原因，防止事故隐患的进一步扩大。

1）安全隐患治理原则

①冗余安全度治理原则

为确保安全，在治理安全隐患时应考虑设置多道防线，即使有一两道防线失效，还有其余的防线可以控制事故隐患。例如：道路上有一个坑，既要设防护栏又设警示牌，还要设照明及夜间警示红灯。

②单项隐患综合治理原则

人、机、料、法、环境五者任一个环节产生安全事故隐患，都要从五者安全匹配的角度考虑，调整匹配的方法，提高匹配的可靠性。一件单项隐患问题的整改需综合（多角度）治理。人的隐患，既要治人也要治机具及生产环境等各环节。例如某工地发生触电事故，一方面要进行人的安全用电操作教育，同时现场也要设置漏电开关，对配电箱、用电电路进行防护改造。也要严禁非专业电工乱接乱拉电线。

③事故直接隐患与间接隐患并治原则

既要对人、机具、环境等方面的直接安全隐患进行安全治理，同时还要对导致这些隐患产生的原因（如管理体制、机制上存在的缺陷）进行治理。

④预防与减灾并重治理原则

治理安全隐患时，需尽可能减少肇发事故的可能性，如果不能完全控制事故的发生，也要设法将事故等级降低。但是不论预防措施如何完善，都不能保证绝对不发生事故，还必须对事故减灾做充分准备，研究制定应急技术操作规范。如应急时切断供料及切断能源的操作方法；应急时降压、降温、降速以及停止运行的方法，应急时排放毒物的方法；应急时疏散及抢救的方法；应急时请求救援的方法等。还应定期组织训练和演习，使该生产环境中每名干部及工人都真正掌握这些减灾技术。

⑤重点治理原则

按对隐患的分析评价结果实行危险点分级治理，也可以用安全检查表打分对隐患危险程度分级，对危险程度高的危险点进行重点治理。

⑥动态治理原则

动态治理就是对生产过程进行动态随机安全化治理，生产过程中发现问题及时治理，既可以及时消除隐患，又可以避免小的隐患发展成大的隐患。

2）安全隐患的处理

在建设工程中，安全隐患的发现可能来自于各参与方，包括建设单位、设计单位、监理单位、施工单位自身、供货商、工程监管部门等。各方对于事故安全隐患处理的义务和责任，以及相关的处理程序在《建设工程安全生产管理条例》有明确的界定。其中施工单位对事故安全隐患的处理方法如下：

①当场指正，限期纠正，预防隐患发生

对于违章指挥和违章作业行为，检查人员应当场指出，并限期纠正，预防事故的发生。

②做好记录，及时整改，消除安全隐患

对检查中发现的各类安全事故隐患，应做好记录，分析安全隐患产生的原因，制定消除隐患的纠正措施，报相关方审查批准后进行整改，及时消除隐患。对重大安全事故隐患排除前或者排除过程中无法保证安全的，责令从危险区域内撤出作业人员或者暂时停止施工，待隐患消除后再行施工。

③分析统计，查找原因，制定预防措施

对于反复发生的安全隐患，应通过分析统计，属于多个部位存在的同类型隐患，即"通病"；属于重复出现的隐患，即"顽症"，查找产生"通病"和"顽症"的原因，修订和完善安全管理措施，制定预防措施，从源头上消除安全隐患的发生。

④跟踪验证

检查单位应对受检单位的纠正和预防措施的实施过程和实施效果，进行跟踪验证，并保存验证记录。

7.1.5 施工生产安全应急预案

应急预案是对特定的潜在事件和紧急情况发生时所采取措施的计划安排，是应急响应的行动指南。编制应急预案的目的，是一旦紧急情况发生时避免出现混乱，按照合理的响应流程采取适当的救援措施，预防和减少可能随之引发的人身伤害和财产损失。

施工生产安全应急预案的制定，首先必须与重大环境因素和重大危险源相结合，特别是与这些环境因素和危险源一旦控制失效可能导致的后果相适应，还要考虑在实施应急救援过程中可能产生新的伤害和损失。

施工企业负责编制施工生产安全事故综合应急预案，施工项目负责人应负责组织编制本项目的专项应急预案。

7.2 施工安全事故的分类和处理

7.2.1 施工安全事故的分类

（1）按照事故发生的原因分类

按照我国《企业伤亡事故分类标准》GB 6441—1986 的规定，职业伤害事故分为 20 类，其中与建筑业有关的有以下 12 类：

1）物体打击：指落物、滚石、锤击、碎裂、崩块、砸伤等造成的人身伤害，不包括因爆炸而引起的物体打击。

2）车辆伤害：指被车辆挤、压、撞和车辆倾覆等造成的人身伤害。

3）机械伤害：指被机械设备或工具绞、碾、碰、割、戳等造成的人身伤害，不包括车辆、起重设备引起的伤害。

4）起重伤害：指从事各种起重作业时发生的机械伤害事故，不包括上下驾驶室时发生的坠落伤害，起重设备引起的触电及检修时制动失灵造成的伤害。

5）触电：由于电流经过人体导致的生理伤害，包括雷击伤害。

6）灼烫：指火焰引起的烧伤、高温物体引起的烫伤、强酸或强碱引起的灼伤、放射线引起的皮肤损伤，不包括电烧伤及火灾事故引起的烧伤。

7）火灾：在火灾时造成的人体烧伤、窒息、中毒等。

8）高处坠落：由于危险势能差引起的伤害，包括从架子、屋架上坠落以及平地坠入坑内等。

9）坍塌：指建筑物、堆置物倒塌以及土石塌方等引起的事故伤害。

10）火药爆炸：指在火药的生产、运输、储藏过程中发生的爆炸事故。

11）中毒和窒息：指煤气、油气、沥青、化学、一氧化碳中毒等。

12）其他伤害：包括扭伤、跌伤、冻伤、野兽咬伤等。

以上 12 类职业伤害事故中，在施工中最常见的是高处坠落；物体打击；机械伤害；触电；坍塌；中毒；火灾 7 类。

（2）按事故造成的人员伤亡或者直接经济损失分类

依据 2007 年 6 月 1 日起实施的《生产安全事故报告和调查处理条例》规定，按生产安全事故造成的人员伤亡或者直接经济损失，事故分为：

1）特别重大事故，是指造成 30 人以上死亡，或者 100 人以上重伤（包括急性工业中毒，下同），或者 1 亿元以上直接经济损失的事故；

2）重大事故，是指造成 10 人以上 30 人以下死亡，或者 50 人以上 100 人以下重伤，

或者 5000 万元以上 1 亿元以下直接经济损失的事故;

3)较大事故,是指造成 3 人以上 10 人以下死亡,或者 10 人以上 50 人以下重伤,或者 1000 万元以上 5000 万元以下直接经济损失的事故;

4)一般事故,是指造成 3 人以下死亡,或者 10 人以下重伤,或者 1000 万元以下直接经济损失的事故。

7.2.2 施工安全事故的处理

一旦事故发生,通过应急预案的实施,尽可能防止事态的扩大和减少事故的损失。通过事故处理程序,查明原因,制定相应的纠正和预防措施,避免类似事故的再次发生。

(1)事故处理的原则("四不放过"原则)

发生事故后"四不放过"处理原则的具体内容是:

1)事故原因未查清不放过;

2)事故责任人未受到处理不放过;

3)事故责任人和周围群众没有受到教育不放过;

4)没有制订切实可行的整改措施不放过。

(2)施工安全事故处理

1)迅速抢救伤员并保护事故现场

事故发生后,事故现场有关人员应当立即向本单位负责人报告;单位负责人接到报告后,应当于 1 小时内向事故发生地县级以上人民政府安全生产监督管理部门和负有安全生产监督管理职责的有关部门报告。并有组织、有指挥地抢救伤员、排除险情;同时要保护事故现场,防止人为或自然因素的破坏,便于事故原因的调查。

情况紧急时,事故现场有关人员可以直接向事故发生地县级以上人民政府安全生产监督管理部门和负有安全生产监督管理职责的有关部门报告。

2)组织调查组,开展事故调查

特别重大事故由国务院或者国务院授权有关部门组织事故调查组进行调查。重大事故、较大事故、一般事故分别由事故发生地省级人民政府、设区的市级人民政府、县级人民政府负责调查。省级人民政府、设区的市级人民政府、县级人民政府可以直接组织事故调查组进行调查,也可以授权或者委托有关部门组织事故调查组进行调查。未造成人员伤亡的一般事故,县级人民政府也可以委托事故发生单位组织事故调查组进行调查。

事故调查组有权向有关单位和个人了解与事故有关的情况,并要求其提供相关文件、资料,有关单位和个人不得拒绝。事故发生单位的负责人和有关人员在事故调查期间不得擅离职守,并应当随时接受事故调查组的询问,如实提供有关情况。事故调查中发现涉嫌犯罪的,事故调查组应当及时将有关材料或者其复印件移交司法机关处理。

3)现场勘查

事故发生后,调查组应迅速到现场进行及时、全面、准确和客观的勘察,包括现场笔录、现场拍照和现场绘图。

4)分析事故原因

通过调查分析，查明事故经过，按受伤部位、受伤性质、起因物、致害物、伤害方法、不安全状态、不安全行为等，查清事故原因，包括人、物、生产管理和技术管理等方面的原因。通过直接和间接地分析，确定事故的直接责任者、间接责任者和主要责任者。

5）制定预防措施

根据事故原因分析，制定防止类似事故再次发生的预防措施。根据事故后果和事故责任者应负的责任提出处理意见。

6）提交事故调查报告

事故调查组应当自事故发生之日起 60 日内提交事故调查报告；特殊情况下，经负责事故调查的人民政府批准，提交事故调查报告的期限可以适当延长，但延长的期限最长不超过 60 日。事故调查报告应当包括下列内容：

①事故发生单位概况；

②事故发生经过和事故救援情况；

③事故造成的人员伤亡和直接经济损失；

④事故发生的原因和事故性质；

⑤事故责任的认定以及对事故责任者的处理建议；

⑥事故防范和整改措施。

7）事故的审理和结案

重大事故、较大事故、一般事故，负责事故调查的人民政府应当自收到事故调查报告之日起 15 日内做出批复；特别重大事故，30 日内做出批复，特殊情况下，批复时间可以适当延长，但延长的时间最长不超过 30 日。

有关机关应当按照人民政府的批复，依照法律、行政法规规定的权限和程序，对事故发生单位和有关人员进行行政处罚，对负有事故责任的国家工作人员进行处分。事故发生单位应当按照负责事故调查的人民政府的批复，对本单位负有事故责任的人员进行处理。

负有事故责任的人员涉嫌犯罪的，依法追究刑事责任。

事故处理的情况由负责事故调查的人民政府或者其授权的有关部门、机构向社会公布，依法应当保密的除外。事故调查处理的文件记录应长期完整地保存。

7.3 文明施工和现场环境保护

7.3.1 建设工程文明施工的要求与措施

文明施工是指在施工过程中保持施工现场良好的作业环境、卫生环境和工作秩序。因此，文明施工也是保护环境的一项重要措施。文明施工主要包括：规范施工现场的场容，保持作业环境的整洁卫生；科学组织施工，使生产有序进行；减少施工对周围居民和环境的影响；遵守施工现场文明施工的规定和要求，保证职工的安全和身体健康等。

（1）建设工程现场文明施工的要求

现场文明施工总体上应符合以下要求：

1）有整套的施工组织设计或施工方案，施工总平面布置紧凑、施工场地规划合理，符合环保、市容、卫生的要求。

2）有健全的施工组织管理机构和指挥系统，岗位分工明确；工序交叉合理，交接责任明确。

3）有严格的成品保护制度和措施，大小临时设施和各种材料、构件、半成品按平面布置堆放整齐。

4）施工场地平整，道路畅通，排水设施得当，水电线路整齐，机具设备状况良好，使用合理。施工作业符合消防和安全要求。

5）搞好环境卫生管理，包括施工区、生活区环境卫生和食堂卫生管理。

6）文明施工应包括施工结束后的清场。

（2）建设工程现场文明施工的措施

1）建立文明施工的管理组织

应确立项目经理为现场文明施工的第一责任人，以各专业工程师、施工质量、安全、材料、保卫、后勤等现场项目经理部人员为成员的施工现场文明管理组织，共同负责工程现场文明施工工作。

2）健全文明施工的管理制度

包括建立各级文明施工岗位责任制、将文明施工工作考核列入经济责任制，建立定期的检查制度，实行自检、互检、交接检制度，建立奖惩制度，开展文明施工立功竞赛，加强文明施工教育培训等。

3）落实现场文明施工的各项具体管理措施

①施工平面布置

施工总平面图是现场管理、实现文明施工的依据。施工总平面图应对施工机械设备设置、材料和构配件的堆场、现场加工场地，以及现场临时运输道路、临时供水供电线路和其他临时设施进行合理布置，并随工程实施的不同阶段进行场地布置和调整。

②现场围挡、标牌

施工现场必须实行封闭管理，设置进出口大门，制定门卫制度，严格执行外来人员进场登记制度。沿工地四周连续设置围挡，市区主要路段和其他涉及市容景观路段的工地设置围挡的高度不低于 2.5m，其他工地的围挡高度不低于 1.8m，围挡材料要求坚固、稳定、统一、整洁、美观。

施工现场必须设有"七牌一图"，即工程概况牌、管理人员名单及监督电话牌、安全十大纪律牌、文明施工牌、安全保卫牌、防火须知牌、卫生须知牌与施工现场平面布置图。

施工现场应合理悬挂上述宣传和警示牌，标牌悬挂牢固可靠，特别是主要施工部位、作业点和危险区域以及主要通道口都必须有针对性地悬挂醒目的安全警示牌。

③施工场地

（a）施工现场应积极推行硬地坪施工，作业区、生活区主干道地面必须用一定厚度的混凝土硬化，场内其他次道路地面也应硬化处理。

（b）施工现场道路畅通、平坦、整洁，无散落物。

（c）施工现场设置排水系统，排水畅通，不积水。

（d）严禁泥浆、污水、废水外流或堵塞下水道和排水河道。

（e）施工现场适当地方设置吸烟处，作业区内禁止随意吸烟。

（f）积极美化施工现场环境，根据季节变化，适当进行绿化布置。

④材料堆放、周转设备管理

（a）建筑材料、构件、料具必须按施工现场总平面布置图堆放，布置合理。

（b）建筑材料、构配件及其他料具等必须做到安全、整齐堆放（存放），不得超高。堆料分门别类，悬挂标牌，标牌应统一制作，标明名称、品种、规格数量等。

（c）建立材料收发管理制度，仓库、工具间材料堆放整齐，易燃易爆物品分类堆放，专人负责，确保安全。

（d）施工现场建立清扫制度，落实到人，做到工完料尽、场地清，车辆进出场应有防泥带出措施。建筑垃圾及时清运，临时存放现场的也应集中堆放整齐、悬挂标牌。不用的施工机具和设备应及时出场。

（e）施工设施，大模、砖夹等，集中堆放整齐，大模板成堆放稳，角度正确。钢模及零配件、脚手扣件分类分规格，集中存放。竹木杂料，分类堆放、规则成方，不散不乱，不作他用。

⑤现场生活设施

（a）施工现场作业区与办公、生活区必须明显划分，确因场地狭窄不能划分的，要有可靠的隔离栏护措施。

（b）宿舍内应确保主体结构安全，设施完好。宿舍周围环境应保持整洁、安全。

（c）宿舍内应有保暖、消暑、防煤气中毒、防蚊虫叮咬等措施。严禁使用煤气灶、煤油炉、电饭煲、热得快、电炒锅、电炉等器具。

（d）食堂应有良好的通风和洁卫措施，保持卫生整洁，炊事员持健康证上岗．

（e）建立现场卫生责任制，设卫生保洁员。

（f）施工现场应设固定的男、女简易淋浴室和厕所，并要保证结构稳定、牢固和防风雨。并实行专人管理、及时清扫，保持整洁，要有灭蚊蝇孳生措施。

⑥现场消防管理

（a）现场建立消防管理制度，建立消防领导小组，落实消防责任制和责任人员，做到思想重视、措施跟上、管理到位。

（b）定期对有关人员进行消防教育，落实消防措施。

（c）现场必须有消防平面布置图，临时设施按消防条例有关规定搭设，做到标准规范。

（d）易燃易爆物品堆放间、油漆间、木工间、总配电室等消防防火重点部位要按规定设置灭火机和消防沙箱，并有专人负责，对违反消防条例的有关人员进行严肃处理。

（e）施工现场用明火做到严格按动用明火规定执行，审批手续齐全。

⑦医疗急救的管理

展开卫生防病教育，准备必要的医疗设施，配备经过培训的急救人员，有急救措施、急救器材和保健医药箱。在现场办公室的显著位置张贴急救车和有关医院的电话号码等。

⑧社区服务的管理

制定实施施工不扰民的措施。现场不得焚烧有毒、有害物质等。

⑨治安管理

（a）建立现场治安保卫领导小组，有专人管理。

（b）新入场的人员做到及时登记，做到合法用工。

（c）按照治安管理条例和施工现场的治安管理规定搞好各项管理工作。

（d）落实门卫值班管理制度，严禁无证人员和其他闲杂人员进入施工现场。

4）建立检查考核制度

从国家到地方对于建设工程文明施工都制定了相关标准或规定，也有比较成熟的经验。在实际工作中，项目应结合相关标准和规定建立文明施工考核制度，推进各项文明施工措施的落实。

5）抓好文明施工宣传教育

（a）建立宣传教育制度。现场用各种方式宣传安全生产、文明施工、国家大事、社会形势、企业精神、好人好事等。

（b）坚持以人为本，加强管理人员和班组文明建设。教育职工遵纪守法，提高企业整体管理水平和文明素质。

（c）主动与有关单位配合，积极开展共建文明活动，树立企业良好的社会形象。

7.3.2 施工现场环境保护的要求与措施

建设工程项目必须满足有关环境保护法律法规的要求，在施工过程中注意环境保护，对企业发展、员工健康和社会文明有重要意义。

环境保护是按照法律法规、各级主管部门和企业的要求，保护和改善作业现场的环境，控制现场的各种粉尘、废水、废气、固体废弃物、噪声、振动等对环境的污染和危害。环境保护也是文明施工的重要内容之一。

（1）施工现场环境保护的要求

根据《中华人民共和国环境保护法》和《中华人民共和国环境影响评价法》的有关规定，建设工程项目对环境保护的基本要求为：

1）涉及依法划定的自然保护区、风景名胜区、生活饮用水水源保护区及其他需要特别保护的区域的，应当符合国家有关法律法规及该区域内建设工程项目环境管理的规定，不得建设污染环境的工业生产设施；建设的工程项目设施的污染物排放不得超过规定的排放标准。

2）建设工程项目选址、选线、布局应当符合区域、流域规划和城市总体规划。应满足项目所在区域环境质量、相应环境功能区划和生态功能区划标准或要求。

3）建设工程应当采用节能、节水等有利于环境与资源保护的建筑设计方案、建筑和装修材料、建筑构配件及设备。建筑和装修材料必须符合国家标准。禁止生产、销售和使用有毒、有害物质超过国家标准的建筑和装修材料。

4）尽量减少建设工程施工中所产生的干扰周围生活环境的噪声。

5）应采取生态保护措施，有效预防和控制生态破坏。

6）建设工程项目中防治污染的设施，必须与主体工程同时设计、同时施工、同时投产使用。防治污染的设施必须经原审批环境影响报告书的环境保护行政主管部门验收合格后，该建设工程项目方可投入生产或者使用。

（2）建设工程施工现场环境保护的措施

工程建设过程中的污染主要包括对施工场界内的污染和对周围环境的污染。对施工场界内的污染防治属于职业健康安全问题，而对周围环境的污染防治是环境保护的问题。

施工现场环境保护措施主要包括大气污染的防治、水污染的防治、噪声污染的防治、固体废弃物的处理以及文明施工措施等。

1）大气污染的防治措施

①施工现场垃圾渣土要及时清理出现场。

②高大建筑物清理施工垃圾时，要使用封闭式的容器或者采取其他措施处理高空废弃物，严禁凌空随意抛撒。

③施工现场道路应指定专人定期洒水清扫，形成制度，防止道路扬尘。

④对于细颗粒散体材料（如水泥、粉煤灰、白灰等）的运输、储存要注意遮盖、密封，防止和减少飞扬。

⑤车辆开出工地要做到不带泥砂，基本做到不洒土、不扬尘，减少对周围环境污染。

⑥除设有符合规定的装置外，禁止在施工现场焚烧油毡、橡胶、塑料、皮革、树叶、枯草、各种包装物等废弃物品以及其他会产生有毒、有害烟尘和恶臭气体的物质。

⑦机动车都要安装减少尾气排放的装置，确保符合国家标准。

⑧工地茶炉应尽量采用电热水器。若只能使用烧煤茶炉和锅炉时，应选用消烟除尘型茶炉和锅炉，大灶应选用消烟节能回风炉灶，使烟尘降至允许排放范围为止。

⑨大城市市区的建设工程已不容许搅拌混凝土。在容许设置搅拌站的工地，应将搅拌站封闭严密，并在进料仓上方安装除尘装置，采用可靠措施控制工地粉尘污染。

⑩拆除旧建筑物时，应适当洒水，防止扬尘。

2）水污染的防治措施

①禁止将有毒有害废弃物作土方回填。

②施工现场搅拌站废水，现制水磨石的污水，电石（碳化钙）的污水必须经沉淀池沉淀合格后再排放，最好将沉淀水用于工地洒水降尘或采取措施回收利用。

③现场存放油料，必须对库房地面进行防渗处理，如采用防渗混凝土地面、铺油毡等措施。使用时，要采取防止油料跑、冒、滴、漏的措施，以免污染水体。

④施工现场100人以上的临时食堂，污水排放时可设置简易有效的隔油池，定期清理，防止污染。

⑤工地临时厕所，化粪池应采取防渗漏措施。中心城市施工现场的临时厕所可采用水冲式厕所，并有防蝇、灭蛆措施，防止污染水体和环境。

⑥化学用品、外加剂等要妥善保管，库内存放，防止污染环境。

3）噪声污染的防治措施

①声源控制

（a）声源上降低噪声，这是防止噪声污染的最根本的措施。

（b）尽量采用低噪声设备和工艺代替高噪声设备与加工工艺，如低噪声振捣器、风机、电动空压机、电锯等。

（c）在声源处安装消声器消声，即在通风机、鼓风机、压缩机、燃气机、内燃机及各类排气放空装置等进出风管的适当位置设置消声器。

②传播途径的控制

（a）吸声：利用吸声材料（大多由多孔材料制成）或由吸声结构形成的共振结构（金属或木质薄板钻孔制成的空腔体）吸收声能，降低噪声。

（b）隔声：应用隔声结构，阻碍噪声向空间传播，将接收者与噪声声源分隔。隔声结构包括隔声室、隔声罩、隔声屏障、隔声墙等。

（c）消声：利用消声器阻止传播。允许气流通过的消声降噪是防治空气动力性噪声的主要装置。如对空气压缩机、内燃机产生的噪声等。

（d）减振降噪：对来自振动引起的噪声，通过降低机械振动减小噪声，如将阻尼材料涂在振动源上，或改变振动源与其他刚性结构的连接方式等。

③接收者的防护

让处于噪声环境下的人员使用耳塞、耳罩等防护用品，减少相关人员在噪声环境中的暴露时间，以减轻噪声对人体的危害。

④严格控制人为噪声

（a）进入施工现场不得高声喊叫、无故甩打模板、乱吹哨，限制高音喇叭的使用，最大限度地减少噪声扰民。

（b）凡在人口稠密区进行强噪声作业时，须严格控制作业时间，一般晚10点到次日早6点之间停止强噪声作业。确系特殊情况必须昼夜施工时，尽量采取降低噪声措施，并会同建设单位找当地居委会、村委会或当地居民协调，出安民告示，求得群众谅解。

4）光污染防治措施

（a）光污染源：夜间施工照明和电焊弧光；

（b）夜间施工灯具要适当设置，尽量不使灯光直射到施工区域以外；

（c）探照灯加设灯罩，防止光照污染；

（d）施工现场周围设密目网屏障，以达遮光目的，防止电焊弧光污染。

5）固体废物的处理

固体废物处理的基本思想是：采取资源化、减量化和无害化的处理，对固体废物产生的全过程进行控制。固体废物的主要处理方法有：

（a）回收利用；

（b）减量化处理；

（c）焚烧；

（d）稳定和固化；

（e）填埋。

7.4 应 用 案 例

7.4.1 施工安全技术措施案例

【案例 7-1】 某住宅小区工程施工安全技术措施

（1）工程概况

本工程位于××区 A-6 号地块，由 12 幢小高层住宅组成，钢筋混凝土框架/剪力墙结构，地上 14 层，地下 1 层为整体车库，开挖深度 5.2m，基础采用 PHC 桩基础。

（2）施工安全领导小组

1）组长：项目经理×××

2）副组长：项目技术负责人×××

3）组员：专职安全员×××、×××

（3）施工总平面图（本书略）

（4）施工现场的一般安全规定

1）施工现场设立围墙和门岗，与本工程无关人员不得进入。

2）凡进入施工现场人员，必须戴安全帽，衣着符合相关规定。现场施工人员必须严格执行公司"安全生产六大纪律"、"安全生产十项安全措施"和施工现场安全生产"十不准"等安全纪律。

3）电工、焊工、起重机司机、卷扬机操作人员等特种作业人员和各种机动车辆司机，必须经过专门的培训合格，持证上岗。

4）施工现场要有交通指示标志，在交通繁忙的交叉路口，应设指挥；危险地区要悬挂"危险"或"禁止通行"告示牌，夜间应设红色警示灯。

（5）地下工程施工安全技术措施

1）地下车库降水、挖土和结构工程施工必须严格按照经过专家论证的专项施工方案进行，保证基坑围护结构施工质量，并严格按规定进行监测。

2）由于场地狭窄，多余土方及时清理外运。

3）要特别注意基坑下操作人员的安全，施工前操作人员必须进行安全生产教育和安全技术交底制度，施工中必须按规定设置安全防护设施。

（6）高处及立体交叉作业安全技术措施

1）沿建筑物四面搭设双排垂直防护脚手外架、挂挑兜底平网一圈，另外要逐楼层挂高强立网封闭施工。

2）运输道和过人巷道搭设 6m 宽的满堂防护棚，棚顶满铺木板。

3）场内施工防止碎物坠落伤人，二层以上应沿建筑物外墙逐楼层设移动立网架。

4）塔吊机应定期检查塔吊机是否倾斜，雷雨天、大风天停止操作。塔吊起吊时吊臂下禁止站人。

（7）安全用电措施

1）严格执行公司施工现场安全用电制度，加强用电管理工作。

2）现场用电由专业电工负责架接，线路通过脚手架时，电线加绝缘套管，不许电线与任何金属物体直接接触，接好线路后方可使用。严格执行三相五线制架设线路，不得随意乱接电线，闸刀装箱加锁，配电箱中设置漏电保护器。

3）施工用电、配电设备必须有防雨、防潮、防漏电功能、大型的用电设备均要有合格的防漏电、防雷接地装置，小型移动式设备与人体接触部位要有可靠的绝缘装置停止使用用时必须切断电源。

4）夜间施工必须有足够的照明，建立夜间施工安全管理制度，切割机等湿作业时，操作人员必须戴绝缘手套，穿绝缘胶鞋，带漏电防护器。

（8）现场消防措施

1）施工现场必须执行公司《施工现场消防制度》，配备必要灭火器，易燃、助燃施工材料都应单独存放，并有 10m 以上的安全距离，施工现场要保证消防道路畅通。

2）施工现场动火必须严格执行公司《施工现场三级动火审批制度》，一旦发生火险，立即启动应急预案，将火灾扑灭于萌芽状态。

（9）脚手架安全技术措施

1）架体的选择

脚手架的搭设，主要随工程进展起支承和围护作用。结合本工程特点和现场的实际情况，采用双排落地式脚手架，立杆横距 1.2m，纵距 1.8m，大横杆步距 1.5m。

2）外架搭设程序

放线—地基处理硬化—安放垫板、钢板—安放底座—竖立杆—纵向扫地杆—墙体连接杆—挂安全网—绿网密封

3）杆件搭设要求

①立柱：每根立柱均应设置底座和垫板，搭接采用对接，同步一根立杆的两个相隔接头在高度方向错开的距离不小于步距的 1/3；立杆下部设纵、横向扫地杆，采用直角扣件固定在距底座上皮不大于 200mm 处。

②纵向水平杆：应水平于立杆内侧，长度不小于 3 跨，且两根纵向水平的对接必须采用对接扣件，扣件距立柱轴心线的距离不大于 1/3 跨；同一步中，内外、上下两根纵向水平杆的接头位置应错开，而且错开水平距离不小于 500mm，凡与立杆相交必须用直角扣件与立杆固定。

③横向水平杆：凡立柱与纵向水平杆连接处必须设置一横向水平杆，该杆距立柱轴心的距离不大于 150mm，而且该杆伸入墙内的锚固长度不小于 180mm。

④连墙件：为防止脚手架在使用过程的质量和安全，防止脚手架的倾覆，架体必须与墙体做可靠连接。

⑤剪刀撑与横向斜撑：根据本工程实际，选用双排落地式脚手架，除要按规范搭设剪刀撑外还必须搭设横向斜撑。每道剪刀撑宽度不应小于 4 跨，且不宜小于 6m，斜杆接长采用搭接；横向斜撑应在同一节间，由底至顶层呈之字形连续布置。

4）脚手架拆除的规定

①脚手架的拆除作业应按确定的拆除程序进行，锚固件应在位于其上的全部可拆除杆件都拆除后才能拆除，在拆除过程中，凡已松开连接的杆配件应及时拆除运走，避免误扶和误靠已松脱连接的杆件，拆下的杆件应以安全的方式运出和吊下，禁止单人进行拆除杆件等危险性作业。

②脚手架拆除时划分作业区，周围用栏杆围护，地面设指挥。

③作业人员严格操作规程，遵循由上而下、先搭后拆、后搭先拆的原则，一步一清依次进行，严禁上下同时进行拆除。

④拆除脚手架大横杆、剪刀撑时，先拆中间扣。

⑤附：脚手架搭设构造图（本书略）。

（10）应急预案（此处略，详见 7.4.2）

7.4.2 应急预案案例

【案例 7-2】 某单位制定的工程项目专项应急预案纲要

（1）事故类型和危害程度分析

在危险源评估的基础上，对可能发生的事故类型和可能发生的季节及事故严重程度进行确定。

（2）应急处置基本原则

明确处置安全生产事故应当遵循的基本原则。

（3）组织机构及职责

1）应急组织体系

明确应急组织形式，构成单位或人员，并尽可能以结构图的形式表示出来。

2）指挥机构及职责

根据事故类型，明确应急救援指挥机构总指挥、副总指挥以及各成员单位或人员的具体职责。应急救援指挥机构可以设置相应的应急救援工作小组，明确各小组的工作任务及主要负责人职责。

（4）预防与预警

1）危险源监控

明确本单位对危险源监测监控的方式、方法，以及采取的预防措施。

2）预警行动

明确具体事故预警的条件、方式、方法和信息的发布程序。

（5）信息报告程序

主要包括：

1）确定报警系统及程序；

2）确定现场报警方式，如电话、警报器等；

3）确定 24 小时与相关部门的通信、联络方式；

4）明确相互认可的通告、报警形式和内容；

5）明确应急反应人员向外求援的方式。

（6）应急处置

1）响应分级

针对事故危害程度、影响范围和单位控制事态的能力，将事故分为不同的等级。按照分级负责的原则，明确应急响应级别。

2）响应程序

根据事故的大小和发展态势，明确应急指挥、应急行动、资源调配、应急避险、扩大应急等响应程序。

3）处置措施

针对本单位事故类别和可能发生的事故特点、危险性，制定的应急处置措施（如：煤矿瓦斯爆炸、冒顶片帮、火灾、透水等事故应急处置措施，危险化学品火灾、爆炸、中毒等事故应急处置措施）。

（7）应急物资与装备保障

明确应急处置所需的物资与装备数量、管理和维护措施、正确使用方法等。

年 月 日

事故名称	高处坠落	报警电话	120、110
事发地点	工地	事发时间	××年××月××日
项目经理	×××	安全员	×××、×××

事故简述：略

抢救程序：

1. 将受伤者平躺在地，不要随意搬动；

2. 立即拨打 110、120 急救电话，紧急求救；

3. 现场根据伤者的情况，进行简单施救。

报告程序：

1. 事故现场人员立即报告项目负责人；

2. 项目负责人一边组织抢救，一边报告公司负责人；

3. 负责人组织保护事故现场，并立即报告安全生产监督管理部门，配合有关部门进行安全事故调查。

处理程序：

1. 实事求是向安全生产监督管理部门报告实事经过；

2. 调查事故原因，查明事故性质和责任、总结事故教训、提出整改措施、提出处理意见，依法追究责任。

7.4.3 安全事故案例

【案例 7-4】

（1）背景

山西省某市一商务楼地下室土方工程，基坑长 48m、宽 32m，深 5.2m，北测距邻近建筑物约 2.5m。商务楼总承包单位私自将该工程分包给当地一个未取得任何施工资质的施工队施工。施工队负责人为了降低施工成本，认为当地土质良好，没有按照总承包单位编制并经建设单位审批的施工方案施工，既未采取有效的基坑支护措施，又未按规定放坡，也没有实施边坡监测。施工时临时雇佣民工进行清槽作业，基坑北侧发生坍塌，造成 1 死 2 伤。

（2）问题

1）请分析本次事故的原因。

2）有关法规对深基坑土方施工有何规定？

3）该项目总承包单位在这次事故中有何过错？应负什么责任？

（3）分析

1）该事故发生的直接原因是没有按照总承包单位编制并经建设单位审批的施工方案施工，既未采取有效的基坑支护措施，又未按规定放坡。当地土质虽然较好，但该基坑北侧邻近建筑物～4m以上是回填土，土质较松，容易坍塌；坍塌前边坡曾出现裂缝，由于既没有实施监测，临时雇佣的民工又缺乏经验，没有及时发现，导致事故终于发生。

2）《危险性较大的分部分项工程安全管理办法》（建质〔2009〕87号）规定，开挖深度超过5m的土方工程属于超过一定规模的危险性较大的分部分项工程，施工单位应当在工程施工前编制专项方案，并组织专家对专项方案进行论证。实行施工总承包的，由施工总承包单位组织召开专家论证会。

3）该项目总承包单位的过错有：

①私自将该土方方程分包给当地施工队施工，未经建设单位同意，也未审查该施工队是否具有相应资质，属于违法行为。

②没有按照相关法规规定组织专家对该土方工程专项方案进行论证，没有监督施工队按既定的施工方案执行，也没有按规定实施边坡监测，纵容了施工队违章冒险作业。

③对分包队伍没有进行有效的监督管理，没有阻止施工队非法雇佣民工进行清槽作业，也没有对进场施工人员进行安全教育和必要的培训。

④没有履行总承包单位的职责对施工现场进行安全检查，没有及时发现土方工程施工中的安全隐患，没有能够有效地防止事故发生。

总承包单位应依法承担连带责任。

【案例7-5】

（1）背景

某工程队承包某设备基础施工，电焊工李某在进行地脚螺栓支架焊接作业时，不慎触及外露的电焊机一次线金属芯线，当场遭电击身亡。事后调查发现，电焊机一次线绝缘皮严重破损，金属芯线多处外露；电焊机外壳的保护零线脱落，电焊机开关箱中装设的漏电保护器也早已失灵；而电焊工李某持有的特种作业人员合格证书是通过非法渠道获得的假证书。

（2）问题

从这起事故分析该工程队在安全管理上存在什么问题？

（3）分析

该工程队在安全管理上主要存在下列问题：

1）在施工设备管理上存在严重漏洞：电焊机一次线绝缘皮严重破损，金属芯线多处外露；电焊机外壳的保护零线脱落，电焊机开关箱中装设的漏电保护器早已失灵，而总配电箱也没有按照规定装设漏电保护器。这些问题同时存在，出事故是必然的！

2）对特种作业人员（电焊工）的管理不严格，电焊工李某持假证书上岗没有被发现，管理人员要承担使用无证电焊工的责任；对特种作业人员也缺乏安全教育培训，李某自身没有安全操作自我保护意识。

3）施工现场安全检查不到位，没有能够及时发现安全隐患并加以排除。

【案例7-6】

（1）背景

某办公楼装饰装修工程，管道工王某在8楼一个自然采光不足的机房施工时，从一个

400mm×400mm 的管道井洞口坠落至 7 楼混凝土楼面，摔伤腰椎，同班组工人实施抢救时搬动不当，造成截瘫。

（2）问题

1）这起事故发生的主要原因是什么？

2）抢救高处坠落的伤员时应注意什么？

3）对楼面竖向洞口应如何防护？

（3）分析

1）这起事故发生的主要原因是：

①管道井竖向洞口没有按规定设置防护设施；

②自然采光不足的施工场所没有设置必要的照明灯具；

③施工现场安全检查不到位，没有能够及时发现安全隐患并加以排除，没有安全事故应急预案或应急预案不落实；

④对施工人员的安全培训教育不够，自我保护意识差，缺乏伤员救护常识，对伤员的不当搬动造成二次伤害。

2）抢救高处坠落的伤员时不能随便搬动，要按应急预案规定的程序进行抢救。

3）楼面竖向洞口应加装开关式、固定式或工具式防护门，门栅网格间距不应大于150mm，也可采用防护栏杆，下设挡脚板。

第8章 施工合同管理

施工合同管理是对工程施工合同的签订、履行、变更和解除等进行筹划和控制的过程，其主要内容有：根据项目特点和要求确定工程施工承发包模式和合同结构、选择合同文本、确定合同计价和支付方法、合同履行过程的管理与控制等。

8.1 施工承发包的模式

建设工程施工任务委托的模式（又称作施工承发包模式）反映了建设工程项目发包方和施工任务承包方之间、承包方与分包方等相互之间的合同关系。大量建设工程的项目管理实践证明，一个项目的建设能否成功，能否进行有效的投资控制、进度控制、质量控制、合同管理及组织协调，很大程度上取决于承发包模式的选择，因此应该慎重考虑和选择。常见的施工任务委托模式主要有如下几种：

1）发包方委托一个施工单位或由多个施工单位组成的施工联合体或施工合作体作为施工总承包单位，施工总承包单位视需要再委托其他施工单位作为分包单位配合施工；

2）发包方委托一个施工单位或由多个施工单位组成的施工联合体或施工合作体作为施工总承包管理单位，发包方另委托其他施工单位作为分包单位进行施工；

3）发包方不委托施工总承包单位，而平行委托多个施工单位进行施工。

采用何种承发包模式往往是由业主决定的。

8.1.1 施工平行承发包模式

（1）施工平行承发包的含义

施工平行承发包，又称为分别承发包，是指发包方根据建设工程项目的特点、项目进展情况和控制目标的要求等因素，将建设工程项目按照一定的原则分解，将其施工任务分别发包给不同的施工单位，各个施工单位分别与发包方签订施工承包合同，其合同结构图如图8-1所示。

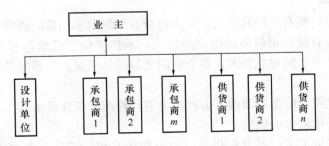

图 8-1 施工平行承发包模式的合同结构图

通常情况下，发包人在选择施工承包单位时通常根据施工图设计进行施工招标，即施工图设计已经完成，每个施工承包合同都可以实行总价合同。

（2）施工平行承发包的特点

实行施工平行承发包对建设工程项目的费用、进度、质量等目标控制以及合同管理和组织与协调等的影响如下。

1）费用控制

①对每一部分工程施工任务的发包，都以施工图设计为基础，投标人进行投标报价较有依据，工程的不确定性程度降低了，对合同双方的风险也相对降低了；

②每一部分工程的施工，发包人都可以通过招标选择最满意的施工单位承包（价格低、进度快、信誉好、关系好……），对降低工程造价有利；

③对业主来说，要等最后一份合同签订后才知道整个工程的总造价，对投资的早期控制不利。

2）进度控制

①某一部分施工图完成后，即可开始这部分工程的招标，开工日期提前，可以边设计边施工，缩短建设周期；

②由于要进行多次招标，业主用于招标的时间较多；

③施工总进度计划和控制由业主负责；由不同单位承包的各部分工程之间的进度计划及其实施的协调由业主负责（业主直接抓各个施工单位似乎控制力度大，但矛盾集中，业主的管理风险大）。

3）质量控制

①对某些工作而言，符合质量控制上的"他人控制"原则，不同分包单位之间能够形成一定的控制和制约机制，对业主的质量控制有利；

②合同交互界面比较多，应非常重视各合同之间界面的定义，否则对项目的质量控制不利。

4）合同管理

①业主要负责所有施工承包合同的招标、合同谈判、签约，招标工作量大，对业主不利；

②业主在每个合同中都会有相应的责任和义务，签订的合同越多，业主的责任和义务就越多；

③业主要负责对多个施工承包合同的跟踪管理，合同管理工作量较大。

5）组织与协调

①业主直接控制所有工程的发包，可决定所有工程的承包商的选择；

②业主要负责对所有承包商的组织与协调，承担类似于总承包管理的角色，工作量大，对业主不利（业主的对立面多，各个合同之间的界面多，关系复杂，矛盾集中，业主的管理风险大）；

③业主方可能需要配备较多的人力和精力进行管理，管理成本高。

（3）施工平行承发包的应用

为什么要选择施工平行承发包模式？或者在什么情况下可以考虑施工平行承发包模式呢？

①当项目规模很大，不可能选择一个施工单位进行施工总承包或施工总承包管理，也没有一个施工单位能够进行施工总承包或施工总承包管理；

②由于项目建设的时间要求紧迫，业主急于开工，来不及等所有的施工图全部出齐，只有边设计、边施工；

③业主有足够的经验和能力应对多家施工单位；

④将工程分解发包，业主可以尽可能多地照顾各种关系……

例如，某办公楼建设项目中，业主将打桩工程发包给甲施工单位，将主体土建工程发包给乙施工单位，将机电安装工程发包给丙施工单位，将精装修工程发包给丁施工单位，等等。而某地铁工程施工中，业主将14座车站的土建工程分别发包给14个土建施工单位，14座车站的机电安装工程分别发包给14个机电安装单位，就是典型的施工平行发包模式。

8.1.2 施工总承包模式

（1）施工总承包的含义

施工总承包，是指发包人将全部施工任务发包给一个施工单位或由多个施工单位组成的施工联合体或施工合作体，施工总承包单位主要依靠自己的力量完成施工任务。当然，经发包人同意，施工总承包单位可以根据需要将施工任务的一部分分包给其他符合资质的分包人。

施工总承包的合同结构图如图 8-2 所示。

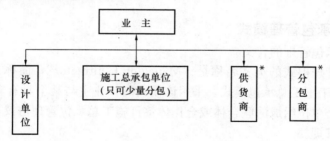

图 8-2　施工总承包模式的合同结构

* 注：此为业主自行采购和分包的部分（下同）。

与施工平行承发包相似，通常情况下，招标人在通过招标选择承包人时通常以施工图设计为依据，即施工图设计已经完成，不确定性因素减少了，有利于实行总价合同。施工总承包合同一般实行总价合同。

（2）施工总承包的特点

1）费用控制

①在通过招标选择施工总承包单位时，一般都以施工图设计为投标报价的基础，投标人的投标报价较有依据；

②在开工前就有较明确的合同价，有利于业主对总造价的早期控制；

③若在施工过程中发生设计变更，则可能发生索赔。

2）进度控制

①一般要等施工图设计全部结束后，才能进行施工总承包的招标，开工日期较迟，建设周期势必较长，对项目总进度控制不利；

②施工总进度计划的编制、控制和协调由施工总承包单位负责，而项目总进度计划的编制、控制和协调，以及设计、施工、供货之间的进度计划协调由业主负责。

3）质量控制

项目质量的好坏很大程度上取决于施工总承包单位的选择，取决于施工总承包单位的管理水平和技术水平。业主对施工总承包单位的依赖较大。

4）合同管理

业主只需要进行一次招标，与一个施工总承包单位签约，招标及合同管理工作量大大减小，对业主有利。

在国内的很多工程实践中，业主为了早日开工，在未完成施工图设计的情况下就进行招标选择施工总承包单位，采用所谓的"费率招标"，实际上是开口合同，对业主方的合同管理和投资控制十分不利。

5）组织与协调

业主只负责对施工总承包单位的管理及组织协调，工作量大大减小，对业主比较有利。

总之，与平行承发包模式相比，采用施工总承包模式，业主的合同管理工作量大大减小了，组织和协调工作量也大大减小，协调比较容易。但建设周期可能比较长，对项目总进度控制不利。

8.1.3 施工总承包管理模式

（1）施工总承包管理的含义

施工总承包管理模式的英文名称是"Managing Contractor"，简称MC，意为"管理型承包"。它不同于施工总承包模式。采用该模式时，业主与某个具有丰富施工管理经验的单位或者由多个单位组成的联合体或合作体签订施工总承包管理协议，由其负责整个项目的施工组织与管理。

一般情况下，施工总承包管理单位不参与具体工程的施工，而具体工程的施工需要再进行分包单位的招标与发包，把具体工程的施工任务分包给分包商来完成。但有时也存在另一种情况，即施工总承包管理单位也想承担部分具体工程的施工，这时它也可以参加这一部分工程施工的投标，通过竞争取得任务。

（2）施工总承包管理模式与施工总承包模式的比较

施工总承包管理模式与施工总承包模式不同，其差异性主要表现在以下几个方面。

1）工作开展程序不同

施工总承包管理模式与施工总承包模式的工作开展程序不同。施工总承包模式的一般工作程序是：先完成工程项目的设计，即待施工图设计结束后再进行施工总承包的招标投标，然后再进行工程施工，如图8-3（b）所示。对许多大中型工程项目来说，要等到设计图纸全部出齐后再进行工程招标，显然是很困难的。

而如果采用施工总承包管理模式，对施工总承包管理单位的招标可以不依赖完整的施工图，换句话说，施工总承包管理模式的招标投标可以提前到项目尚处于设计阶段进行。另外，工程实体可以化整为零，分别进行分包单位的招标，即每完成一部分工程的施工图就招标一部分，从而使该部分工程的施工提前到设计阶段进行，如图 8-3（a）所示。

为了更好地说明施工总承包管理模式与施工总承包模式在工作程序和对进度影响等方面的不同，将施工总承包模式的一般工作程序也同时表示在图 8-3 中。从图中可以看出，施工总承包管理模式可以在很大程度上缩短建设周期。

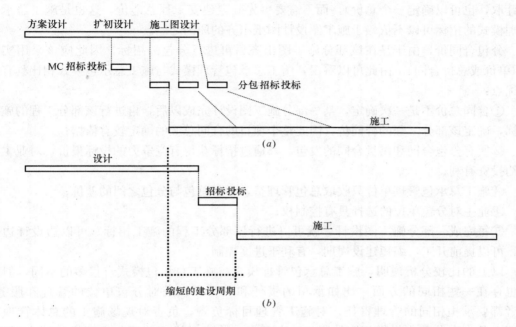

图 8-3　施工总承包模式与施工总承包管理模式下工作开展顺序的比较
（a）施工总承包管理模式下的项目开展顺序；（b）施工总承包模式下的项目开展顺序

2）合同关系不同

施工总承包管理模式的合同关系有两种可能，即业主与分包单位直接签订合同或者由施工总承包管理单位与分包单位签订合同。在国内的工程实践中，也有采用业主、施工总承包管理单位和分包单位三方共同签订的形式。

3）对分包单位的选择和认可

在施工总承包模式中，如果业主同意将某几个部分的工程进行分包，施工分包单位往往由施工总承包单位选择，由业主认可。而在施工总承包管理模式中，所有分包单位的选择都是由业主决策的。

业主通常通过招标选择分包单位。一般情况下，分包合同由业主与分包单位直接签订，但每一个分包人的选择和每一个分包合同的签订都要经过施工总承包管理单位的认可，因为施工总承包管理单位要承担施工总体管理和目标控制的任务和责任。如果施工总承包管理单位认为业主选定的某个分包人确实没有能力完成分包任务，而业主执意不肯更换该分包人，施工总承包管理单位也可以拒绝认可该分包合同，并且不承担该分包人所负责工程的管理责任。

有时，在业主要求下并且在施工总承包管理单位同意的情况下，分包合同也可以由施工总承包管理单位与分包单位签订。

4）对分包单位的付款

对各个分包单位的各种款项可以通过施工总承包管理单位支付，也可以由业主直接支付。

5）施工总承包管理的合同价格

施工总承包管理合同中一般只确定总承包管理费（通常是按工程建安造价的一定百分比计取，也可以确定一个总价），而不需要事先确定建安工程总造价，这也是施工总承包管理模式的招标可以不依赖于施工图设计图纸出齐的原因之一。

分包合同价，由于是在该部分施工图出齐后再进行分包的招标，因此应该采用实价（即单价或总价合同）。由此可以看出，施工总承包管理模式与施工总承包模式相比具有以下优点：

①合同总价不是一次确定，某一部分施工图设计完成以后，再进行该部分工程的施工招标，确定该部分工程的合同价，因此整个项目的合同总额的确定较有依据；

②所有分包合同和供货合同的发包，都通过招标获得有竞争力的投标报价，对业主方节约投资有利；

③施工总承包管理单位只收取总包管理费，不赚总包与分包之间的差价；

④业主对分包单位的选择具有控制权；

⑤每完成一部分施工图设计，就可以进行该部分工程的施工招标，可以边设计边施工，可以提前开工，缩短建设周期，有利于进度控制。

以上的比较分析说明，施工总承包管理模式与施工总承包模式有很多的不同，但两者也存在一些相同的方面，比如承担的责任和义务，以及对分包单位的管理和服务。两者都要承担相同的管理责任，对施工管理目标负责，负责对现场施工的总体管理和协调，负责向分包人提供相应的服务。在国内，普遍对施工总承包管理模式存在误解，认为仅仅做管理与协调工作，而对项目目标控制不承担责任，实际上，每一个分包合同都要经过施工总承包管理单位的确认，施工总承包管理单位有责任对分包人的质量、进度进行控制，并负责审核和控制分包合同的费用支付，负责协调各个分包的关系，负责各个分包合同的管理。因此，在组织结构和人员配备上，施工总承包管理单位仍然要有费用控制、进度控制、质量控制、合同管理、信息管理、组织与协调的组织和人员。

8.2 施工承包与物资采购合同的内容

8.2.1 施工承包合同的主要内容

为了规范和指导合同当事人双方的行为，减少或避免合同纠纷，解决合同文本不规范、条款不完备、执行过程纠纷多等问题，国际工程界许多著名组织（如 FIDIC——国际咨询工程师联合会、AIA——美国建筑师学会、AGC——美国总承包商会、ICE——英国土木工程师学会、世界银行等）都编制了指导性的合同示范文本，规定了合同双方的一般权利和义务，对引导和规范建设行为起到非常重要的作用。

我国住房和城乡建设部与国家工商行政管理总局根据工程建设的有关法律、法规，总结我国 1991 年版《建设工程施工合同示范文本》GF—91—0201 推行的有关经验，并借鉴国际上通用的土木工程施工合同的成熟经验和有效做法，分别于 1999 年和 2013 年对建设工程施工合同示范文本进行了修订。该文本（当前版本为《建设工程施工合同（示范文本)》）GF—2013—0201 适用于各类公用建筑、民用住宅、工业厂房、交通设施及线路、管道的施工和设备安装等工程。

为了规范施工招标资格预审文件、招标文件编制活动，提高资格预审文件、招标文件编制质量，促进招标投标活动的公开、公平和公正，国家发展和改革委员会、财政部、建设部、铁道部、交通部、信息产业部、水利部、民用航空总局、广播电影电视总局等九部委联合编制了《标准施工招标资格预审文件》和《标准施工招标文件》，自 2008 年 5 月 1 日起试行。国务院有关行业主管部门可根据《标准施工招标文件》并结合本行业施工招标特点和管理需要，编制行业标准施工招标文件。行业标准施工招标文件重点对"专用合同条款"、"工程量清单"、"图纸"、"技术标准和要求"作出具体规定。行业标准施工招标文件中的"专用合同条款"可对《标准施工招标文件》中的"通用合同条款"进行补充、细化，除"通用合同条款"明确"专用合同条款"可作出不同约定外，补充和细化的内容不得与"通用合同条款"强制性规定相抵触，否则抵触内容无效。

九部委《标准施工招标文件》中"通用合同条款"的主要内容如下。

8.2.1.1 词语定义与解释

《标准施工招标文件》的"通用合同条款"中，明确了"监理人"是指在专用合同条款中指明的，受发包人委托对合同履行实施管理的法人或其他组织。总监理工程师（总监）：指由监理人委派常驻施工场地对合同履行实施管理的全权负责人。

8.2.1.2 发包人的责任与义务

（1）发包人的责任

1）除专用合同条款另有约定外，发包人应根据工程施工的需要，负责办理取得出入施工场地的专用和临时道路的通行权，以及取得为工程建设所需修建场外设施的权利，并承担有关费用。承包人应协助发包人办理上述手续。

2）发包人应在专用合同条款约定的期限内，通过监理人向承包人提供测量基准点、基准线和水准点及其书面资料。

发包人应对其提供的测量基准点、基准线和水准点及其书面资料的真实性、准确性和完整性负责。

3）发包人的施工安全责任

发包人应按合同约定履行安全职责，授权监理人按合同约定的安全工作内容监督、检查承包人安全工作的实施，组织承包人和有关单位进行安全检查。

发包人应对其现场机构雇佣的全部人员的工伤事故承担责任，但由于承包人原因造成发包人人员工伤的，应由承包人承担责任。

4）治安保卫的责任

除合同另有约定外，发包人应与当地公安部门协商，在现场建立治安管理机构或联防组织，统一管理施工场地的治安保卫事项，履行工程的治安保卫职责。

发包人和承包人除应协助现场治安管理机构或联防组织维护施工场地的社会治安外，还应做好包括生活区在内的各自管辖区的治安保卫工作。

除合同另有约定外，发包人和承包人应在工程开工后，共同编制施工场地治安管理计划，并制定应对突发治安事件的紧急预案。在工程施工过程中，发生暴乱、爆炸等恐怖事件，以及群殴、械斗等群体性突发治安事件的，发包人和承包人应立即向当地政府报告。发包人和承包人应积极协助当地有关部门采取措施平息事态，防止事态扩大，尽量减少财产损失和避免人员伤亡。

5）工程施工过程中发生事故的，承包人应立即通知监理人，监理人应立即通知发包人。发包人和承包人应立即组织人员和设备进行紧急抢救和抢修，减少人员伤亡和财产损失，防止事故扩大，并保护事故现场。需要移动现场物品时，应作出标记和书面记录，妥善保管有关证据。发包人和承包人应按国家有关规定，及时如实地向有关部门报告事故发生的情况，以及正在采取的紧急措施等。

6）发包人应将其持有的现场地质勘探资料、水文气象资料提供给承包人，并对其准确性负责。

（2）发包人的义务

1）发出开工通知

发包人应委托监理人按合同约定向承包人发出开工通知。

2）提供施工场地

发包人应按专用合同条款约定向承包人提供施工场地，以及施工场地内的地下管线和地下设施等有关资料，并保证资料的真实、准确、完整。

3）协助承包人办理证件和批件

发包人应协助承包人办理法律规定的有关施工证件和批件。

4）组织设计交底

发包人应根据合同进度计划，组织设计单位向承包人进行设计交底。

5）支付合同价款

发包人应按合同约定向承包人及时支付合同价款。

6）组织竣工验收

发包人应按合同约定及时组织竣工验收。

（3）发包人违约的情形

在履行合同过程中发生的下列情形，属发包人违约：

1）发包人未能按合同约定支付预付款或合同价款，或拖延、拒绝批准付款申请和支付凭证，导致付款延误的；

2）由于发包人原因造成停工的；

3）监理人无正当理由没有在约定期限内发出复工指示，导致承包人无法复工的；

4）发包人无法继续履行或明确表示不履行或实质上已停止履行合同的；

5）发包人不履行合同约定其他义务的。

8.2.1.3　承包人的责任与义务

（1）承包人的一般义务

1）完成各项承包工作

承包人应按合同约定以及监理人的指示，实施、完成全部工程，并修补工程中的任何缺陷。除专用合同条款另有约定外，承包人应提供为完成合同工作所需的劳务、材料、施

186

工设备、工程设备和其他物品，并按合同约定负责临时设施的设计、建造、运行、维护、管理和拆除。

2）对施工作业和施工方法的完备性负责

承包人应按合同约定的工作内容和施工进度要求，编制施工组织设计和施工措施计划，并对所有施工作业和施工方法的完备性和安全可靠性负责。

3）保证工程施工和人员的安全

承包人应按合同约定采取施工安全措施，确保工程及其人员、材料、设备和设施的安全，防止因工程施工造成的人身伤害和财产损失。

4）负责施工场地及其周边环境与生态的保护工作

承包人应按照合同约定负责施工场地及其周边环境与生态的保护工作。

5）避免施工对公众与他人的利益造成损害

承包人在进行合同约定的各项工作时，不得侵害发包人与他人使用公用道路、水源、市政管网等公共设施的权利，避免对邻近的公共设施产生干扰。承包人占用或使用他人的施工场地，影响他人作业或生活的，应承担相应责任。

6）为他人提供方便

承包人应按监理人的指示为他人在施工场地或附近实施与工程有关的其他各项工作提供可能的条件。除合同另有约定外，提供有关条件的内容和可能发生的费用，由监理人按合同规定的办法与双方商定或确定。

7）工程的维护和照管

工程接收证书颁发前，承包人应负责照管和维护工程。工程接收证书颁发时尚有部分未竣工工程的，承包人还应负责该未竣工工程的照管和维护工作，直至竣工后移交给发包人为止。

（2）承包人的其他责任与义务

1）承包人不得将工程主体、关键性工作分包给第三人。除专用合同条款另有约定外，未经发包人同意，承包人不得将工程的其他部分或工作分包给第三人。

承包人应与分包人就分包工程向发包人承担连带责任。

2）承包人应在接到开工通知后 28 天内，向监理人提交承包人在施工场地的管理机构以及人员安排的报告，其内容应包括管理机构的设置、各主要岗位的技术和管理人员名单及其资格，以及各工种技术工人的安排状况。承包人应向监理人提交施工场地人员变动情况的报告。

3）承包人应对施工场地和周围环境进行查勘，并收集有关地质、水文、气象条件、交通条件、风俗习惯以及其他为完成合同工作有关的当地资料。在全部合同工作中，应视为承包人已充分估计了应承担的责任和风险。

8.2.1.4　进度控制的主要条款内容

（1）进度计划

1）合同进度计划

承包人应按专用合同条款约定的内容和期限，编制详细的施工进度计划和施工方案说明报送监理人。监理人应在专用合同条款约定的期限内批复或提出修改意见，否则该进度计划视为已得到批准。经监理人批准的施工进度计划称合同进度计划，是控制合同工程进度的依据。承包人还应根据合同进度计划，编制更为详细的分阶段或分项进度计划，报监理人审批。

2）合同进度计划的修订

不论何种原因造成工程的实际进度与合同进度计划不符时，承包人可以在专用合同条款约定的期限内向监理人提交修订合同进度计划的申请报告，并附有关措施和相关资料，报监理人审批；监理人也可以直接向承包人作出修订合同进度计划的指示，承包人应按该指示修订合同进度计划，报监理人审批。监理人应在专用合同条款约定的期限内批复。监理人在批复前应获得发包人同意。

（2）开工日期与工期

监理人应在开工日期 7 天前向承包人发出开工通知。监理人在发出开工通知前应获得发包人同意。工期自监理人发出的开工通知中载明的开工日期起计算。

（3）工期调整

1）发包人的工期延误

在履行合同过程中，由于发包人的下列原因造成工期延误的，承包人有权要求发包人延长工期和（或）增加费用，并支付合理利润。需要修订合同进度计划的，按照合同规定的办法办理。

①增加合同工作内容；

②改变合同中任何一项工作的质量要求或其他特性；

③发包人迟延提供材料、工程设备或变更交货地点的；

④因发包人原因导致的暂停施工；

⑤提供图纸延误；

⑥未按合同约定及时支付预付款、进度款；

⑦发包人造成工期延误的其他原因。

2）异常恶劣的气候条件

由于出现专用合同条款规定的异常恶劣气候的条件导致工期延误的，承包人有权要求发包人延长工期。

3）承包人的工期延误

由于承包人原因，未能按合同进度计划完成工作，或监理人认为承包人施工进度不能满足合同工期要求的，承包人应采取措施加快进度，并承担加快进度所增加的费用。由于承包人原因造成工期延误，承包人应支付逾期竣工违约金。承包人支付逾期竣工违约金，不免除承包人完成工程及修补缺陷的义务。

4）工期提前

发包人要求承包人提前竣工，或承包人提出提前竣工的建议能够给发包人带来效益的，应由监理人与承包人共同协商采取加快工程进度的措施和修订合同进度计划。发包人应承担承包人由此增加的费用，并向承包人支付专用合同条款约定的相应奖金。

（4）暂停施工

1）承包人暂停施工的责任

因下列暂停施工增加的费用和（或）工期延误由承包人承担：

①承包人违约引起的暂停施工；

②由于承包人原因为工程合理施工和安全保障所必需的暂停施工；

③承包人擅自暂停施工；

④承包人其他原因引起的暂停施工；

⑤专用合同条款约定由承包人承担的其他暂停施工。

2）发包人暂停施工的责任

由于发包人原因引起的暂停施工造成工期延误的，承包人有权要求发包人延长工期和（或）增加费用，并支付合理利润。

3）监理人暂停施工指示

①监理人认为有必要时，可向承包人作出暂停施工的指示，承包人应按监理人指示暂停施工。不论由于何种原因引起的暂停施工，暂停施工期间承包人应负责妥善保护工程并提供安全保障。

②由于发包人的原因发生暂停施工的紧急情况，且监理人未及时下达暂停施工指示的，承包人可先暂停施工，并及时向监理人提出暂停施工的书面请求。监理人应在接到书面请求后的 24 小时内予以答复，逾期未答复的，视为同意承包人的暂停施工请求。

4）暂停施工后的复工

①暂停施工后，监理人应与发包人和承包人协商，采取有效措施积极消除暂停施工的影响。当工程具备复工条件时，监理人应立即向承包人发出复工通知。承包人收到复工通知后，应在监理人指定的期限内复工。

②承包人无故拖延和拒绝复工的，由此增加的费用和工期延误由承包人承担；因发包人原因无法按时复工的，承包人有权要求发包人延长工期和（或）增加费用，并支付合理利润。

5）暂停施工持续 56 天以上

①监理人发出暂停施工指示后 56 天内未向承包人发出复工通知，除了该项停工属于第 12.1 款（即由于承包人暂停施工的责任）的情况外，承包人可向监理人提交书面通知，要求监理人在收到书面通知后 28 天内准许已暂停施工的工程或其中一部分工程继续施工。如监理人逾期不予批准，则承包人可以通知监理人，将工程受影响的部分视为按第 15.1 （1）项（即变更）的可取消工作。如暂停施工影响到整个工程，可视为发包人违约，应按第 22.2 款的规定（即发包人违约）办理。

②由于承包人责任引起的暂停施工，如承包人在收到监理人暂停施工指示后 56 天内不认真采取有效的复工措施，造成工期延误，可视为承包人违约，应按第 22.1 款的规定（即承包人违约）办理。

8.2.1.5 质量控制的主要条款内容

（1）承包人的质量管理

承包人应在施工场地设置专门的质量检查机构，配备专职质量检查人员，建立完善的质量检查制度。承包人应在合同约定的期限内，提交工程质量保证措施文件，包括质量检查机构的组织和岗位责任、质检人员的组成、质量检查程序和实施细则等，报送监理人审批。

（2）承包人的质量检查

承包人应按合同约定对材料、工程设备以及工程的所有部位及其施工工艺进行全过程的质量检查和检验，并作详细记录，编制工程质量报表，报送监理人审查。

（3）监理人的质量检查

监理人有权对工程的所有部位及其施工工艺、材料和工程设备进行检查和检验。承包人应为监理人的检查和检验提供方便，包括监理人到施工场地，或制造、加工地点，或合同约定的其他地方进行察看和查阅施工原始记录。承包人还应按监理人指示，进行施工场地取样试验、工程复核测量和设备性能检测，提供试验样品、提交试验报告和测量成果以及监理人要求进行的其他工作。监理人的检查和检验，不免除承包人按合同约定应负的责任。

（4）工程隐蔽部位覆盖前的检查

1）通知监理人检查

经承包人自检确认的工程隐蔽部位具备覆盖条件后，承包人应通知监理人在约定的期限内检查。承包人的通知应附有自检记录和必要的检查资料。监理人应按时到场检查。经监理人检查确认质量符合隐蔽要求，并在检查记录上签字后，承包人才能进行覆盖。监理人检查确认质量不合格的，承包人应在监理人指示的时间内修整返工后，由监理人重新检查。

2）监理人未到场检查

监理人未按约定的时间进行检查的，除监理人另有指示外，承包人可自行完成覆盖工作，并作相应记录报送监理人，监理人应签字确认。监理人事后对检查记录有疑问的，可按约定重新检查。

3）监理人重新检查

承包人按第13.5.1项或第13.5.2项〔即上述的（1）、（2）〕覆盖工程隐蔽部位后，监理人对质量有疑问的，可要求承包人对已覆盖的部位进行钻孔探测或揭开重新检验，承包人应遵照执行，并在检验后重新覆盖恢复原状。经检验证明工程质量符合合同要求的，由发包人承担由此增加的费用和（或）工期延误，并支付承包人合理利润；经检验证明工程质量不符合合同要求的，由此增加的费用和（或）工期延误由承包人承担。

4）承包人私自覆盖

承包人未通知监理人到场检查，私自将工程隐蔽部位覆盖的，监理人有权指示承包人钻孔探测或揭开检查，由此增加的费用和（或）工期延误由承包人承担。

（5）清除不合格工程

1）承包人使用不合格材料、工程设备，或采用不适当的施工工艺，或施工不当，造成工程不合格的，监理人可以随时发出指示，要求承包人立即采取措施进行补救，直至达到合同要求的质量标准，由此增加的费用和（或）工期延误由承包人承担。

2）由于发包人提供的材料或工程设备不合格造成的工程不合格，需要承包人采取措施补救的，发包人应承担由此增加的费用和（或）工期延误，并支付承包人合理利润。

（6）试验和检验

1）材料、工程设备和工程的试验和检验

①承包人应按合同约定进行材料、工程设备和工程的试验和检验，并为监理人对上述

材料、工程设备和工程的质量检查提供必要的试验资料和原始记录。按合同约定应由监理人与承包人共同进行试验和检验的，由承包人负责提供必要的试验资料和原始记录。

②监理人未按合同约定派员参加试验和检验的，除监理人另有指示外，承包人可自行试验和检验，并应立即将试验和检验结果报送监理人，监理人应签字确认。

③监理人对承包人的试验和检验结果有疑问的，或为查清承包人试验和检验成果的可靠性要求承包人重新试验和检验的，可按合同约定由监理人与承包人共同进行。重新试验和检验的结果证明该项材料、工程设备或工程的质量不符合合同要求的，由此增加的费用和（或）工期延误由承包人承担；重新试验和检验结果证明该项材料、工程设备和工程符合合同要求，由发包人承担由此增加的费用和（或）工期延误，并支付承包人合理利润。

2）现场材料试验

①承包人根据合同约定或监理人指示进行的现场材料试验，应由承包人提供试验场所、试验人员、试验设备器材以及其他必要的试验条件。

②监理人在必要时可以使用承包人的试验场所、试验设备器材以及其他试验条件，进行以工程质量检查为目的的复核性材料试验，承包人应予以协助。

3）现场工艺试验

承包人应按合同约定或监理人指示进行现场工艺试验。对大型的现场工艺试验，监理人认为必要时，应由承包人根据监理人提出的工艺试验要求，编制工艺试验措施计划，报送监理人审批。

8.2.1.6 费用控制的主要条款内容

（1）预付款

预付款用于承包人为合同工程施工购置材料、工程设备、施工设备、修建临时设施以及组织施工队伍进场等。预付款的额度和预付办法在专用合同条款中约定。

除专用合同条款另有约定外，承包人应在收到预付款的同时向发包人提交预付款保函，预付款保函的担保金额应与预付款金额相同。保函的担保金额可根据预付款扣回的金额相应递减。

（2）工程进度付款

1）进度付款申请单

承包人应在每个付款周期末，按监理人批准的格式和专用合同条款约定的份数，向监理人提交进度付款申请单，并附相应的支持性证明文件。

2）进度付款证书和支付时间

①监理人在收到承包人进度付款申请单以及相应的支持性证明文件后的 14 天内完成核查，提出发包人到期应支付给承包人的金额以及相应的支持性材料，经发包人审查同意后，由监理人向承包人出具经发包人签认的进度付款证书。监理人有权扣发承包人未能按照合同要求履行任何工作或义务的相应金额。

②发包人应在监理人收到进度付款申请单后的 28 天内，将进度应付款支付给承包人。发包人不按期支付的，按专用合同条款的约定支付逾期付款违约金。

③监理人出具进度付款证书，不应视为监理人已同意、批准或接受了承包人完成的该部分工作。

④进度付款涉及政府投资资金的，按照国库集中支付等国家相关规定和专用合同条款

的约定办理。

3）工程进度付款的修正

在对以往历次已签发的进度付款证书进行汇总和复核中发现错、漏或重复的，监理人有权予以修正，承包人也有权提出修正申请。经双方复核同意的修正，应在本次进度付款中支付或扣除。

（3）质量保证金

监理人应从第一个付款周期开始，在发包人的进度付款中，按专用合同条款的约定扣留质量保证金，直至扣留的质量保证金总额达到专用合同条款约定的金额或比例为止。质量保证金的计算额度不包括预付款的支付、扣回以及价格调整的金额。

在合同约定的缺陷责任期满时，承包人向发包人申请到期应返还承包人剩余的质量保证金金额，发包人应在14天内会同承包人按照合同约定的内容核实承包人是否完成缺陷责任。如无异议，发包人应当在核实后将剩余保证金返还承包人。

在合同约定的缺陷责任期满时，承包人没有完成缺陷责任的，发包人有权扣留与未履行责任剩余工作所需金额相应的质量保证金余额，并有权要求延长缺陷责任期，直至完成剩余工作为止。

（4）竣工结算

1）竣工付款申请单

①工程接收证书颁发后，承包人应按专用合同条款约定的份数和期限向监理人提交竣工付款申请单，并提供相关证明材料。

②监理人对竣工付款申请单有异议的，有权要求承包人进行修正和提供补充资料。经监理人和承包人协商后，由承包人向监理人提交修正后的竣工付款申请单。

2）竣工付款证书及支付时间

①监理人在收到承包人提交的竣工付款申请单后的14天内完成核查，提出发包人到期应支付给承包人的价款送发包人审核并抄送承包人。发包人应在收到后14天内审核完毕，由监理人向承包人出具经发包人签认的竣工付款证书。监理人未在约定时间内核查，又未提出具体意见的，视为承包人提交的竣工付款申请单已经监理人核查同意；发包人未在约定时间内审核又未提出具体意见的，监理人提出发包人到期应支付给承包人的价款视为已经发包人同意。

②发包人应在监理人出具竣工付款证书后的14天内，将应支付款支付给承包人。发包人不按期支付的，按合同约定，将逾期付款违约金支付给承包人。

③承包人对发包人签认的竣工付款证书有异议的，发包人可出具竣工付款申请单中承包人已同意部分的临时付款证书。

（5）最终结清

1）最终结清申请单

①缺陷责任期终止证书签发后，承包人可按专用合同条款约定的份数和期限向监理人提交最终结清申请单，并提供相关证明材料。

②发包人对最终结清申请单内容有异议的，有权要求承包人进行修正和提供补充资料，由承包人向监理人提交修正后的最终结清申请单。

2）最终结清证书和支付时间

①监理人收到承包人提交的最终结清申请单后的 14 天内，提出发包人应支付给承包人的价款送发包人审核并抄送承包人。发包人应在收到后 14 天内审核完毕，由监理人向承包人出具经发包人签认的最终结清证书。监理人未在约定时间内核查，又未提出具体意见的，视为承包人提交的最终结清申请已经监理人核查同意；发包人未在约定时间内审核又未提出具体意见的，监理人提出应支付给承包人的价款视为已经发包人同意。

②发包人应在监理人出具最终结清证书后的 14 天内，将应支付款支付给承包人。发包人不按期支付的，按合同约定，将逾期付款违约金支付给承包人。

③承包人对发包人签认的最终结清证书有异议的，按第 24 条（即争议的解决）的约定办理。

8.2.1.7 竣工验收

（1）竣工验收申请报告

当工程具备以下条件时，承包人即可向监理人报送竣工验收申请报告：

1）除监理人同意列入缺陷责任期内完成的尾工（甩项）工程和缺陷修补工作外，合同范围内的全部单位工程以及有关工作，包括合同要求的试验、试运行以及检验和验收均已完成，并符合合同要求；

2）已按合同约定的内容和份数备齐了符合要求的竣工资料；

3）已按监理人的要求编制了在缺陷责任期内完成的尾工（甩项）工程和缺陷修补工作清单以及相应施工计划；

4）监理人要求在竣工验收前应完成的其他工作；

5）监理人要求提交的竣工验收资料清单。

（2）验收

监理人收到承包人按要求提交的竣工验收申请报告后，应审查申请报告的各项内容，并按以下不同情况进行处理。

1）监理人审查后认为尚不具备竣工验收条件的，应在收到竣工验收申请报告后的 28 天内通知承包人，指出在颁发接收证书前承包人还需进行的工作内容。承包人完成监理人通知的全部工作内容后，应再次提交竣工验收申请报告，直至监理人同意为止。

2）监理人审查后认为已具备竣工验收条件的，应在收到竣工验收申请报告后的 28 天内提请发包人进行工程验收。

3）发包人经过验收后同意接受工程的，应在监理人收到竣工验收申请报告后的 56 天内，由监理人向承包人出具经发包人签认的工程接收证书。发包人验收后同意接收工程但提出整修和完善要求的，限期修好，并缓发工程接收证书。整修和完善工作完成后，监理人复查达到要求的，经发包人同意后，再向承包人出具工程接收证书。

4）发包人验收后不同意接收工程的，监理人应按照发包人的验收意见发出指示，要求承包人对不合格工程认真返工重作或进行补救处理，并承担由此产生的费用。承包人在完成不合格工程的返工重作或补救工作后，应重新提交竣工验收申请报告。

5）除专用合同条款另有约定外，经验收合格工程的实际竣工日期，以提交竣工验收申请报告的日期为准，并在工程接收证书中写明。

6）发包人在收到承包人竣工验收申请报告 56 天后未进行验收的，视为验收合格，实际竣工日期以提交竣工验收申请报告的日期为准，但发包人由于不可抗力不能进行验收的除外。

（3）单位工程验收

发包人根据合同进度计划安排，在全部工程竣工前需要使用已经竣工的单位工程时，或承包人提出经发包人同意时，可进行单位工程验收。验收合格后，由监理人向承包人出具经发包人签认的单位工程验收证书。已签发单位工程接收证书的单位工程由发包人负责照管。单位工程的验收成果和结论作为全部工程竣工验收申请报告的附件。

发包人在全部工程竣工前，使用已接收的单位工程导致承包人费用增加的，发包人应承担由此增加的费用和（或）工期延误，并支付承包人合理利润。

（4）竣工清场

除合同另有约定外，工程接收证书颁发后，承包人应按以下要求对施工场地进行清理，直至监理人检验合格为止。竣工清场费用由承包人承担。

1）施工场地内残留的垃圾已全部清除出场；

2）临时工程已拆除，场地已按合同要求进行清理、平整或复原；

3）按合同约定应撤离的承包人设备和剩余的材料，包括废弃的施工设备和材料，已按计划撤离施工场地；

4）工程建筑物周边及其附近道路、河道的施工堆积物，已按监理人指示全部清理；

5）监理人指示的其他场地清理工作已全部完成。

承包人未按监理人的要求恢复临时占地，或者场地清理未达到合同约定的，发包人有权委托其他人恢复或清理，所发生的金额从拟支付给承包人的款项中扣除。

（5）施工队伍的撤离

工程接收证书颁发后的 56 天内，除了经监理人同意需在缺陷责任期内继续工作和使用的人员、施工设备和临时工程外，其余的人员、施工设备和临时工程均应撤离施工场地或拆除。除合同另有约定外，缺陷责任期满时，承包人的人员和施工设备应全部撤离施工场地。

8.2.1.8 缺陷责任与保修责任

（1）缺陷责任期的起算时间

缺陷责任期自实际竣工日期起计算。在全部工程竣工验收前，已经发包人提前验收的单位工程，其缺陷责任期的起算日期相应提前。

（2）缺陷责任

1）承包人应在缺陷责任期内对已交付使用的工程承担缺陷责任。

2）缺陷责任期内，发包人对已接收使用的工程负责日常维护工作。发包人在使用过程中，发现已接收的工程存在新的缺陷或已修复的缺陷部位或部件又遭损坏的，承包人应负责修复，直至检验合格为止。

3）监理人和承包人应共同查清缺陷和（或）损坏的原因。经查明属承包人原因造成的，应由承包人承担修复和查验的费用。经查验属发包人原因造成的，发包人应承担修复和查验的费用，并支付承包人合理利润。

4）承包人不能在合理时间内修复缺陷的，发包人可自行修复或委托其他人修复，所需费用和利润的承担，根据缺陷和（或）损坏原因处理。

（3）缺陷责任期的延长

由于承包人原因造成某项缺陷或损坏使某项工程或工程设备不能按原定目标使用而需要再次检查、检验和修复的，发包人有权要求承包人相应延长缺陷责任期，但缺陷责任期最长不超过 2 年。

（4）进一步试验和试运行

任何一项缺陷或损坏修复后，经检查证明其影响了工程或工程设备的使用性能，承包人应重新进行合同约定的试验和试运行，试验和试运行的全部费用应由责任方承担。

（5）缺陷责任期终止证书

在缺陷责任期，包括根据合同规定延长的期限终止后 14 天内，由监理人向承包人出具经发包人签认的缺陷责任期终止证书，并退还剩余的质量保证金。

（6）保修责任

合同当事人根据有关法律规定，在专用合同条款中约定工程质量保修范围、期限和责任。保修期自实际竣工日期起计算。在全部工程竣工验收前，已经发包人提前验收的单位工程，其保修期的起算日期相应提前。

8.2.2 施工专业分包合同的内容

针对各种工程中普遍存在专业工程分包的实际情况，为了规范管理，减少或避免纠纷，住房和城乡建设部和国家工商行政管理总局于 2003 年发布了《建设工程施工专业分包合同（示范文本）》GF—2003—0213 和《建设工程施工劳务分包合同（示范文本）》GF—2003—0214。

《建设工程施工专业分包合同（示范文本）》GF—2003—0213 的主要内容如下。

8.2.2.1 工程承包人（总承包单位）的主要责任和义务

（1）分包人对总包合同的了解：承包人应提供总包合同（有关承包工程的价格内容除外）供分包人查阅。

（2）项目经理应按分包合同的约定，及时向分包人提供所需的指令、批准、图纸并履行其他约定的义务，否则分包人应在约定时间后 24 小时内将具体要求、需要的理由及延误的后果通知承包人，项目经理在收到通知后 48 小时内不予答复，应承担因延误造成的损失。

（3）承包人的工作：

1）向分包人提供与分包工程相关的各种证件、批件和各种相关资料，向分包人提供具备施工条件的施工场地；

2）组织分包人参加发包人组织的图纸会审，向分包人进行设计图纸交底；

3）提供本合同专用条款中约定的设备和设施，并承担因此发生的费用；

4）随时为分包人提供确保分包工程的施工所要求的施工场地和通道等，满足施工运输的需要，保证施工期间的畅通；

5）负责整个施工场地的管理工作，协调分包人与同一施工场地的其他分包人之间的交叉配合，确保分包人按照经批准的施工组织设计进行施工。

8.2.2.2 专业工程分包人的主要责任和义务

（1）分包人对有关分包工程的责任

除本合同条款另有约定，分包人应履行并承担总包合同中与分包工程有关的承包人的所有义务与责任，同时应避免因分包人自身行为或疏漏造成承包人违反总包合同中约定的承包人义务的情况发生。

（2）分包人与发包人的关系

分包人须服从承包人转发的发包人或工程师（监理人）与分包工程有关的指令。未经承包人允许，分包人不得以任何理由与发包人或工程师（监理人）发生直接工作联系，分包人不得直接致函发包人或工程师（监理人），也不得直接接受发包人或工程师（监理人）的指令。如分包人与发包人或工程师（监理人）发生直接工作联系，将被视为违约，并承担违约责任。

（3）承包人指令

就分包工程范围内的有关工作，承包人随时可以向分包人发出指令，分包人应执行承包人根据分包合同所发出的所有指令。分包人拒不执行指令，承包人可委托其他施工单位完成该指令事项，发生的费用从应付给分包人的相应款项中扣除。

（4）分包人的工作

1）按照分包合同的约定，对分包工程进行设计（分包合同有约定时）、施工、竣工和保修。

2）按照合同约定的时间，完成规定的设计内容，报承包人确认后在分包工程中使用。承包人承担由此发生的费用。

3）在合同约定的时间内，向承包人提供年、季、月度工程进度计划及相应进度统计报表。

4）在合同约定的时间内，向承包人提交详细施工组织设计，承包人应在专用条款约定的时间内批准，分包人方可执行。

5）遵守政府有关主管部门对施工场地交通、施工噪声以及环境保护和安全文明生产等的管理规定，按规定办理有关手续，并以书面形式通知承包人，承包人承担由此发生的费用，因分包人责任造成的罚款除外。

6）分包人应允许承包人、发包人、工程师（监理人）及其三方中任何一方授权的人员在工作时间内，合理进入分包工程施工场地或材料存放的地点，以及施工场地以外与分包合同有关的分包人的任何工作或准备的地点，分包人应提供方便。

7）已竣工工程未交付承包人之前，分包人应负责已完分包工程的成品保护工作，保护期间发生损坏，分包人自费予以修复；承包人要求分包人采取特殊措施保护的工程部位和相应的追加合同价款，双方在合同专用条款内约定。

8.2.2.3 合同价款及支付

（1）分包工程合同价款可以采用以下三种中的一种（应与总包合同约定的方式一致）：

1）固定价格，在约定的风险范围内合同价款不再调整。

2）可调价格，合同价款可根据双方的约定而调整，应在专用条款内约定合同价款调整方法。

3）成本加酬金，合同价款包括成本和酬金两部分，双方在合同专用条款内约定成本构成和酬金的计算方法。

（2）分包合同价款与总包合同相应部分价款无任何连带关系。

（3）合同价款的支付

1）实行工程预付款的，双方应在合同专用条款内约定承包人向分包人预付工程款的时间和数额，开工后按约定的时间和比例逐次扣回。

2）承包人应按专用条款约定的时间和方式，向分包人支付工程款（进度款），按约定时间承包人应扣回的预付款，与工程款（进度款）同期结算。

3）分包合同约定的工程变更调整的合同价款、合同价款的调整、索赔的价款或费用以及其他约定的追加合同价款，应与工程进度款同期调整支付。

4）承包人超过约定的支付时间不支付工程款（预付款、进度款），分包人可向承包人发出要求付款的通知，承包人不按分包合同约定支付工程款（预付款、进度款），导致施工无法进行，分包人可停止施工，由承包人承担违约责任。

5）承包人应在收到分包工程竣工结算报告及结算资料后 28 天内支付工程竣工结算价款，无正当理由不按时支付，从第 29 天起按分包人同期向银行贷款利率支付拖欠工程价款的利息，并承担违约责任。

8.2.3　施工劳务分包合同的内容

《建设工程施工劳务分包合同（示范文本）》GF—2003—0214 的主要内容如下。

劳务作业分包，是指施工承包单位或者专业分包单位（均可作为劳务作业的发包人）将其承包工程中的劳务作业发包给劳务分包单位（即劳务作业承包人）完成的活动。

8.2.3.1　工程承包人的主要义务

对劳务分包合同条款中规定的工程承包人的主要义务归纳如下。

（1）组建与工程相适应的项目管理班子，全面履行总（分）包合同，组织实施施工管理的各项工作，对工程的工期和质量向发包人负责。

（2）完成劳务分包人施工前期的下列工作：

1）向劳务分包人交付具备本合同项下劳务作业开工条件的施工场地；

2）满足劳务作业所需的能源供应、通信及施工道路畅通；

3）向劳务分包人提供相应的工程资料；

4）向劳务分包人提供生产、生活临时设施。

（3）负责编制施工组织设计，统一制定各项管理目标，组织编制年、季、月施工计划、物资需用量计划表，实施对工程质量、工期、安全生产、文明施工、计量检测、实验化验的控制、监督、检查和验收。

（4）负责工程测量定位、沉降观测、技术交底，组织图纸会审，统一安排技术档案资料的收集整理及交工验收。

（5）按时提供图纸，及时交付材料、设备，所提供的施工机械设备、周转材料、安全设施保证施工需要。

（6）按合同约定，向劳务分包人支付劳动报酬。

（7）负责与发包人、监理、设计及有关部门联系，协调现场工作关系。

8.2.3.2　劳务分包人的主要义务

对劳务分包合同条款中规定的劳务分包人的主要义务归纳如下。

（1）对劳务分包范围内的工程质量向工程承包人负责，组织具有相应资格证书的熟练工人投入工作；未经工程承包人授权或允许，不得擅自与发包人及有关部门建立工作联系；自觉遵守法律法规及有关规章制度。

（2）严格按照设计图纸、施工验收规范、有关技术要求及施工组织设计精心组织施工，确保工程质量达到约定的标准。

科学安排作业计划，投入足够的人力、物力，保证工期。

加强安全教育，认真执行安全技术规范，严格遵守安全制度，落实安全措施，确保施工安全。

加强现场管理，严格执行建设主管部门及环保、消防、环卫等有关部门对施工现场的管理规定，做到文明施工。

承担由于自身责任造成的质量修改、返工、工期拖延、安全事故、现场脏乱造成的损失及各种罚款。

（3）自觉接受工程承包人及有关部门的管理、监督和检查；接受工程承包人随时检查其设备、材料保管、使用情况及其操作人员的有效证件、持证上岗情况；与现场其他单位协调配合，照顾全局。

（4）劳务分包人须服从工程承包人转发的发包人及工程师（监理人）的指令。

（5）除非合同另有约定，劳务分包人应对其作业内容的实施、完工负责，劳务分包人应承担并履行总（分）包合同约定的、与劳务作业有关的所有义务及工作程序。

8.2.3.3 保险

（1）劳务分包人施工开始前，工程承包人应获得发包人为施工场地内的自有人员及第三人人员生命财产办理的保险，且不需劳务分包人支付保险费用。

（2）运至施工场地用于劳务施工的材料和待安装设备，由工程承包人办理或获得保险，且不需劳务分包人支付保险费用。

（3）工程承包人必须为租赁或提供给劳务分包人使用的施工机械设备办理保险，并支付保险费用。

（4）劳务分包人必须为从事危险作业的职工办理意外伤害保险，并为施工场地内自有人员生命财产和施工机械设备办理保险，支付保险费用。

（5）保险事故发生时，劳务分包人和工程承包人有责任采取必要的措施，防止或减少损失。

8.2.3.4 劳务报酬

（1）劳务报酬可以采用以下方式中的任何一种：

1）固定劳务报酬（含管理费）；

2）约定不同工种劳务的计时单价（含管理费），按确认的工时计算；

3）约定不同工作成果的计件单价（含管理费），按确认的工程量计算。

（2）劳务报酬，可以采用固定价格或变动价格。采用固定价格，则除合同约定或法律政策变化导致劳务价格变化以外，均为一次包死，不再调整。

（3）在合同中可以约定，下列情况下，固定劳务报酬或单价可以调整：

1）以本合同约定价格为基准，市场人工价格的变化幅度超过一定百分比时，按变化前后价格的差额予以调整；

2）后续法律及政策变化，导致劳务价格变化的，按变化前后价格的差额予以调整；

3）双方约定的其他情形。

8.2.3.5 工时及工程量的确认

（1）采用固定劳务报酬方式的，施工过程中不计算工时和工程量。

（2）采用按确定的工时计算劳务报酬的，由劳务分包人每日将提供劳务人数报工程承包人，由工程承包人确认。

（3）采用按确认的工程量计算劳务报酬的，由劳务分包人按月（或旬、日）将完成的工程量报工程承包人，由工程承包人确认。对劳务分包人未经工程承包人认可，超出设计图纸范围和因劳务分包人原因造成返工的工程量，工程承包人不予计量。

8.2.3.6 劳务报酬最终支付

（1）全部工作完成，经工程承包人认可后 14 天内，劳务分包人向工程承包人递交完整的结算资料，双方按照本合同约定的计价方式，进行劳务报酬的最终支付。

（2）工程承包人收到劳务分包人递交的结算资料后 14 天内进行核实，给予确认或者提出修改意见。工程承包人确认结算资料后 14 天内向劳务分包人支付劳务报酬尾款。

（3）劳务分包人和工程承包人对劳务报酬结算价款发生争议时，按合同约定处理。

8.2.4 物资采购合同的主要内容

工程建设过程中的物资包括建筑材料（含构配件）和设备等。材料和设备的供应一般需要经过订货、生产（加工）、运输、储存、使用（安装）等各个环节，经历一个非常复杂的过程。

物资采购合同分建筑材料采购合同和设备采购合同，其合同当事人为供货方和采购方。供货方一般为物资供应单位或建筑材料和设备的生产厂家，采购方为建设单位（业主）、项目总承包单位或施工承包单位。供货方应对其生产或供应的产品质量负责，而采购方则应根据合同的规定进行验收。以下主要介绍建筑材料采购合同的主要内容。

（1）标的

主要包括购销物资的名称（注明牌号、商标）、品种、型号、规格、等级、花色、技术标准或质量要求等。合同中标的物应按照行业主管部门颁布的产品规定正确填写，不能用习惯名称或自行命名，以免产生差错。订购特定产品，最好还要注明其用途，以免产生不必要的纠纷。

标的物的质量要求应该符合国家或者行业现行有关质量标准和设计要求，应该符合以产品采用标准、说明、实物样品等方式表明的质量状况。

约定质量标准的一般原则是：

1）按颁布的国家标准执行；

2）没有国家标准而有部颁标准的则按照部颁标准执行；

3）没有国家标准和部颁标准为依据时，可按照企业标准执行；

4）没有上述标准或虽有上述标准但采购方有特殊要求，按照双方在合同中约定的技术条件、样品或补充的技术要求执行。

5）合同内必须写明执行的质量标准代号、编号和标准名称，明确各类材料的技术要求、试验项目、试验方法、试验频率等。采购成套产品时，合同内也需要规定附件的质量要求。

（2）数量

合同中应该明确所采用的计量方法，并明确计量单位。凡国家、行业或地方规定有计量标准的产品，合同中应按照统一标准注明计量单位，没有规定的，可由当事人协商执行，不可以用含混不清的计量单位。应当注意的是，若建筑材料或产品有计量换算问题，则应该按照标准计量单位确定订购数量。

供货方发货时所采用的计量单位与计量方法应该与合同一致，并在发货明细表或质量证明书中注明，以便采购方检验。运输中转单位也应该按照供货方发货时所采用的计量方法进行验收和发货。

订购数量必须在合同中注明，尤其是一次订购分期供货的合同，还应明确每次进货的时间、地点和数量。

建筑材料在运输过程中容易造成自然损耗，如挥发、飞散、干燥、风化、潮解、破碎、漏损等，在装卸操作或检验环节中换装、拆包检查等也都会造成物资数量的减少，这些都属于途中自然减量。但是，有些情况不能作为自然减量，如非人力所能抗拒的自然灾害所造成的非常损失，由于工作失职和管理不善造成的失误。因此，对于某些建筑材料，还应在合同中写明交货数量的正负尾数差、合理磅差和运输途中的自然损耗的规定及计算方法。

（3）包装

包括包装的标准、包装物的供应和回收。

包装标准是指产品包装的类型、规格、容量以及标记等。产品或者其包装标识应该符合要求，如包括产品名称、生产厂家、厂址、质量检验合格证明等。

包装物一般应由建筑材料的供货方负责供应，并且一般不得另外向采购方收取包装费。如果采购方对包装提出特殊要求时，双方应在合同中商定，超过原标准费用部分由采购方负责；反之，若议定的包装标准低于有关规定标准，也应相应降低产品价格。

包装物的回收办法可以采用如下两种形式之一：

1）押金回收：适用于专用的包装物，如电缆卷筒、集装箱、大中型木箱等；

2）折价回收：适用于可以再次利用的包装器材，如油漆桶、麻袋、玻璃瓶等。

（4）交付及运输方式

交付方式可以是采购方到约定地点提货或供货方负责将货物送达指定地点两大类。如果是由供货方负责将货物送达指定地点，要确定运输方式，可以选择铁路、公路、水路、航空、管道运输及海上运输等，一般由采购方在签订合同时提出要求，供货方代办发运，运费由采购方负担。

（5）验收

合同中应该明确货物的验收依据和验收方式。

验收依据包括：

1）采购合同；

2）供货方提供的发货单、计量单、装箱单及其他有关凭证；

3）合同约定的质量标准和要求；

4）产品合格证、检验单；

5）图纸、样品和其他技术证明文件；

6）双方当事人封存的样品。

验收方式有驻厂验收、提运验收、接运验收和入库验收等方式。

1）驻厂验收：在制造时期，由采购方派人在供应的生产厂家进行材质检验；

2）提运验收：对加工订制、市场采购和自提自运的物资，由提货人在提取产品时检验；

3）接运验收：由接运人员对到达的物资进行检查，发现问题当场作出记录；

4）入库验收：是广泛采用的正式的验收方法，由仓库管理人员负责数量和外观检验。

（6）交货期限

应明确具体的交货时间。如果分批交货，要注明各个批次的交货时间。

交货日期的确定可以按照下列方式：

1）供货方负责送货的，以采购方收货戳记的日期为准；

2）采购方提货的，以供货方按合同规定通知的提货日期为准；

3）凡委托运输部门或单位运输、送货或代运的产品，一般以供货方发运产品时承运单位签发的日期为准，不是以向承运单位提出申请的日期为准。

（7）价格

1）有国家定价的材料，应按国家定价执行；

2）按规定应由国家定价的但国家尚无定价的材料，其价格应报请物价主管部门的批准；

3）不属于国家定价的产品，可由供需双方协商确定价格。

（8）结算

合同中应明确结算的时间、方式和手续。首先应明确是验单付款还是验货付款。结算方式可以是现金支付和转账结算。现金支付适用于成交货物数量少且金额小的合同；转账结算适用于同城市或同地区内的结算，也适用于异地之间的结算。

（9）违约责任

当事人任何一方不能正确履行合同义务时，都可以以违约金的形式承担违约赔偿责任。双方应通过协商确定违约金的比例，并在合同条款内明确。

1）供货方的违约行为可能包括不能按期供货、不能供货、供应的货物有质量缺陷或数量不足等。如有违约，应依照法律和合同规定承担相应的法律责任。

供货方不能按期交货分为逾期交货和提前交货。发生逾期交货情况，要按照合同约定，依据逾期交货部分货款总价计算违约金。对约定由采购方自提货物的，若发生采购方的其他损失，其实际开支的费用也应由供货方承担。比如，采购方已按期派车到指定地点接收货物，而供货方不能交付时，派车损失应由供货方承担。对于提前交货的情况，如果属于采购方自提货物，采购方接到提前提货通知后，可以根据自己的实际情况拒绝提前提货。对于供货方提前发运或交付的货物，采购方仍可按合同规定的时间付款，而且对多交货部分，以及不符合合同规定的产品，在代为保管期内实际支出的保管、保养费由供货方承担。

供货方不能全部或部分交货，应按合同约定的违约金比例乘以不能交货部分货款来计算违约金。如果违约金不足以偿付采购方的实际损失，采购方还可以另外提出补偿要求。

供货方交付的货物品种、型号、规格、质量不符合合同约定，如果采购方同意使用，应当按质论价；采购方不同意使用时，由供货方负责包换或包修。

2）采购方的违约行为可能包括不按合同要求接受货物、逾期付款或拒绝付款等，应依照法律和合同规定承担相应的法律责任。

合同签订以后，采购方要求中途退货，应向供货方支付按退货部分货款总额计算的违约金，并要承担由此给供货方造成的损失。采购方不能按期提货，除支付违约金以外，还应承担逾期提货给供货方造成的代为保管费、保养费等。

采购方逾期付款，应该按照合同约定支付逾期付款利息。

8.3 施工单价合同、总价合同与成本加酬金合同

施工承包合同可以按照不同的方法加以分类，按照承包合同的计价方式可以分为总价合同、单价合同和成本补偿合同三大类。

8.3.1 单价合同

当发包工程的内容和工程量一时尚不能明确、具体地予以规定时，则可以采用单价合同（Unit Price Contract）形式，即根据计划工程内容和估算工程量，在合同中明确每项工程内容的单位价格（如每米、每平方米或者每立方米的价格），实际支付时则根据实际完成的工程量乘以合同单价计算应付的工程款。

单价合同的特点是单价优先，例如 FIDIC 土木工程施工合同中，业主给出的工程量清单表中的数字是参考数字，而实际工程款则按实际完成的工程量和承包商投标时所报的单价计算。虽然在投标报价、评标以及签订合同中，人们常常注重总价格，但在工程款结算中单价优先，对于投标书中明显的数字计算错误，业主有权力先作修改再评标，当总价和单价的计算结果不一致时，以单价为准调整总价。例如，某单价合同的投标报价单中，投标人报价如表 8-1 所示。

投 标 人 报 价   表 8-1

序号	工程分项	单位	数量	单价（元）	合价（元）
1					
2					
...					
X	钢筋混凝土	m^3	1000	300	30000
...					
总报价					8100000

根据投标人的投标单价，钢筋混凝土的合价应该是 300000 元，而实际只写了 30000 元，在评标时应根据单价优先原则对总报价进行修正，所以正确的报价应该是 8100000＋（300000－30000）＝8370000 元。

在实际施工时，如果实际工程量是 1500m³，则钢筋混凝土工程的价款金额应该是 300×1500＝450000 元。

由于单价合同允许随工程量变化而调整工程总价，业主和承包商都不存在工程量方面

的风险，因此对合同双方都比较公平。另外，在招标前，发包单位无需对工程范围做出完整的、详尽的规定，从而可以缩短招标准备时间，投标人也只需对所列工程内容报出自己的单价，从而缩短投标时间。

采用单价合同对业主的不足之处是，业主需要安排专门力量来核实已经完成的工程量，需要在施工过程中花费不少精力，协调工作量大。另外，用于计算应付工程款的实际工程量可能超过预测的工程量，即实际投资容易超过计划投资，对投资控制不利。

单价合同又分为固定单价合同和变动单价合同。

固定单价合同条件下，无论发生哪些影响价格的因素都不对单价进行调整，因而对承包商而言就存在一定的风险。当采用变动单价合同时，合同双方可以约定一个估计的工程量，当实际工程量发生较大变化时可以对单价进行调整，同时还应该约定如何对单价进行调整；当然也可以约定，当通货膨胀达到一定水平或者国家政策发生变化时，可以对哪些工程内容的单价进行调整以及如何调整等。因此，承包商的风险就相对较小。

固定单价合同适用于工期较短、工程量变化幅度不会太大的项目。

在工程实践中，采用单价合同有时也会根据估算的工程量计算一个初步的合同总价，作为投标报价和签订合同之用。但是，当上述初步的合同总价与各项单价乘以实际完成的工程量之和发生矛盾时，则肯定以后者为准，即单价优先。实际工程款的支付也将以实际完成工程量乘以合同单价进行计算。

8.3.2 总价合同

（1）总价合同的含义

所谓总价合同（Lump Sum Contract），是指根据合同规定的工程施工内容和有关条件，业主应付给承包商的款额是一个规定的金额，即明确的总价。总价合同也称作总价包干合同，即根据施工招标时的要求和条件，当施工内容和有关条件不发生变化时，业主付给承包商的价款总额就不发生变化。如果由于承包人的失误导致投标价计算错误，合同总价格也不予调整。

总价合同又分固定总价合同和变动总价合同两种。

（2）固定总价合同

固定总价合同的价格计算是以图纸及规定、规范为基础，工程任务和内容明确，业主的要求和条件清楚，合同总价一次包死，固定不变，即不再因为环境的变化和工程量的增减而变化。在这类合同中承包商承担了全部的工作量和价格的风险，因此，承包商在报价时对一切费用的价格变动因素以及不可预见因素都做了充分估计，并将其包含在合同价格之中。

在国际上，这种合同被广泛接受和采用，因为有比较成熟的法规和先例的经验；对业主而言，在合同签订时就可以基本确定项目的总投资额，对投资控制有利；在双方都无法预测的风险条件下和可能有工程变更的情况下，承包商承担了较大的风险，业主的风险较小。但是，工程变更和不可预见的困难也常常引起合同双方的纠纷或者诉讼，最终导致其他费用的增加。

当然，在固定总价合同中还可以约定，在发生重大工程变更、累计工程变更超过一定幅度或者其他特殊条件下可以对合同价格进行调整。因此，需要定义重大工程变更的含义、累计工程变更的幅度以及什么样的特殊条件才能调整合同价格，以及如何调整合同价格等。

采用固定总价合同，双方结算比较简单，但是由于承包商承担了较大的风险，因此报价中不可避免地要增加一笔较高的不可预见风险费。承包商的风险主要有两个方面：一是价格风险，二是工作量风险。价格风险有报价计算错误、漏报项目、物价和人工费上涨等；工作量风险有工程量计算错误、工程范围不确定、工程变更或者由于设计深度不够所造成的误差等。

固定总价合同适用于以下情况：

1) 工程量小、工期短，估计在施工过程中环境因素变化小，工程条件稳定并合理；

2) 工程设计详细，图纸完整、清楚，工程任务和范围明确；

3) 工程结构和技术简单，风险小；

4) 投标期相对宽裕，承包商可以有充足的时间详细考察现场，复核工程量，分析招标文件，拟订施工计划；

5) 合同条件中双方的权利和义务十分清楚，合同条件完备。

（3）变动总价合同

变动总价合同又称为可调总价合同，合同价格是以图纸及规定、规范为基础，按照时价（Current Price）进行计算，得到包括全部工程任务和内容的暂定合同价格。它是一种相对固定的价格，在合同执行过程中，由于通货膨胀等原因而使所使用的工、料成本增加时，可以按照合同约定对合同总价进行相应的调整。当然，一般由于设计变更、工程量变化或其他工程条件变化所引起的费用变化也可以进行调整。因此，通货膨胀等不可预见因素的风险由业主承担，对承包商而言，其风险相对较小，但对业主而言，不利于其进行投资控制，突破投资的风险就增大了。

在1999年版的《建设工程施工合同示范文本》GF—99—0201中规定，合同双方可约定，在以下条件下可对合同价款进行调整：

1) 法律、行政法规和国家有关政策变化影响合同价款；

2) 工程造价管理部门公布的价格调整；

3) 一周内非承包人原因停水、停电、停气造成的停工累计超过8小时；

4) 双方约定的其他因素。

在工程施工承包招标时，施工期限一年左右的项目一般实行固定总价合同，通常不考虑价格调整问题，以签订合同时的单价和总价为准，物价上涨的风险全部由承包商承担。但是对建设周期一年半以上的工程项目，则应考虑下列因素引起的价格变化问题：

1) 劳务工资以及材料费用的上涨；

2) 其他影响工程造价的因素，如运输费、燃料费、电力等价格的变化；

3) 外汇汇率的不稳定；

4) 国家或者省、市立法的改变引起的工程费用的上涨。

（4）总价合同特点和应用

显然，采用总价合同时，对发包工程的内容及其各种条件都应基本清楚、明确，否则，承发包双方都有蒙受损失的风险。因此，一般是在施工图设计完成，施工任务和范围比较明确，业主的目标、要求和条件都清楚的情况下才采用总价合同。对业主来说，由于设计花费时间长，因而开工时间较晚，开工后的变更容易带来索赔，而且在设计过程中也难以吸收承包商的建议。

总价合同的特点是：

1）发包单位可以在报价竞争状态下确定项目的总造价，可以较早确定或者预测工程成本；

2）业主的风险较小，承包人将承担较多的风险；

3）评标时易于迅速确定最低报价的投标人；

4）在施工进度上能极大地调动承包人的积极性；

5）发包单位能更容易、更有把握地对项目进行控制；

6）必须完整而明确地规定承包人的工作；

7）必须将设计和施工方面的变化控制在最小限度内。

总价合同和单价合同有时在形式上很相似，例如，在有的总价合同的招标文件中也有工程量表，也要求承包商提出各分项工程的报价，与单价合同在形式上很相似，但两者在性质上是完全不同的。总价合同是总价优先，承包商报总价，双方商讨并确定合同总价，最终也按总价结算。

8.3.3　成本加酬金合同的运用

（1）成本加酬金合同的含义

成本加酬金合同也称为成本补偿合同，这是与固定总价合同正好相反的合同，工程施工的最终合同价格将按照工程的实际成本再加上一定的酬金进行计算。在合同签订时，工程实际成本往往不能确定，只能确定酬金的取值比例或者计算原则。

采用这种合同，承包商不承担任何价格变化或工程量变化的风险，这些风险主要由业主承担，对业主的投资控制很不利。而承包商则往往缺乏控制成本的积极性，常常不仅不愿意控制成本，甚至还会期望提高成本以提高自己的经济效益，因此这种合同容易被那些不道德或不称职的承包商滥用，从而损害工程的整体效益。所以，应该尽量避免采用这种合同。

（2）成本加酬金合同的特点和适用条件

成本加酬金合同通常用于如下情况：

1）工程特别复杂，工程技术、结构方案不能预先确定，或者尽管可以确定工程技术和结构方案，但是不可能进行竞争性的招标活动并以总价合同或单价合同的形式确定承包商，如研究开发性质的工程项目；

2）时间特别紧迫，如抢险、救灾工程，来不及进行详细的计划和商谈。

对业主而言，这种合同形式也有一定优点，如：

1）可以通过分段施工缩短工期，而不必等待所有施工图完成才开始招标和施工；

2）可以减少承包商的对立情绪，承包商对工程变更和不可预见条件的反应会比较积极和快捷；

3）可以利用承包商的施工技术专家，帮助改进或弥补设计中的不足；

4）业主可以根据自身力量和需要，较深入地介入和控制工程施工和管理；

5）业主可以通过确定最大保证价格约束工程成本不超过某一限值，从而转移一部分风险。

对承包商来说，这种合同比固定总价合同的风险低，利润比较有保证，因而比较有积极性。其缺点是合同的不确定性大，由于设计未完成，无法准确确定合同的工程内容、工程量以及合同的终止时间，有时难以对工程计划进行合理安排。

（3）成本加酬金合同的形式

成本加酬金合同有许多种形式，主要如下。

1）成本加固定费用合同

根据双方讨论同意的工程规模、估计工期、技术要求、工作性质及复杂性、所涉及的风险等来考虑确定一笔固定数目的报酬金额作为管理费及利润，对人工、材料、机械台班等直接成本则实报实销。如果设计变更或增加新项目，当直接费超过原估算成本的一定比例（如10%）时，固定的报酬也要增加。在工程总成本一开始估计不准，可能变化不大的情况下，可采用此合同形式，有时可分几个阶段谈判付给固定报酬。这种方式虽然不能鼓励承包商降低成本，但为了尽快得到酬金，承包商会尽力缩短工期。有时也可在固定费用之外根据工程质量、工期和节约成本等因素，给承包商另加奖金，以鼓励承包商积极工作。

2）成本加固定比例费用合同

工程成本中直接费加一定比例的报酬费，报酬部分的比例在签订合同时由双方确定。这种方式的报酬费用总额随成本加大而增加，不利于缩短工期和降低成本。一般在工程初期很难描述工作范围和性质，或工期紧迫，无法按常规编制招标文件招标时采用。

3）成本加奖金合同

奖金是根据报价书中的成本估算指标制定的，在合同中对这个估算指标规定一个底点和顶点，分别为工程成本估算的60%～75%和110%～135%。承包商在估算指标的顶点以下完成工程则可得到奖金，超过顶点则要对超出部分支付罚款。如果成本在底点之下，则可加大酬金值或酬金百分比。采用这种方式通常规定，当实际成本超过顶点对承包商罚款时，最大罚款限额不超过原先商定的最高酬金值。

在招标时，当图纸、规范等准备不充分，不能据以确定合同价格，而仅能制定一个估算指标时可采用这种形式。

4）最大成本加费用合同

在工程成本总价基础上加固定酬金费用的方式，即当设计深度达到可以报总价的深度，投标人报一个工程成本总价和一个固定的酬金（包括各项管理费、风险费和利润）。如果实际成本超过合同中规定的工程成本总价，由承包商承担所有的额外费用，若实施过程中节约了成本，节约的部分归业主，或者由业主与承包商分享，在合同中要确定节约分成比例。在非代理型（风险型）CM模式的合同中就采用这种方式。

（4）成本加酬金合同的应用

当实行施工总承包管理模式或CM模式时，业主与施工总承包管理单位或CM单位的合同一般采用成本加酬金合同。

在国际上，许多项目管理合同、咨询服务合同等也多采用成本加酬金合同方式。

在施工承包合同中采用成本加酬金计价方式时，业主与承包商应该注意以下问题。

1）必须有一个明确的如何向承包商支付酬金的条款，包括支付时间和金额百分比。

如果发生变更或其他变化，酬金支付如何调整。

2）应该列出工程费用清单，要规定一套详细的工程现场有关的数据记录、信息存储甚至记账的格式和方法，以便对工地实际发生的人工、机械和材料消耗等数据认真而及时地记录。应该保留有关工程实际成本的发票或付款的账单、表明款额已经支付的记录或证明等，以便业主进行审核和结算。

（5）三种合同计价方式的选择

不同的合同计价方式具有不同的特点、应用范围，对设计深度的要求也是不同的，其比较如表 8-2 所示。

三种合同计价方式的比较 表 8-2

	总价合同	单价合同	成本加酬金合同
应用范围	广泛	工程量暂不确定的工程	紧急工程、保密工程等
业主的投资控制工作	容易	工作量较大	难度大
业主的风险	较小	较大	很大
承包商的风险	大	较小	无
设计深度要求	施工图设计	初步设计或施工图设计	各设计阶段

8.4 施工合同执行过程的管理

合同的履行是指工程建设项目的发包方和承包方根据合同规定的时间、地点、方式、内容和标准等要求，各自完成合同义务的行为。合同的履行，是合同当事人双方都应尽的义务。任何一方违反合同，不履行合同义务，或者未完全履行合同义务，给对方造成损失时，都应当承担赔偿责任。

合同签订以后，当事人必须认真分析合同条款，向参与项目实施的有关责任人做好合同交底工作，在合同履行过程中进行跟踪与控制，并加强合同的变更管理，保证合同的顺利履行。

8.4.1 施工合同跟踪与控制

合同签订以后，合同中各项任务的执行要落实到具体的项目经理部或具体的项目参与人员身上，承包单位作为履行合同义务的主体，必须对合同执行者（项目经理部或项目参与人）的履行情况进行跟踪、监督和控制，确保合同义务的完全履行。

（1）施工合同跟踪

施工合同跟踪有两个方面的含义。一是承包单位的合同管理职能部门对合同执行者（项目经理部或项目参与人）的履行情况进行的跟踪、监督和检查，二是合同执行者（项目经理部或项目参与人）本身对合同计划的执行情况进行的跟踪、检查与对比。在合同实施过程中两者缺一不可。

对合同执行者而言，应该掌握合同跟踪的以下方面。

1）合同跟踪的依据

合同跟踪的重要依据是合同以及依据合同而编制的各种计划文件；其次还要依据各种

实际工程文件如原始记录、报表、验收报告等；另外，还要依据管理人员对现场情况的直观了解，如现场巡视、交谈、会议、质量检查等。

2）合同跟踪的对象

①承包的任务

（a）工程施工的质量，包括材料、构件、制品和设备等的质量，以及施工或安装质量，是否符合合同要求等；

（b）工程进度，是否在预定期限内施工，工期有无延长，延长的原因是什么等；

（c）工程数量，是否按合同要求完成全部施工任务，有无合同规定以外的施工任务等；

（d）成本的增加和减少。

②工程小组或分包人的工程和工作

可以将工程施工任务分解交由不同的工程小组或发包给专业分包单位完成，工程承包人必须对这些工程小组或分包人及其所负责的工程进行跟踪检查，协调关系，提出意见、建议或警告，保证工程总体质量和进度。

对专业分包人的工作和负责的工程，总承包商负有协调和管理的责任，并承担由此造成的损失，所以专业分包人的工作和负责的工程必须纳入总承包工程的计划和控制中，防止因分包人工程管理失误而影响全局。

③业主和其委托的工程师（监理人）的工作

（a）业主是否及时、完整地提供了工程施工的实施条件，如场地、图纸、资料等；

（b）业主和工程师（监理人）是否及时给予了指令、答复和确认等；

（c）业主是否及时并足额地支付了应付的工程款项。

（2）合同实施的偏差分析

通过合同跟踪，可能会发现合同实施中存在着偏差，即工程实施实际情况偏离了工程计划和工程目标，应该及时分析原因，采取措施，纠正偏差，避免损失。

合同实施偏差分析的内容包括以下几个方面。

1）产生偏差的原因分析

通过对合同执行实际情况与实施计划的对比分析，不仅可以发现合同实施的偏差，而且可以探索引起差异的原因。原因分析可以采用鱼刺图、因果关系分析图（表）、成本量差、价差、效率差分析等方法定性或定量地进行。

2）合同实施偏差的责任分析

即分析产生合同偏差的原因是由谁引起的，应该由谁承担责任。

责任分析必须以合同为依据，按合同规定落实双方的责任。

3）合同实施趋势分析

针对合同实施偏差情况，可以采取不同的措施，应分析在不同措施下合同执行的结果与趋势，包括：

①最终的工程状况，包括总工期的延误、总成本的超支、质量标准、所能达到的生产能力（或功能要求）等；

②承包商将承担什么样的后果，如被罚款、被清算，甚至被起诉，对承包商资信、企业形象、经营战略的影响等；

③最终工程经济效益（利润）水平。

（3）合同实施偏差处理

根据合同实施偏差分析的结果，承包商应该采取相应的调整措施，调整措施可以分为：

1）组织措施，如增加人员投入，调整人员安排，调整工作流程和工作计划等；

2）技术措施，如变更技术方案，采用新的高效率的施工方案等；

3）经济措施，如增加投入，采取经济激励措施等；

4）合同措施，如进行合同变更，签订附加协议，采取索赔手段等。

8.4.2　施工合同变更管理

合同变更是指合同成立以后和履行完毕以前由双方当事人依法对合同的内容所进行的修改，包括合同价款、工程内容、工程的数量、质量要求和标准、实施程序等的一切改变都属于合同变更。

工程变更一般是指在工程施工过程中，根据合同约定对施工的程序、工程的内容、数量、质量要求及标准等做出的变更。工程变更属于合同变更，合同变更主要是由于工程变更而引起的，合同变更的管理也主要是进行工程变更的管理。

（1）工程变更的原因

工程变更一般主要有以下几个方面的原因。

1）业主新的变更指令，对建筑的新要求。如业主有新的意图，业主修改项目计划、削减项目预算等。

2）由于设计人员、监理方人员、承包商事先没有很好地理解业主的意图，或设计的错误，导致图纸修改。

3）工程环境的变化，预定的工程条件不准确，要求实施方案或实施计划变更。

4）由于产生新技术和知识，有必要改变原设计、原实施方案或实施计划，或由于业主指令及业主责任的原因造成承包商施工方案的改变。

5）政府部门对工程新的要求，如国家计划变化、环境保护要求、城市规划变动等。

6）由于合同实施出现问题，必须调整合同目标或修改合同条款。

（2）变更的范围和内容

根据国家发展和改革委员会等九部委联合编制的《标准施工招标文件》中的通用合同条款的规定，除专用合同条款另有约定外，在履行合同中发生以下情形之一，应按照本条规定进行变更。

1）取消合同中任何一项工作，但被取消的工作不能转由发包人或其他人实施；

2）改变合同中任何一项工作的质量或其他特性；

3）改变合同工程的基线、标高、位置或尺寸；

4）改变合同中任何一项工作的施工时间或改变已批准的施工工艺或顺序；

5）为完成工程需要追加的额外工作。

在履行合同过程中，承包人可以对发包人提供的图纸、技术要求以及其他方面提出合理化建议。

（3）变更权

根据九部委《标准施工招标文件》中通用合同条款的规定，在履行合同过程中，经发包人同意，监理人可按合同约定的变更程序向承包人作出变更指示，承包人应遵照执行。没有监理人的变更指示，承包人不得擅自变更。

（4）变更程序

根据九部委《标准施工招标文件》中通用合同条款的规定，变更的程序如下。

1）变更的提出

①在合同履行过程中，可能发生通用合同条款第 15.1 款约定情形的［变更，即上述（2）变更的范围和内容中的1）～5）］，监理人可向承包人发出变更意向书。变更意向书应说明变更的具体内容和发包人对变更的时间要求，并附必要的图纸和相关资料。变更意向书应要求承包人提交包括拟实施变更工作的计划、措施和竣工时间等内容的实施方案。发包人同意承包人根据变更意向书要求提交的变更实施方案的，由监理人按合同约定的程序发出变更指示。

②在合同履行过程中，已经发生通用合同条款第 15.1 款约定情形的，监理人应按照合同约定的程序向承包人发出变更指示。

③承包人收到监理人按合同约定发出的图纸和文件，经检查认为其中存在第 15.1 款约定情形的，可向监理人提出书面变更建议。变更建议应阐明要求变更的依据，并附必要的图纸和说明。监理人收到承包人书面建议后，应与发包人共同研究，确认存在变更的，应在收到承包人书面建议后的 14 天内作出变更指示。经研究后不同意作为变更的，应由监理人书面答复承包人。

④若承包人收到监理人的变更意向书后认为难以实施此项变更，应立即通知监理人，说明原因并附详细依据。监理人与承包人和发包人协商后确定撤销、改变或不改变原变更意向书。

2）变更指示

根据九部委《标准施工招标文件》中通用合同条款的规定，变更指示只能由监理人发出。变更指示应说明变更的目的、范围、变更内容以及变更的工程量及其进度和技术要求，并附有关图纸和文件。承包人收到变更指示后，应按变更指示进行变更工作。

（5）承包人的合理化建议

根据九部委《标准施工招标文件》中通用合同条款的规定，在履行合同过程中，承包人对发包人提供的图纸、技术要求以及其他方面提出的合理化建议，均应以书面形式提交监理人。合理化建议书的内容应包括建议工作的详细说明、进度计划和效益以及与其他工作的协调等，并附必要的设计文件。监理人应与发包人协商是否采纳建议。建议被采纳并构成变更的，应按合同约定的程序向承包人发出变更指示。

承包人提出的合理化建议降低了合同价格、缩短了工期或者提高了工程经济效益的，发包人可按国家有关规定在专用合同条款中约定给予奖励。

（6）变更估价

根据九部委《标准施工招标文件》中通用合同条款的规定：

1）除专用合同条款对期限另有约定外，承包人应在收到变更指示或变更意向书后的 14 天内，向监理人提交变更报价书，报价内容应根据合同约定的估价原则，详细开列变更工作的价格组成及其依据，并附必要的施工方法说明和有关图纸。

2）变更工作影响工期的，承包人应提出调整工期的具体细节。监理人认为有必要时，可要求承包人提交要求提前或延长工期的施工进度计划及相应施工措施等详细资料。

3）除专用合同条款对期限另有约定外，监理人收到承包人变更报价书后的 14 天内，根据合同约定的估价原则，按照通用合同条款第 3.5 款（总监理工程师与合同当事人进行商定或确定）商定或确定变更价格。

（7）变更的估价原则

除专用合同条款另有约定外，因变更引起的价格调整按照本款约定处理。

1）已标价工程量清单中有适用于变更工作的子目的，采用该子目的单价。

2）已标价工程量清单中无适用于变更工作的子目，但有类似子目的，可在合理范围内参照类似子目的单价，由监理人按第 3.5 款商定或确定变更工作的单价。

3）已标价工程量清单中无适用或类似子目的单价，可按照成本加利润的原则，由监理人按第 3.5 款商定或确定变更工作的单价。

（8）计日工

根据九部委《标准施工招标文件》中通用合同条款的规定：

1）发包人认为有必要时，由监理人通知承包人以计日工方式实施变更的零星工作。其价款按列入已标价工程量清单中的计日工计价子目及其单价进行计算。

2）采用计日工计价的任何一项变更工作，应从暂列金额中支付，承包人应在该项变更的实施过程中，每天提交以下报表和有关凭证报送监理人审批：

①工作名称、内容和数量；

②投入该工作所有人员的姓名、工种、级别和耗用工时；

③投入该工作的材料类别和数量；

④投入该工作的施工设备型号、台数和耗用台时；

⑤监理人要求提交的其他资料和凭证。

3）计日工由承包人汇总后，按合同约定列入进度付款申请单，由监理人复核并经发包人同意后列入进度付款。

8.4.3 施工合同的索赔

建设工程索赔通常是指在工程合同履行过程中，合同当事人一方因对方不履行或未能正确履行合同或者由于其他非自身因素而受到经济损失或权利损害，通过合同规定的程序向对方提出经济或时间补偿要求的行为。索赔是一种正当的权利要求，它是合同当事人之间一项正常的而且普遍存在的合同管理业务，是一种以法律和合同为依据的合情合理的行为。

在建设工程施工承包合同执行过程中，业主可以向承包商提出索赔要求，承包商也可以向业主提出索赔要求，即合同的双方都可以向对方提出索赔要求。当一方向另一方提出索赔要求，被索赔方应采取适当的反驳、应对和防范措施，这称为反索赔。

（1）施工合同索赔的证据

1）索赔的证据

索赔证据是当事人用来支持其索赔成立或与索赔有关的证明文件和资料。索赔证据作为索赔文件的组成部分，在很大程度上关系到索赔的成功与否。证据不全、不足或没有证据，索赔是很难获得成功的。

在工程项目实施过程中，会产生大量的工程信息和资料，这些信息和资料是开展索赔的重要证据。因此，在施工过程中应该自始至终做好资料积累工作，建立完善的资料记录和科学管理制度，认真系统地积累和管理合同、质量、进度以及财务收支等方面的资料。

常见的索赔证据主要有：

①各种合同文件，包括施工合同协议书及其附件、中标通知书、投标书、标准和技术规范、图纸、工程量清单、工程报价单或者预算书、有关技术资料和要求、施工过程中的补充协议等；

②经过发包人或者工程师（监理人）批准的承包人的施工进度计划、施工方案、施工组织设计和现场实施情况记录；

③施工日记和现场记录，包括有关设计交底、设计变更、施工变更指令，工程材料和机械设备的采购、验收与使用等方面的凭证及材料供应清单、合格证书，工程现场水、电、道路等开通、封闭的记录，停水、停电等各种干扰事件的时间和影响记录等；

④工程有关照片和录像等；

⑤备忘录，对工程师（监理人）或业主的口头指示和电话应随时采用书面记录，并请给予书面确认；

⑥发包人或者工程师（监理人）签认的签证；

⑦工程各种往来函件、通知、答复等；

⑧工程各项会议纪要；

⑨发包人或者工程师（监理人）发布的各种书面指令和确认书，以及承包人的要求、请求、通知书等；

⑩气象报告和资料，如有关温度、风力、雨雪的资料；

⑪投标前发包人提供的参考资料和现场资料；

⑫各种验收报告和技术鉴定等；

⑬工程核算资料、财务报告、财务凭证等；

⑭其他，如官方发布的物价指数、汇率、规定等。

2）索赔证据的基本要求

索赔证据应该具有真实性、及时性、全面性、关联性、有效性。

3）索赔成立的条件

①构成施工项目索赔条件的事件

索赔事件，又称为干扰事件，是指那些使实际情况与合同规定不符合，最终引起工期和费用变化的各类事件。在工程实施过程中，要不断地跟踪、监督索赔事件，就可以不断地发现索赔机会。通常，承包商可以提起索赔的事件有：

（a）发包人违反合同给承包人造成时间、费用的损失；

（b）因工程变更（含设计变更、发包人提出的工程变更、监理工程师提出的工程变更，以及承包人提出并经监理工程师批准的变更）造成的时间、费用损失；

（c）由于监理工程师对合同文件的歧义解释、技术资料不确切，或由于不可抗力导致施工条件的改变，造成了时间、费用的增加；

（d）发包人提出提前完成项目或缩短工期而造成承包人的费用增加；

（e）发包人延误支付期限造成承包人的损失；

（f）合同规定以外的项目进行检验，且检验合格，或非承包人的原因导致项目缺陷的修复所发生的损失或费用；

（g）非承包人的原因导致工程暂时停工；

（h）物价上涨，法规变化及其他。

②索赔成立的前提条件

索赔的成立，应该同时具备以下三个前提条件：

（a）与合同对照，事件已造成了承包人工程项目成本的额外支出，或直接工期损失；

（b）造成费用增加或工期损失的原因，按合同约定不属于承包人的行为责任或风险责任；

（c）承包人按合同规定的程序和时间提交索赔意向通知和索赔报告。

以上三个条件必须同时具备，缺一不可。

（2）施工合同索赔的程序

如前所述，工程施工中承包人向发包人索赔、发包人向承包人索赔以及分包人向承包人索赔的情况都有可能发生，以下主要说明承包人向发包人索赔的一般程序，以及反索赔的主要内容。

1）索赔意向通知和索赔通知

在工程实施过程中发生索赔事件以后，或者承包人发现索赔机会，首先要提出索赔意向，即在合同规定时间内将索赔意向用书面形式及时通知发包人或者工程师（监理人），向对方表明索赔愿望、要求或者声明保留索赔权利，这是索赔工作程序的第一步。否则将失去该事件请求补偿的索赔权利。

索赔意向通知要简明扼要地说明以下四个方面的内容：

①索赔事件发生的时间、地点和简单事实情况描述；

②索赔事件的发展动态；

③索赔依据和理由；

④索赔事件对工程成本和工期产生的不利影响。

根据九部委《标准施工招标文件》中的通用合同条款，关于承包人索赔的提出，规定如下：

根据合同约定，承包人认为有权得到追加付款和（或）延长工期的，应按以下程序向发包人提出索赔：

①承包人应在知道或应当知道索赔事件发生后28天内，向监理人递交索赔意向通知书，并说明发生索赔事件的事由。承包人未在前述28天内发出索赔意向通知书的，丧失要求追加付款和（或）延长工期的权利。

②承包人应在发出索赔意向通知书后28天内，向监理人正式递交索赔通知书。索赔通知书应详细说明索赔理由以及要求追加的付款金额和（或）延长的工期，并附必要的记录和证明材料。

③索赔事件具有连续影响的，承包人应按合理时间间隔继续递交延续索赔通知，说明连续影响的实际情况和记录，列出累计的追加付款金额和（或）工期延长天数。

④在索赔事件影响结束后的28天内，承包人应向监理人递交最终索赔通知书，说明

最终要求索赔的追加付款金额和延长的工期，并附必要的记录和证明材料。

根据九部委《标准施工招标文件》中的通用合同条款，发生发包人的索赔事件后，监理人应及时书面通知承包人，详细说明发包人有权得到的索赔金额和（或）延长缺陷责任期的细节和依据。发包人提出索赔的期限和要求与承包人提出索赔的期限和要求相同，延长缺陷责任期的通知应在缺陷责任期届满前发出。

2）索赔资料的准备

在索赔资料准备阶段，主要工作有：

①跟踪和调查干扰事件，掌握事件产生的详细经过；

②分析干扰事件产生的原因，划清各方责任，确定索赔根据；

③损失或损害调查分析与计算，确定工期索赔和费用索赔值；

④收集证据，获得充分而有效的各种证据；

⑤起草索赔文件（索赔报告）。

3）索赔文件的提交

提出索赔的一方应该在合同规定的时限内向对方提交正式的书面索赔文件。例如，FIDIC合同条件和我国《建设工程施工合同（示范文本）》GF—2013—0201都规定，承包人必须在发出索赔意向通知后的28天内或经过工程师（监理人）同意的其他合理时间内向工程师（监理人）提交一份详细的索赔文件和有关资料。如果干扰事件对工程的影响持续时间长，承包人则应按工程师（监理人）要求的合理间隔（一般为28天），提交中间索赔报告，并在干扰事件影响结束后的28天提交一份最终索赔报告。否则将失去该事件请求补偿的索赔权利。

4）索赔文件的审核

对于承包人向发包人的索赔请求，索赔文件应该交由工程师（监理人）审核。工程师（监理人）根据发包人的委托或授权，对承包人的索赔要求进行审核和质疑。

根据九部委《标准施工招标文件》中的通用合同条款，对承包人提出索赔的处理，监理人应在收到上述索赔通知书或有关索赔的进一步证明材料后的42天内，将索赔处理结果答复承包人。

5）承包人提出索赔的期限

根据九部委《标准施工招标文件》中的通用合同条款，承包人提出索赔的期限如下：

①承包人按合同约定接受了竣工付款证书后，应被认为已无权再提出在合同工程接收证书颁发前所发生的任何索赔；

②承包人按合同约定提交的最终结清申请单中，只限于提出工程接收证书颁发后发生的索赔。提出索赔的期限自接受最终结清证书时终止。

6）反索赔的基本内容

反索赔的工作内容可以包括两个方面：一是防止对方提出索赔，二是反击或反驳对方的索赔要求。

要成功地防止对方提出索赔，应采取积极防御的策略。首先是自己严格履行合同规定的各项义务，防止自己违约，并通过加强合同管理，使对方找不到索赔的理由和根据，使自己处于不能被索赔的地位。其次，如果在工程实施过程中发生了干扰事件，则应立即着手研究和分析合同依据，收集证据，为提出索赔和反索赔做好两手准备。

如果对方提出了索赔要求或索赔报告，则自己一方应采取各种措施来反击或反驳对方的索赔要求。常用的措施有：

①抓对方的失误，直接向对方提出索赔，以对抗或平衡对方的索赔要求，以求在最终解决索赔时互相让步或者互不支付；

②针对对方的索赔报告，进行仔细、认真研究和分析，找出理由和证据，证明对方索赔要求或索赔报告不符合实际情况和合同规定，没有合同依据或事实证据，索赔值计算不合理或不准确等问题，反击对方的不合理索赔要求，推卸或减轻自己的责任，使自己不受或少受损失。

8.5 案　　例

8.5.1　某建筑工程公司诉某开发公司工程款结算纠纷案

（1）案情摘要

原告：某建筑工程公司；被告：某开发公司

1999 年 3 月 20 日至 2001 年 11 月末，原告某建筑工程公司与被告某开发公司签订了《某小区工程》建筑工程承包合同，工程于 2001 年末全部竣工，并经市质监部门全部验收合格并交付使用。虽然原被告双方按合同做了工程结算，但原告认为原材料涨价属于情势变更，仍按合同约定价格进行结算不合理，故而自行委托进行了鉴定，要求被告按鉴定价格结算工程款，为此成诉。被告答辩：由于工程中未发生增项，原告所诉应以鉴定价格结算付其工程款的请求没有依据；合同规定工程造价由原告先行做出预算，以被告方审定为准，并未规定结算由鉴定价格来审定；并且合同的结算是在双方平等、协商一致的基础上完成的，所以原告之诉讼请求既无事实根据，也无法律依据。

（2）审裁结果

法院认为：1999 年 3 月 20 日至 2001 年 11 月末，原告某建筑工程公司与被告某开发公司签订了《某小区工程》建筑工程承包合同，上述合同均规定实行责任承包，包工包料，工程造价以甲方审定的预算为准。上述事实有双方签订的工程责任承包合同及工程承包管理实施办法，双方所作的工程预、结算书及双方当事人陈述笔录为证。原告与被告签订的上述合同，是在双方自愿、平等，意思表示真实的情况下签订的，是合法、有效的，应受法律的保护，现双方基本上履行了合同之内容，工程已全部竣工并交付使用。双方按合同的规定作了工程预、决算。双方的结算方式是根据合同的规定完成的，上述诸合同合法、有效，结算方式合法，并得到双方的认可。至于原告提出其自行进行了委托鉴定，要求被告按鉴定价格给付其工程款一节，既无事实根据又无法律依据。原告自行委托鉴定价格与建设单位和承包者按合同规定进行的预、结算，系属两个不同的法律关系，并无因果关系。至于原告在诉讼中提出由于原材料涨价，双方所做的结算不合理，要求重新做结算的请求，法院认为，因原告按照被告制定的工程承包管理实施办法的规定，根据设计施工图及预算定额等有关规定编制施工预算，经被告对工程调整变更价款和材料价差等进行审核，并得到双方认可后签字和盖章，应认定为合法有效；原告在订立合同之前应当预见到原材料涨价的风险，在起诉之后又不能对结算中存在不合理的主张举出证据，其要求重新结算的诉讼请求既没有法律依据，又没有事实依据，不能成立。据此，法院裁定驳回原告的起诉。

（3）分析评论

本案的焦点是，工程的结算是依据合同，还是依据实际发生额进行。本案原、被告在合同中约定了工程结算办法并按照该办法进行了工程结算。该结算已经过双方认可并在结算书上签字盖章。原、被告签订的合同，是在平等互利、等价有偿的原则下，经过协商一致，自愿达成的，根据《合同法》的规定，是合法有效的。《合同法》所体现的基本原则是"约定优于法定"，只要双方意思表示一致，不违背国家强制性法律，约定就为有效。本案中的合同双方当事人约定工程造价以甲方审定的预算为准，并未订立可调价条款，故应当依据合同约定，而不应依照鉴定价款进行工程结算。从风险的角度看，合同签订之时，工程尚未开工，原材料市场价格是波动的，如果在合同中并未约定可调价条款，则双方都承担一定的风险：若原材料市场价格上涨，原告仍需履约，并承担风险；若其下跌，被告同样要履约，承担相应风险。

民法理论上，对在履行合同中出现情势变更情况，应适用情势变更原则。情势变更原则，是指民事法律行为（主要指合同行为）成立后，由于当事人虽无过错，但不能预见、不能避免、不能克服的外因，致使情势剧变，而依民事法律行为原有效力显失公平，又无法律特别规定解决办法的，当事人有权请求人民法院或仲裁机关予以变更或撤销的法律原则。适用情势变更原则应具备下列条件：①必须存在情势变更的情况。情势指合同成立时的环境或基础的一切客观情况；变更是指在合同履行过程中，合同赖以成立生效的环境或基础发生剧变。本案中原材料价格上涨，并不是暴涨，并非导致合同不能履行，因此并未致使合同成立生效的环境或基础发生剧变。②情势变更必须发生在合同成立并生效后，至合同关系消灭前的阶段。③情势变更必须是当事人的不可预见、不能避免，并不能克服的事由引起的。原材料市场价格的涨落，是每一个投资者应当具有的常识，作为建筑承包商的原告更应当清楚这一点，因此不是不可预见的。④必须因情势变更致使原合同的履行显失公平。本案的原材料涨价并不具备情势变更的要件，加之我国《合同法》的立法者出于某些考虑未规定情势变更原则条款，故而对本案不能适用情势变更原则。

长期以来，我国建筑工程合同的结算是依据国家的定额进行的，在实行了工程承包制和招标投标制后，合同约定的结算方式作为工程造价依据被正式确定下来。这就要求建筑行业的从业人员树立起"合同至上"的观念，重视合同的订立、变更和履行，切实维护自己的合法权益。

8.5.2 某建筑工程公司诉某酒店结算与质量纠纷案

（1）案情摘要

原告：某建筑工程公司；被告：某酒店

某海滨城市为发展旅游业，经批准兴建一座三星级酒店，该项目以某酒店（甲方）与某建筑工程公司（乙方）、日本某装饰工程公司（丙方）分别签订了主体建筑工程承包合同和装饰工程承包合同，合同于1984年10月10日正式签字。

某酒店（下称甲方）与某工程公司（乙方）签订的合同约定1984年11月10日正式开工，竣工日期为1986年5月1日。因主体工程与装饰工程分别为两个独立的合同，由两个承包商承建，为保证工期，当事人约定：主体与装饰施工采取立体交叉作业，即主体完成一层,装饰工程承包立即进入装饰作业。为保证装饰工程达到三星级水平,业主委托香港某咨询公司实施"装饰工程监理"。工程施工过程中,甲方要求乙方将竣工日期提前至 1986 年 2 月 8 日,双方协商修订施工方案后达成协议。某酒店于 1986 年 3 月 10 日(二月工龙抬头之曰)剪彩开业。

1989 年 8 月 1 日,原告(合同乙方)起诉至人民法院诉称:被告(合同甲方)于 1986 年 3 月签发了竣工验收报告,并开张营业至今已达三年有余,但在结算工程款时,制造事端,对应付工程总价款 1600 万元人民币,只给付 1400 万元人民币。特请求法庭判决被告支付 1600 万元及拖期的利息。

1989 年 10 月 10 日庭审中,被告答称:原告主体施工有质量问题,如:大堂、电梯间门洞、大厅墙面、游泳池等主体施工质量不合格。因此,日本装修商进行返工,并提出索赔,经监理工程师签字报业主代表认可,共支付 20 万美元,折合人民币 125 万元,此项费用应由原告承担。另有其他质量问题,造成客房、机房设备、设施损失计人民币 75 万元,共计损失 200 万元,应从总工程款中扣除,故支付主体工程款总额为 1400 万元。

原告辩称:被告称主体工程不合格不属实,并向法庭呈交了业主及有关部门签字的合格竣工验收报告及业主致乙方的感谢信等证据。

被告又辩称:竣工验收报告及感谢信,是在原告法定代表人宴请我方时,提出了为企业晋级,请高抬贵手的情况下,我方代表就签字了。此外,被告代理人又向法庭呈交业主被日本立成装饰工程公司提出的索赔 20 万美元(经监理工程师和业主代表签字)的清单 56 件。

原告再辩称:被告代表发言纯系戏言,怎能以签署竣工验收报告为儿戏,请求法庭以文字为证。又指出:被告委托监理工程师监理的装饰合同,支付给日本立成装饰公司的费用凭单,并无我方代表签字认可,因此不承担责任。

原告最后请求法庭关注:自签发竣工验收保护后,乙方向甲方多次以书面方式提出结算要求,在长达三年多之久,甲方从未向乙方提出工程质量问题的要求。

(2)审裁结果

法院经审理认为装饰合同中的索赔问题对原告不具有约束力,且已超过诉讼时效,遂判决被告支付 1600 万元人民币的工程价款。

本案双方当事人都没有上诉。

(3)分析评论

原被告之间签订的工程承包合同为有效合同,双方均有企业法人资格,承包人具有相应的工程承包等级资格证书。

倘若主体施工过程中发生质量问题时,发包人应按合同规定及时通知承包人进行返工或采取其他补救措施,使所施工的主体工程质量达到约定的标准。而不能由装饰工程承包人擅自返工。若发包人通知主体承包人应及时返工而承包人未及时返工时,发包人则可以指定其他承包人返工,所需费用从主体承包人应得的工程款中扣除。

装饰合同中的索赔问题对主体工程承包人(原告)不具有约束力,欲使其具有法律约束力,应符合上面分析的内容。再则,监理工程师对装饰工程合同中的索赔认可签字时,应事先由发包人通知主体承包人,并由其签字认可,方可具有约束力。

另外,该项工程自竣工至结算中,甲方于 1986 年 3 月签发竣工验收报告至 1989 年 8

月乙方向人民法院提起诉讼，请求结清拖欠的工程款 200 万元时，长达三年之久，从未向乙方提出质量问题及被装饰工程承包人索赔之款额。依据我国《民法通则》的规定，已分别超过普通诉讼时效两年的规定和质量保修期一年的规定。因此，依据法律规定，甲方作为超过诉讼时效规定的请求人，丧失胜诉权。

8.5.3 某住宅小区质量保修纠纷案

（1）案情摘要

原告某房地产开发公司与被告某建筑公司签订一份施工合同，修建某一住宅小区。小区建成后，经验收质量合格。验收后 1 个月，房地产开发公司发现楼房屋顶漏水，遂要求建筑公司负责无偿修理，并赔偿损失，建筑公司则以施工合同中并未规定质量保证期限，且工程已经验收合格为由，拒绝无偿修理要求。房地产开发公司遂诉至法院。

（2）审裁结果

法院判决施工合同有效，认为合同中虽然并没有约定工程质量保证期限，但依建设部 1993 年 11 月 16 日发布的《建设工程质量管理办法》的规定，屋面防水工程保修期限为 3 年，因此，本案工程交工后两个月内出现的质量问题，应由施工单位承担无偿修理并赔偿损失的责任。故判令建筑公司应当承担无偿修理的责任。

（3）分析评论

本案是专门关于建设工程质量保修的一个典型案例。建设工程质量保修制度是工程建设法律中一项非常重要的法律制度。它是指建设工程在办理竣工验收手续后，在规定的保修期限内，因勘察、设计、施工、材料等原因造成的质量缺陷，应当由施工承包单位负责维修、返工或更换，由责任单位负责赔偿损失的一项制度。建设工程实行质量保修制度是落实建设工程质量责任的重要措施。《中华人民共和国建筑法》、《建设工程质量管理条例》、《房屋建筑工程质量保修办法》等法律法规和规章都对该项制度作了相应的规定。

《建筑法》第 62 条规定：建筑工程实行质量保修制度。建筑工程的保修范围应当包括地基基础工程、主体结构工程、屋面防水工程和其他土建工程，以及电气管线、上下水管线的安装工程，供热、供冷系统工程等项目；保修的期限应当按照保证建筑物合理寿命年限内正常使用，维护使用者合法权益的原则确定。具体的保修范围和最低保修期限由国务院规定。

为了切实保证质量保修制度的执行，根据该法律授权，2001 年 1 月 30 日国务院令第 279 号发布了《建设工程质量管理条例》。依据新法优于旧法、低位阶法律服从高位阶法律的法理，它的颁布同时取代了原建设部颁布的《建设工程质量管理办法》。该条例第 39 条规定：建设工程实行质量保修制度。建设工程承包单位在向建设单位提交工程竣工验收报告时，应当向建设单位出具质量保修书。质量保修书中应当明确建设工程的保修范围、保修期限和保修责任等。第 40 条规定：在正常使用条件下，建设工程的最低保修期限为：①基础设施工程、房屋建筑的地基基础工程和主体结构工程为设计文件规定的该工程的合理使用年限；②屋面防水工程、有防水要求的卫生间、房间和外墙面的防渗漏，为 5 年；③供热与供冷系统为两个采暖期、供冷期；④电气管线、给水排水管道、设备安装和装修工程，为 2 年。其他项目的保修期限由发包方与承包方约定。建设工程的保修期，从竣工验收合格之日起计算。因使用不当或者第三方造成的质量缺陷，以及不可抗力造成的质量缺陷，不属于法律规定的保修范围。

此外，房屋建筑工程的质量保修，还必须遵守《房屋建筑工程质量保修办法》（2000年6月30日建设部令第80号）作出的具体规定。

《合同法》第275条规定："施工合同的内容包括工程范围、建设工期、中间交工工程的开工和竣工时间、工程质量、工程造价、技术资料交付时间、材料和设备供应责任、拨款和结算、竣工验收、质量保修范围和质量保证期、双方相互协作等条款。"可见，质量保修范围和质量保证期应当是建设工程施工合同中的必备条款。

本案争议的施工合同虽欠缺质量保证期条款，但并不影响双方当事人对施工合同主要义务的履行，故该合同有效。由于合同中没有质量保证期的约定，故应当依照法律、法规的规定或者其他规章确定工程质量保证期。法律的强制性规定是客观存在的，不因当事人双方有无相关约定而存废。双方当事人可以在合同中约定高于法律规定的内容，但是约定如果低于法律强制性的最低条款规定或者没有约定，则必须受到法律的调整。本案发生时法院依照当时有效的《建设工程质量管理办法》的有关规定对欠缺条款进行补充，依据该办法规定，出现的质量问题在保证期内，故认定建筑公司承担无偿修理和赔偿损失责任是正确的。另外，《建设工程质量管理条例》规定，在正常使用条件下，屋面防水工程、有防水要求的卫生间、房间和外墙面的防渗漏的最低保修期限为5年。相比《建设工程质量管理办法》的规定，保修期限有了很大的提高。该条例第41条规定，建设工程在保修范围和保修期限内发生质量问题的，施工单位应当履行保修义务，并对造成的损失承担赔偿责任。这些规定都是现在处理质量保修问题的法律依据。

经验收质量合格的工程为什么仅在1个月后就发生问题呢？这是一个值得探讨的问题。有一点可以肯定的是，验收走过场了，没有认真检查检测，这是有关单位不负责任的表现，也必然导致纠纷的发生。此外，施工单位以合同中没有约定质量保修期，就可以不履行质量保修责任的侥幸心理，从而在施工过程中未形成严格的质量责任意识，也是导致纠纷发生的潜在因素之一。如果能够严把竣工验收关，有了质量问题及时予以修补，同时施工单位能够熟悉相关法律规定，无论在何种情形下都具有严格的质量责任意识，诉讼或许就可以避免。

8.5.4 某房地产建设开发公司与某建筑集团总公司工程质量纠纷案

（1）案情摘要

原告：某建筑公司；被告：某房地产公司

某建筑公司、某房地产公司于1997年3月29日签订了永恒温泉花园住宅E、F、D2、D3楼建设工程施工合同。约定工程造价一次包死，不留活口。某建筑公司依约履行了合同，将达到国家质量验收合格标准的讼争之楼交付某房地产公司。后因工程款给付问题成讼。

某建筑公司主张，一、关于工程价款的确定问题：①双方确定工程造价"一次包死，不留活口"是补充文字条款，根据合同法，补充条款优先于格式条款，这种包死条款是依有关法律、行政法规签订的，符合有关规定。②双方签订的合同共计六份，在天津市建设主管部门都有备案。③上诉人提出结算是无稽之谈，在建筑工程合同中只要约定一次性包死条款，就是事先对工程总造价的确定，审理建设工程承包合同案件在工程结算方面原则上以当事人约定的工程造价为准，不应重新按建筑定额确定工程造价，避免一方当事人通过主张合同无效而获取不当利益。因此上诉人要求进行结算是对法律规定的不懂。二、关于质量问题，有关部门已经进行质量验收，颁发了质量合格证节。如果像上诉人所述有质量问题，应提供质量合格证书是虚假的证据。对于保修期内的赔偿问题，出现质量问题应通知我方负责维修，但某房地产公司至今未通知我方。

某房地产公司辩称双方欠款事实不存在。理由：①该工程完工后，某建筑公司始终不与某房地产公司进行正常结算，并且没有将结算技术文件交给我方。②法院未进行鉴定，不能代替结算部门结算。同时，要求进行工程结算，理由：①工程完工后合同双方应依法进行结算，未进行结算无法确定是否欠款。②该工程被上诉人没有完成合同约定的法定工程平方米数，工程平方米数与其实际工程建筑平方米数相差数额巨大，并且擅自降低工程施工质量等级，因此，依据合同条款所谓"一次包死"认定欠款，违反法律。③合同签订质量标准为"优良工程"，质检部门检验为"合格工程"，并留有许多质量隐患，按优质优价原则，价款应按一定比例下浮。④"一次包死，不留活口"系合同签订后由他人更改，我方并无签章，应属无效条款。在施工中凡是增加工程量的，被上诉人均认可并收了钱，而与合同不符的地方却主张"一次包死"。

经法院审理查明，双方确认如下事实：①双方在合同中约定工程总造价为14633208元。②工程已验收合格并交付某房地产公司。③某房地产公司已付某建筑公司工程款13050000元。④某房地产公司垫款、料、水电费104432元，强弱电箱价值151324元，粉煤灰砖价值115164元。

双方对下列主要事实存在争议：①某建筑公司完成4栋楼的面积比合同面积少1180.01m²，应否在结算中扣除793590.68元。②依据合同约定某建筑公司完成的工程应为优良工程，现经验收为合格工程，应否扣除差价414360元。③关于增项。既然合同约定了"一次包死，被告并于1997年3月18日至2000年12月支付工程款13000000元，扣除维修款262456元，尚欠1370742元。不留活口"，应否还存在增项问题。④"保修期内赔偿"问题。应否扣除保修期内修复防水层费用和赔偿购房户款182562.58元。

（2）审裁结果

一审法院认为，某建筑公司与某房地产公司所签建设工程施工合同，系双方在自愿、合法基础上签订的，且双方均已实际履行，尚差1370742元，被告应积极给付。关于某房地产公司在庭审中提出应找有关部门结算问题，法院曾委托相关部门对双方工程问题进行核算，因被告不同意法院指定的结算部门，致使该结算无法进行，故法院依据双方签订合同及实际情况予以核算。关于某房地产公司提出工程质量问题因其在保修期内并未通知原告，故应另行解决。

二审法院认为，某房地产公司认为合同补充条款根本不存在，系合同签订后由他人更改的，是无效条款，但未能提供相应证据证实其主张；合同约定为包死价，且阳台铝合金不包括在包死价内，某房地产公司对某建筑公司按图施工无异议，所以结算与面积无关，双方应依据合同约定价款结算。另外，依据定额规定，设计为封闭阳台的，按全面积计算，阳台铝合金由谁负责不是确认面积的依据。价格是"包死"的，铝合金由甲方负责且不包括在包死价内均是双方约定的，所以某房地产公司的该项主张依据不足，不予支持。某建筑公司主张的增项经某房地产公司签证认可，故对增项108454元予以认定。

关于"保修期内赔偿"问题，某建筑公司交付合格的工程后，某房地产公司应当按照合同约定支付工程款，保修期内的质量问题应由某建筑公司负责保修。因到付款期限届满时并未发生质量问题，所以某房地产公司负有支付工程款的义务。因该义务在先，保修期内发生的质量问题在后，所以某房地产公司以保修期内存在质量问题为拒付工程款的抗辩理由不成立。对保修期内发生的质量问题，因主要发生在本案成讼以后，某房地产公司对此未提起反诉，原审法院未予以审理，所以某房地产公司的该项主张应另行解决。

（3）分析评论

该案整体上很复杂，涉及的问题比较多，在这些问题当中，突出的是结算范围和"保修期内赔偿"问题，但笔者在此想主要分析一下"保修期内赔偿"问题。《建筑法》第58条规定，建筑施工企业对工程的施工质量负责。同时，第62条规定，建筑工程实行质量保修制度。建筑工程的保修范围应当包括地基基础工程、主体结构工程、屋面防水工程和其他土建工程，以及电气管线、上下水管线的安装工程，供热、供冷系统工程等项目；保修的期限应当按照保证建筑物合理寿命年限内正常使用，维护使用者合法权益的原则确定。具体的保修范围和最低保修期限由国务院规定。根据以上规定以及《合同法》第281条体现的精神，施工方要对所承建工程的不同部位承担相应期限的保修义务，不仅保修期内的质量问题要由施工方负责，由此给发包方造成的损失，也应承担相应的赔偿责任。在建设工程施工合同纠纷中，施工方追讨工程欠款，发包方多会以质量问题提起抗辩或反诉，本案某房地产公司即主张因保修期内存在质量问题而拒付工程款，保修期内修复防水层费用和赔偿购房户款也要相应从工程款中扣除。对于本案的保修期内赔偿问题，可以从两个层面进行分析，第一，保修期内存在质量问题，施工方能否请求支付工程款。首先，发包方与施工方是依据双方签订的建设工程施工合同而产生债权债务，应明确一点，即施工方主张工程款是在主张合同之债，在分析一个合同之债时，首要的原则是尊重双方的意思自治，以合同为审理的基点。依据双方合同，施工方交付验收合格的工程，发包方即应支付工程款。保修期内是否会发生质量问题并不是应否付款的前提条件。也即，即使保修期内发生了质量问题，施工方仍有权请求支付工程款。因此，本案二审作出某房地产公司以保修期内存在质量问题为拒付工程款的抗辩理由不成立。第二，保修期内存在质量问题的解决途径。其一，若以该问题提起反诉，则法官将该请求与本诉一并审理，发包方因质量问题造成的损失可能得以全部受偿。其以该理由提起抗辩，若抗辩成立，法官会判决维修费用从工程款中扣除。反之，法官对其抗辩不予支持。本案亦属此种情况，保修期内虽有质量问题，但主要发生在成讼之后，况且只是作为一个抗辩理由提出，所以，一、二审法院判决该问题另行解决并无不当。

此类纠纷在当前的建设工程施工合同案件中具有一定的普遍性。究其原因，笔者认为有以下几个因素：①发包方常常试图以保修期内的质量问题为由不付、延付或者少付工程款。认为只要工程存在质量问题，就可以推掉自己支付工程款的义务。②对"包死价"理解有误，不乏有诸多业内外人士把"包死价"理解为，双方应依据合同约定价款结算，不会存在增、减项问题。但实际上，一次包死应仅指合同范围内的工程价款的包死，对于超出约定范围而产生的增、减项，也应予以考虑。③对某些费用的承担约定不明。这极易为以后诉讼的爆发埋下导火索。

避免纠纷的方法：1.依据有关法律以及行业惯例，在施工合同中规定一个质保金条款，会依据工程款相应比例扣除部分质保金，在规定保修期内，若发生质量问题，扣除相应质保金予以做维修费用，反之，发包方在保修期后返还质保金。2. 对于保修期内的质量问题，应依据合同及惯例，书面通知施工方维修。3. 对于备项费用的支出及承担，做到手续齐备，责任主体分明。4. 合同条款明确，尤其对于合同履行过程中经常发生的问题更要具体约定，例如：增、减项问题。尽量减少易发生歧义的合同条款。

8.5.5 某建筑工程公司诉某教育基地、某集团工程增项结算案

（1）案情摘要

原告：某建筑工程公司；被告1：某教育基地；被告2：某集团

原告某建筑工程公司于1999年与被告某教育基地签订建设工程施工合同，工程造价每平方米640元，总造价860000元。后因工程需要进行增项，1999年12月19日双方签订了增项结算书，增项工程费用233076.02元。施工过程中，原告收到某集团给付的施工费500000元。原告以被告拖欠工程款为由起诉于法院，要求被告给付工程款791066.59元及利息59422.88元，因教育基地的投资已纳入某集团的固定资产计划，故要求某集团承担连带给付责任。被告某集团辩称，原告所述基本属实，但合同约定是真实意思表示，应当按合同结算，现工程量未予核算，已付款数额不清，同意核对后按合同约定数额承担给付责任。被告教育基地辩称，某集团投资兴建该工程项目，所有债权债务均由某集团承担，教育基地只负责教学和管理，不同意原告的诉讼请求。

（2）审裁结果

法院委托建设工程事务所鉴定工程造价为830元/m²。法院认为被告教育基地与原告签订的建设工程施工合同所产生的债权债务关系，应由被告教育基地承担。该建设工程施工合同合法有效，双方均应按合同约定640元/m²造价结算工程款，而不应按830元/m²结算工程款。由于被告当代集团承接并投资教育基地的工程项目，应连带承担付款义务。原告依照合同约定要求二被告支付拖欠工程款及违约金，依法应予支持。由于施工中出现增项，被告也予认可，被告应当支付增项的款项。被告教育基地不同意承担给付欠款义务，理由依据不足，法院不予支持。综上，依照《合同法》第60条第1款、《民事诉讼法》第153条第1款第（1）、（2）项之规定，判决如下：①二被告于判决书生效后30日内共同给付原告工程款526406.45元。②二被告于判决书生效后30日内给付原告所欠工程款526406.45元的违约金（自2000年5月1日至判决生效时止，按中国人民银行同期贷款利率计算）。

（3）分析评论

本案中涉及两个法律问题：

1）本案究竟应当按合同结算还是按增项的实施发生额结算

原告同被告教育基地签订的《建设工程施工合同》是在双方自愿、平等、意思表示真实的情况下签订的，双方也已基本上履行了合同之内容，并按合同的规定进行了结算，因而合法、有效，应受法律保护。作为有资质的合同主体在签订合同时对市场变化的因素应当预见，因此双方应当按照合同约定结算。但是建筑施工还会出现很多意外情况，例如：地基深层土质有问题，在勘测中无法发现，为保证工程质量，必须增加投入；由于图纸设计变更，工程量会增加，这些增项投入是在签订合同时无法预见的，从公平的角度讲，就

不应当由建筑商来负责。目前的司法实践中审理此类案件，大多是依据合同结算，但如发生增项，增项部分就按照增项实际发生额来核算，以体现法律的公平性。本案原告同被告教育基地签订了增项结算书，实际上是对原合同结算条款的一种变更，应当视为合同的变更，因此法院判决增项部分也由被告支付是正确的。

2）被告当代集团是否应当承担连带责任

从案件审理中可以发现，被告教育基地虽是工程的立项人，但只是从事教学的实体，而被告某集团却是工程的实际投资人，而且某集团也向原告支付了多数工程款。根据谁投资谁受益的原则，某集团当然取得建成后教育基地的权益，因此也自然承担应承担的责任。

工程的结算的标准如何既体现法律的公平性又体现合同约定的严肃性，一直是建筑市场中争议的问题。根据近年来的立法精神，我国正在与国际接轨，大多采用国际惯例即"合同至上"。但必须承认的是，由于我国的建筑市场还很不规范，导致很多合同签订后总是无法完全履行，或是设计变更，或是开发商指定的建筑材料超过市场价格，致使合同结算时总是不能以合同的结算价格进行结算。因此法院多主张在尊重合同的原则上，按照合同的约定进行结算；如果出现增项，应当按双方的增项结算书的约定结算；如双方没有对增项进行约定，按评估价格进行结算，这样对合同双方比较公平。

（本节案例选自曲修山，何红锋主编《建设工程施工合同纠纷处理实务》，知识产权出版社，2004年3月第一版）

第9章 施工资料管理

工程档案是指从工程项目提出、立项、审批，勘察设计、生产准备、施工、监理、验收等工程建设及工程管理过程形成并应归档保存的文字、表格、声像，图纸等各种载体材料，它是基本建设项目管理工作的重要组成部分。

工程档案文件一般分为四大部分：工程准备阶段文档资料、监理文档资料、施工阶段文档资料和工程竣工文档资料，其中施工文档资料是工程施工过程中形成的文件资料，是城建档案的重要组成部分，是建设工程进行竣工验收的必要条件，是全面反映建设工程质量状况的重要文档资料。

9.1 施工资料的分类与形成过程

9.1.1 施工资料的分类及主要内容

施工资料主要包括工程施工技术管理资料、工程质量控制资料、工程施工质量验收资料、竣工图四大部分。

（1）工程施工技术管理资料

工程施工技术管理资料是建设工程施工全过程的真实记录，是施工各阶段客观产生的施工技术文件。主要内容如下：

1）图纸会审记录文件

图纸会审记录是对已正式签署的设计文件进行交底、审查和会审，对提出问题予以记录的文件。图纸会审记录属于正式设计文件，不得擅自在会审记录上涂改或变更其内容。

2）工程开工报告相关资料

主要包括开工报审表和开工报告。开工报告是建设单位与施工单位共同履行基本建设程序的证明文件，是施工单位承建单位工程施工工期的证明文件。

3）技术、安全交底记录文件

此类文件是施工单位负责人把设计要求的施工措施、安全生产贯彻到基层乃至每个工人的技术管理依据。需要交底的主要项目为：图纸交底、施工组织设计交底、设计变更和洽商交底、分项工程技术交底、安全交底等。技术、安全交底只有当签字齐全后方可生效，并发至施工班组。

4）施工组织设计（项目管理规划）文件

参与施工组织设计文件编制的人员应在会签表上签字，交项目监理签署意见并在会签表上签字，经报审同意后执行并进行下发交底。

5）施工日志记录文件

施工日志是项目经理部相关人员对工程项目施工过程中的有关技术管理和质量管理活动以及效果进行逐日连续完整的记录。要求对工程从开工到竣工的整个施工阶段进行全面记录，要求内容完整，并能全面反映工程相关情况。

6）设计变更文件

设计变更是施工图的补充和修改的记载，要及时办理，内容要求明确具体，必要时附图，不得任意涂改和事后补办。按签发的日期先后顺序编号，要求责任明确，签章齐全。

7）工程洽商记录文件

工程洽商是施工过程中一种协调业主与施工单位、施工单位和设计单位洽商行为的记录。工程洽商分为技术洽商和经济洽商两种，通常情况下由施工单位提出。

①在施工过程中，如发现设计图纸存在问题，或因施工条件发生变化，不能满足设计要求，或某种材料需要代换时，应向设计单位提出书面工程洽商。

②工程洽商记录应分专业及时办理，内容翔实，必要时应附图，并逐条注明所修改图纸的图号。工程洽商记录应由设计专业负责人以及建设、监理和施工单位的相关负责人签认后生效，不允许先施工后办理洽商。

③设计单位如委托建设（监理）单位办理签认，应办理书面委托签认手续。

④分包工程的工程洽商记录，应通过总包审查后办理。

8）工程测量记录文件

工程测量记录是在施工过程中形成的确保建设工程定位、尺寸、标高、位置和沉降量等满足设计要求和规范规定的资料统称。

①工程定位测量记录文件。

②施工测量放线报验表。

③基槽及各层测量放线记录文件。

④沉降观测记录文件。

9）施工记录文件

施工记录是在施工过程中形成的，确保工程质量和安全的各种检查、记录的统称。主要包括：工程定位测量检查记录、预检记录、施工检查记录、冬期混凝土搅拌称量及养护测温记录、交接检查记录、工程竣工测量记录等。

10）工程质量事故记录文件

包括工程质量事故报告和工程质量事故处理记录。

11）工程竣工文件

包括竣工报告、竣工验收证明书和工程质量保修书。

①竣工报告。是指工程项目具备竣工验收条件后，施工单位向建设单位报告，提请建设单位组织竣工验收的文件，其流程是由施工单位生产部门填写竣工报告，经施工单位工程管理部门有关人员复查，确认具备竣工条件后，法人代表签字，法人单位盖章，报请监理、建设单位审批。

②竣工验收证明书。是指工程项目按设计和施工合同规定的内容全部完工，达到验收规范及合同要求，满足生产、使用并通过竣工验收的证明文件。竣工验收证明书由施工单位填写，报建设、监理、设计等单位负责人签认。

③工程质量保修书。工程承包单位在向建设单位提交工程竣工验收报告时，应当向建设单位出具质量保修书。质量保修书应明确建设工程的保修范围、保修期限和保修责任等。

（2）工程质量控制资料

工程质量控制资料是建设工程施工过程中全面反映工程质量控制和保证的依据性证明资料。

1）工程项目原材料、构配件、成品、半成品和设备的出厂合格证及进场检（试）验报告。

2）施工试验记录和见证检测报告。

3）隐蔽工程验收记录文件。

隐蔽工程验收记录是指为下道工序所隐蔽的工程项目，关系到结构性能和使用功能的重要部位或项目的隐蔽检查记录。隐蔽工程未经检查或验收未通过，不允许进行下一道工序的施工。隐蔽工程验收记录为通用施工记录，适用于各专业。

工程具备隐蔽验收条件后，由施工员填写隐蔽工程验收记录，由质检员提前一天报请监理单位，验收时由专业技术负责人组织施工员、质检员共同参加，验收后由监理单位专业监理工程师签署验收意见及验收结构，并签字盖章。

4）交接检查记录

交接检查记录是指不同工程或施工单位之间工程交接，当前一专业工程施工质量对后续专业工程施工质量产生直接影响时，应进行交接检查所形成的资料文件。移交单位、接收单位和见证单位共同对移交工程进行验收，并对质量情况、遗留问题、工序要求、注意事项、成品保护等进行记录。当在总包管理范围内的分包单位之间移交时，见证单位为总包单位。当在总包单位和其他专业分包单位之间移交时，见证单位为建设（监理）单位。

（3）工程施工质量验收资料

工程施工质量验收资料是建设工程施工全过程中按照国家现行工程质量验收标准，对施工项目进行单位工程、分部工程、分项工程及检验批的划分，再由检验批、分项工程、分部工程、单位工程逐级对工程质量做出综合评定的工程质量验收资料。具体内容为：

1）施工现场质量管理检查记录。

在开工前，由施工单位现场负责人填写施工现场质量管理检查记录，报项目总监理工程师（或建设单位项目负责人）检查，并做出检查结论。

2）单位（子单位）工程质量竣工验收记录。

3）分部（子分部）工程质量验收记录文件。

4）分项工程质量验收记录文件。

5）检验批质量验收记录文件。

（4）竣工图

竣工图是指工程竣工验收后，真实反映建设工程项目施工结果的图样。它是真实、准确、完整反映和记录各种地上和地下建筑物、构筑物等详细情况的技术文件，是工程竣工验收、投产或交付使用后进行维修、扩建、改建的依据，是生产（使用）单位必须长期妥善保存和进行备案的重要工程档案资料。

9.1.2 施工资料的形成过程

1）施工技术管理资料的形成过程

施工准备期间，施工单位根据图纸、合同文件等要求，组织编制施工组织设计和施工方案，并在项目经理部和公司内部进行审批后形成施工组织设计和施工方案等文件，报送建设（监理）单位审批。建设（监理）单位审批通过后批准在工程中实施，形成《工程技术文件报审表》。施工单位再根据建设（监理）单位审批意见对施工组织设计和施工方案等文件补充完善后，对施工人员进行技术交底，形成各项交底文件，包括施工组织设计交底、施工方案交底和分项工程施工方案交底等文件。施工技术管理资料的形成过程见图9-1。

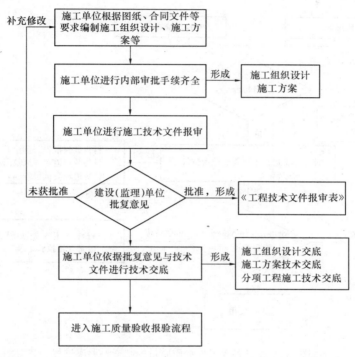

图 9-1　施工技术管理资料形成过程

2）工程质量控制资料形成过程

工程质量控制资料形成过程，包括原材料等施工物质质量控制资料和工程施工过程质量控制资料。

原材料等施工物质质量控制资料主要包括材料等出厂合格证、质量检验报告、质量保证书、出口商品商检证明以及环保、消防等部门出具的认可文件等。首先施工单位在供应单位组织工程物质进场后对其进行进场检验，具体形式包括现场检查和抽样复试。当材料物质等检查合格后，形成材料试验报告、进场复试报告等文件，由施工单位报送建设（监理）单位复查，审批通过后形成材料、构配件进场检验记录或设备开箱检验记录，并得以在工程中使用。具体的形成过程如图9-2所示。

工程施工过程质量控制资料是施工过程中形成的质量控制文件，是工程实体质量的书面体现。施工单位组织施工过程中，负责施工过程质量控制、检查和检验，形成施工测量、施工记录、施工试验等相关管理资料。当某项工程施工完成，施工单位首先进行自检，合格后报送建设（监理）单位检查验收，合格后形成各项检验批质量验收记录表、分项工程质量验收记录表和分部（子分部）工程质量验收记录表。工程施工过程质量控制资

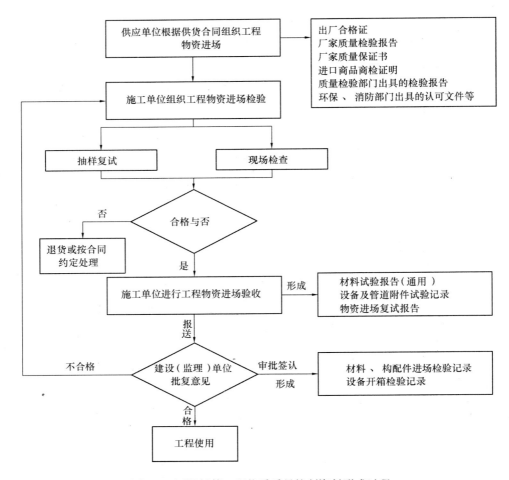

图 9-2 原材料等工程物质质量控制资料形成过程

料形成过程如图 9-3 所示。

3）工程质量验收资料形成过程

工程质量验收资料是指单位工程（或整个工程项目）的工程竣工验收阶段形成的质量验收资料。当单位工程的全部分部工程完工后，施工单位进行自检，合格后报送建设（监理）单位预验收，形成单位（子单位）工程质量控制资料核查记录、单位（子单位）工程安全和功能检验资料核查及主要功能抽查记录等文件；当建设（监理）单位预验收合格后，由建设单位组织设计、勘察、监理等单位进行竣工验收，合格后形成工程竣工质量报告和单位（子单位）工程质量竣工验收记录等竣工验收文件。工程质量验收资料形成过程如图 9-4 所示。

9.1.3 施工资料的编码

施工资料应进行编码，以便进行记录和查找，并有利于对施工资料进行存档管理。

编码的形式可以根据需要或有关规定执行。如北京市《建筑工程资料管理规程》（编号：DB11/T 695—2009）规定的施工资料编码形式如下：

$$\underbrace{\times\times}_{1}-\underbrace{\times\times}_{2}-\underbrace{\times\times}_{3}-\underbrace{\times\times\times}_{4}$$

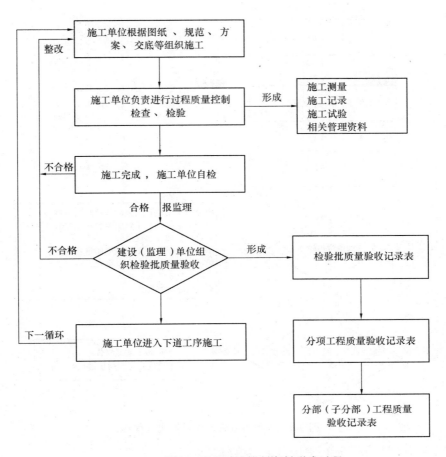

图 9-3　工程施工过程质量控制资料形成过程

注：1 为分部工程代号（2 位），按规定的代号填写。

2 为子分部工程代号（2 位），按规定的代号填写。

3 为资料的类别编号（2 位），按规定的类别编号填写。

4 为顺序号，按资料形成时间的先后顺序从 001 开始逐张编号。

其中：

1）分部工程中每个子分部工程，应根据资料属性不同按资料形成的先后顺序分别编号；使用表格相同但检查项目不同时应按资料形成的先后顺序分别编号。

2）对按单位工程管理，不属于某个分部、子分部工程的施工资料，其编号中分部、子分部工程代号用"00"代替。

3）同一批物资用在两个以上分部、子分部工程中时，其资料编号中的分部、子分部工程代号按主要使用部位的分部、子分部工程代号填写。

4）资料编号应填写在资料专用表格右上角的资料编号栏中；无专用表格的资料，应在资料右上角的适当位置注明资料编号。

5）由施工单位形成的资料，其编号应与资料的形成同步编写；

6）由施工单位收集的资料，其编号应在收集的同时进行编写。

类别及属性相同的施工资料，数量较多时宜建立资料管理目录。管理目录分为通用管

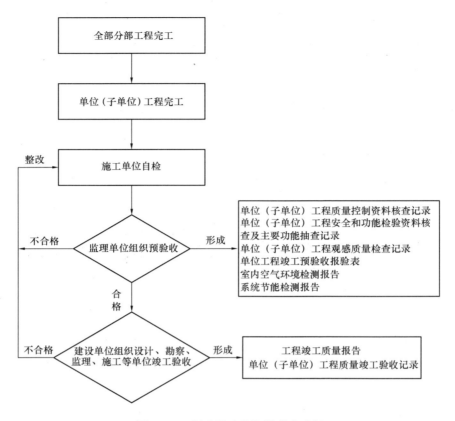

图 9-4　工程质量验收资料形成过程

理目录和专项管理目录。资料管理目录的填写要求：

1）工程名称：单位或子单位（单体）工程名称；

2）资料类别：资料项目名称，如工程洽商记录、钢筋连接技术交底等；

3）序号：按时间形成的先后顺序用阿拉伯数字从 1 开始依次编写；

4）内容摘要：用精练语言提示资料内容

5）编制单位：资料形成单位名称；

6）日期：资料形成的时间；

7）资料编号：施工资料右上角资料编号中的顺序号；

8）备注：填写需要说明的其他问题。

9.2　施工资料的收集与存档

9.2.1　施工资料的收集与管理

施工资料应实行分级管理，由施工单位技术负责人组织工程资料的全过程管理工作，逐级监理健全施工资料的管理岗位负责制。施工过程中工程资料的收集、整理和审核工作应有专人负责，并按规定取得相应的岗位资格。

施工资料应随工程进度同步收集，整理并按规定移交，并应在工程竣工验收前，将工程的施工资料整理、汇总完成。目前施工资料的收集管理以形成网络化、信息化、数字化的新型管理模式，一般采用专用的施工资料编制软件进行编制、收集和管理。

施工资料可采用纸质载体和光盘载体两种形式。纸质载体和光盘载体的施工资料在施工过程中形成、收集和整理，包括工程影响资料。

施工单位应确保资料的真实、有效、完整和齐全，对工程资料进行涂改、伪造、随意抽撤或损毁、丢失等的，应按有关规定予以处罚，情节严重的，应依法追究法律责任。

施工资料应实行报验、报审管理。施工过程中形成的资料应按报验、报审程序，通过相关施工单位审核后，方可报建设（监理）单位。

建筑工程实行总承包的，总包单位负责汇总各分包单位编制的施工资料，分包单位应负责其分包范围内施工资料的收集和整理，并对施工资料的真实性、完整性和有效性负责。

9.2.2 竣工图的编制

（1）竣工图一般包括以下内容：

1）工艺平面布置图等竣工图；

2）建筑竣工图、幕墙竣工图；

3）结构竣工图、钢结构竣工图；

4）建筑给水、排水与采暖竣工图；

5）燃气竣工图；

6）建筑电气竣工图；

7）智能建筑竣工图（综合布线、保安监控、电视天线、火灾报警、气体灭火等）

8）通风空调竣工图；

9）地上部分道路、绿化、庭院照明、喷泉、喷灌等竣工图；

10）地下部分的各种市政、电力、电信管线等竣工图。

（2）竣工图编制要求

1）各项新建、扩建、改建、技术改造、技术引进项目，在项目竣工时要编制竣工图。项目竣工图应由施工单位负责编制。如行业管理部门规定设计单位编制或施工单位委托设计单位编制竣工图的，应明确规定施工单位和监理单位的审核和签认责任。

2）竣工图应完整、准确、清晰、规范，修改到位，真实反映项目竣工验收时的实际情况。

3）如果按施工图施工没有变动的，由竣工图编制单位在施工图上加盖并签署竣工图章。

4）一般性图纸变更及符合扛改或划改要求的变更，可在原图上更改，加盖并签署竣工图章。

5）涉及结构形式、工艺、平面布置、项目等重大改变及图面变更面积超过 1/3 的，应重新绘制竣工图。重绘图应按原图编号，末尾加注"竣"字，或在新图图标内注明"竣工阶段"并签署竣工图章。

6）同一建筑物、构筑物重复的标准图、通用图可不编入竣工图中，但应在图纸目录中列出图号，指明该图所在位置并在编制说明中注明。不同建筑物、构筑物应分别编制。

7）竣工图图幅应按《技术制图　复制图的折叠方法》GB/T 10609.3—2009 要求统

一折叠。

8）编制竣工图总说明及各专业的编制说明，叙述竣工图编制原则、各专业目录及编制情况。

9.2.3 施工资料的编制组卷

（1）组卷的基本原则

1）组卷应遵循工程文件资料的形成规律，保持卷内文件资料的内在联系；

2）施工资料应按单位工程进行组卷，可根据工程大小及资料的多少等具体情况选择按专业或按分部、分项等进行整理和组卷；

3）竣工图应按设计单位提供的施工图专业序列组卷；

4）专业承包单位的工程资料应单独组卷；

5）建筑节能工程现场实体检验资料应单独组卷；

6）移交城建档案馆保存的工程资料案卷中，施工验收资料部分应单独组成一卷；

7）资料管理目录应与其对应工程资料一同组卷；

8）工程资料可根据资料数量多少组成一卷或多卷。

（2）组卷的具体要求

1）施工文件可按单位工程、分部工程、专业、阶段等组卷，竣工验收文件按单位工程、专业组卷；

2）竣工图可按单位工程、专业等进行组卷，每一专业根据图纸多少组成一卷或多卷。

3）案卷应有案卷封面、卷内目录、内容、备考表及封底。

4）案卷不宜过厚，一般不超过 40mm。

5）案卷应美观、整齐，案卷内不应有重复资料。

（3）案卷装订与图纸折叠

1）案卷可采用装订与不装订两种形式。文字资料必须装订。既有文字材料，又有图纸的案卷应装订。装订应采用线绳三孔左侧装订法，要整齐、牢固，便于保管和利用。

2）不同幅面的工程图纸应按《技术制图　复制图的折叠方法》GB/T 10609.3—2009 要求统一折叠成 A4 幅面（297mm×210mm），图标栏外露在外面。

（4）卷盒、卷夹、案卷脊背

1）案卷装具一般采用卷盒、卷夹两种形式。卷盒、卷夹有多种规格尺寸，可根据案卷厚度采用。

2）案卷脊背的内容包括档号、案卷题名。式样应符合《建设工程文件归档整理规范》的要求。

9.3　施工档案资料的移交

工程项目竣工验收后，将形成的施工档案资料整理立卷后，按规定移交相关管理机构。

9.3.1 施工档案资料移交归档的相关要求

（1）施工档案资料移交归档范围

对与工程建设有关的重要活动、记载工程建设主要过程和现状、具有保存价值的各种载体文件，均应收集齐全，整理立卷后归档。具体归档范围详见《建设工程文件归档整理规范》的要求。

（2）施工档案资料的质量要求

1）工程资料应真实反映工程的实际状况，具有永久和长期保存价值的材料必须完整、准确和系统。

2）归档的文件必须是原件，因各种原因不能使用原件的，应在复印件上加盖原件存放单位公章、注明原件存放处，并有经办人签字及时间。

3）工程资料应保证字迹清晰，签字、盖章手续齐全，签字必须使用耐久性的书写材料，如碳素墨水、蓝黑墨水，不得使用易褪色的书写材料。计算机形成的工程资料应采用"内容打印、手工签名"的方式。

4）施工图的变更、洽商返图应符合技术要求。凡采用施工蓝图改绘竣工图的，必须使用反差明显的蓝图，竣工图图面应整洁。凡施工图结构、工艺、平面布置等有重大改变，或变更部分超过图面1/3的，应当重新绘制竣工图。

5）工程资料的照片（含底片）及声像档案，应图像清晰，声音清楚，文字说明或内容准确。

9.3.2 施工档案资料移交

1）专业分包单位应向总承包单位（或建设单位）移交不少于一套完整的工程档案，并办理相关移交手续。

2）施工总承包单位应向建设单位移交不少于一套完整的工程档案，并办理相关的移交手续。

3）施工单位在收集齐工程文件整理立卷后，建设单位、监理单位应根据城建档案管理机构的要求对档案文件完整、准确、系统情况和案卷质量进行审查，审查合格后向建设单位移交。

4）施工单位向建设单位移交档案时，应编制移交清单，双方签字、盖章后方可交接。

5）凡列入城建档案馆接收范围的工程档案，竣工验收通过后3个月内，建设单位将汇总后的全部工程档案移交城建档案馆并办理移交手续。推迟报送日期，应在规定报送时间内向城建档案馆申请延期报送，并申明延期报送原因，经同意后办理延期报送手续。

6）工程参建各方应将各自的工程档案归档保存。施工单位应根据有关规定合理确定工程档案的保存期限。建设单位工程档案的保存期限应与工程使用年限相同。